普通高等教育风景园林类立体化创新教材

风景园林构造设计

主　编　许明明　雷凌华

副主编　栾　兰　刘大学　王　泽　于　鑫　张　倪

参　编　项　栋　陈映海　王　帅　吴亚伟　霍　丹

姜大崴　王冬良　于　佳

主　审　唐　建

机 械 工 业 出 版 社

本书采用了易难衔接，过程推进的结构设置，共包括三大内容：风景园林识图、风景园林细部构造、风景园林设计与构造实例。本书分为9章，包括风景园林构造设计概述、地面铺装构造、台阶与坡道构造、风景园林建筑构造、景墙构造、水景构造、其他构造、风景园林识图、风景园林设计与构造实例。

本书以适用性和实用性为编写准则，以学生的需求及兴趣为主导，编排内容丰富，采用先进的虚拟仿真技术，图文并茂，图片（主要为二维节点图、三维节点透视图、效果意向图等）和文字匹配度高，资源配套，大量实际典型案例。本书要点内容主要采用图表式表达，图与文字在表格内统一阐述，逻辑清晰，一目了然，避免大规模文字出现，让读者轻松快捷地读懂要点内容。

本书的读者对象主要为各大高校普通本科风景园林专业及环艺设计专业的学生、从事园林及景观方向教育教学工作的教师、从事园林及景观行业的从业者等。

图书在版编目（CIP）数据

风景园林构造设计 /许明明，雷凌华主编. —北京：机械工业出版社，2021.9
普通高等教育风景园林类立体化创新教材
ISBN 978-7-111-68836-5

Ⅰ.①风… Ⅱ.①许…②雷… Ⅲ.①园林设计—高等学校—教材 Ⅳ.①TU986.2

中国版本图书馆CIP数据核字（2021）第155260号

机械工业出版社（北京市百万庄大街22号 邮政编码100037）
策划编辑：时 颂 责任编辑：何文军 时 颂
责任校对：孙莉萍 封面设计：张 静
责任印制：李 昂
北京联兴盛业印刷股份有限公司
2022年1月第1版第1次印刷
184mm×260mm・13.75印张・337千字
标准书号：ISBN 978-7-111-68836-5
定价：69.00元

电话服务
客服电话：010-88361066
010-88379833
010-68326294

网络服务
机 工 官 网：www.cmpbook.com
机 工 官 博：weibo.com/cmp1952
金 书 网：www.golden-book.com
机工教育服务网：www.cmpedu.com

前言 Preface

风景园林细部构造、识图与设计是风景园林从认知到设计施工不可或缺、相辅相成的三大内容，风景园林细部构造是设计与施工的重要组成部分，风景园林识图包含基础设计要素的识图与园林施工图的识图，而风景园林设计是识图与施工的灵魂。识图、设计、构造与施工是一个由浅入深的学习过程，也是学习风景园林设计的几个必要步骤。

本书主要包含三部分内容：风景园林细部构造、风景园林识图、风景园林设计与构造实例。共分为 9 章：第 1 章风景园林构造设计概述：主要讲解风景园林构造的基础知识、类型、设计原则及影响因素等。第 2~7 章风景园林细部构造：包含地面铺装、台阶与坡道、园林建筑、园林景墙、园林水景及其他构造等细部构造。第 8 章风景园林识图：包括风景园林要素识图及工程识图。第 9 章风景园林设计与构造实例：从现代园林案例入手，以造景元素、设计布局为切入点分别进行阐述，将前面的系统知识在实际优秀案例中予以呈现。

本书依据现行国家和行业标准与行业设计规范、当代最新设计要素及方案、各地区构造设计标准等编写，具有设计要素及方式新颖、构造做法与技术紧跟行业前沿等特色，通过参考比对国家和行业标准图集、各地区及各设计部门的通用标准，绘制总结风景园林施工设计的标准方法，着重讲解了当前风景园林设计构造的新材料、新技术与新工艺。本书以理论与实践相结合为亮点，以重点讲解风景园林学习过程中所需的基础知识为原则，叙述精简平实，图文并茂，采用最先进的虚拟仿真技术手段，贴近实际工程需要。本书可用作高等院校本科风景园林、环境艺术设计等专业的学生教学用书，可用作高职高专风景园林、艺术设计类、装饰装修类等专业的学生教学用书，也可作为风景园林与艺术设计类施工技术人员的参考培训用书。

本书由许明明、雷凌华主编，栾兰、刘大学、王泽、于鑫、张倪副主编，项栋、陈映海、王帅、吴亚伟、霍丹、姜大崴、王冬良、于佳参编。编写的具体分工如下：大连理工大学城市学院许明明编写第 1 到第 6 章；大连理工大学城市学院栾兰编写第 7 章；大连理工大学城市学院刘大学、于鑫编写第 8 章；丽水学院雷凌华、大连非常一景景观设计公司总监王泽编写第 9 章；全书由许明明负责统稿；本书编写过程中信息化部分得到了西安三好股份有限公司张倪、项栋、陈映海、王帅的技术支持。

本书由大连理工大学唐建教授主审，为本书提出了很多宝贵意见，在此表示衷心感谢。本书在编写过程中得到了山东建筑大学吴亚伟、大连理工大学霍丹、吉林农业大学姜大崴、安徽农业大学王冬良、沈阳大学于佳的大力支持和帮助，为本书的编写提供了大量的文字和图片资料，在此一并致以衷心感谢。

由于时间仓促，本书中难免存在疏漏与不妥之处，欢迎读者批评指正。

目录 Contents

第1章 风景园林构造设计概述

1.1 风景园林细部构造的基础知识

1.1.1 风景园林细部构造

风景园林细部构造是研究风景园林各设计要素的构造组成、各构成部分的组合原理及构造方法的学科。其主要目的是，在风景园林设计过程中，按照设计方案的要求，综合考虑其艺术造型、空间使用功能、技术及经济等因素，合理地选择并正确地决定风景园林各部位的构造方案、构配件的组成及细部节点构造标准做法等，主要包括原基层表面的处理方式、各种材料的组成次序及各层材料的规格、品种、型号等。

1.1.2 风景园林细部构造的作用

风景园林景观工程涉及的各要素装饰及构造材料品种繁多，南北各地区自然条件及土质基层条件也各不相同，因此所采用的构造方法也是复杂多样，不尽相同。风景园林细部构造设计是设计方案落到实处的细部化处理，没有合理的符合实际的构造设计方案，即使有很好的设计构思、用最佳的装饰材料，也很难形成良好的空间。理想的风景园林细部构造设计应结合已有的施工技术，充分利用各种材料的特性，用最合理的构造方法、最少的成本，达到设计所要表达的效果。良好的风景园林细部构造对室外场地的总体形象及气氛的形成起到非常重要的作用，它不仅会影响景观构筑物的正常使用及其使用的安全性，还会影响场地的美感及整体环境氛围；合理正确的构造设计还会大大提高施工的工作效率。

1.2 风景园林细部构造的类型

1.2.1 风景园林细部构造的部位

风景园林工程涉及场地设计的各个范畴，其物体根据所处部位和功能的不同，可以分为地面、台阶与坡道、景墙、水景、风景园林建筑等。

1. 地面

地面是指建筑物内部和周围地表的铺筑层，它支承着作用在上面的各种荷载，并将这些荷载传给地基。它应有足够的承载力和刚度，并应做到均匀传力和防潮。

2. 台阶与坡道

台阶与坡道是解决室外地坪高差的交通联系部件，其坡度较平缓；室外台阶、平台和坡道应采用耐久性、抗冻性和耐磨性较好的材料，坡道面层应做防滑处理。

3. 景墙

景墙是室外划分空间、组织景色而布置的围墙，具有美观、通透、隔断的作用，能够分隔内部空间、划分内外范围、遮挡劣景，还能作为反映城市容貌和文化的载体，需要有足够的承载力与稳定性，并应满足防水防锈防蛀等要求。

4. 水景

水景是园林中各种观赏性水体的总称，它是园林水景和给水、排水的有机结合。具有改善环境、调节气候、控制噪声的作用，水景应达到防水防裂等要求。

5. 风景园林建筑

风景园林建筑是指园林中一切建筑物与构筑物，利用各种类型的风景园林建筑组织室外空间，引导游览路线，能够丰富景观，并为人们提供休憩场所。

1.2.2 风景园林细部构造的方式

1. 构造的方式

风景园林细部构造的方式主要为饰面构造，即通过覆盖要素构件的外表面以保护和美化构件，并满足使用者的使用要求，其主要任务是处理好面层与基层的连接与构造。例如，在地坪层表面做铺装面层、柱或墙体表面做抹灰或面砖等饰面、台阶或墙体表面做木质面层等都属于饰面构造。饰面构造共分为三大类：罩面类、贴面类和干挂类，常见的构造类型主要有：涂料、抹灰、湿贴、挂贴、干挂、钉嵌等。各种饰面构造的类型和要点见表 1-1。

表 1-1　饰面构造的类型和要点

类型	墙体示意图	地面示意图	构造要点
涂料			室外常用的涂料有真石漆、油漆及大白浆等水性涂料，将其喷涂成膜于材料表面
抹灰	饰面层 找平层		常用的胶凝材料有石膏、水泥、白灰等，骨料主要有细炉渣、砂、屑、蛭石等，抹灰砂浆主要由胶凝材料、细骨料、水等拌和而成

（续）

类型	墙体示意图	地面示意图	构造要点
湿贴	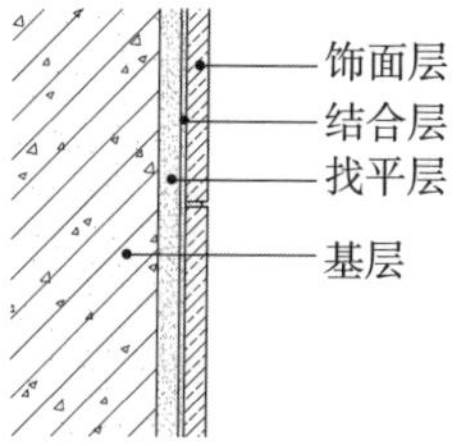 饰面层 结合层 找平层 基层	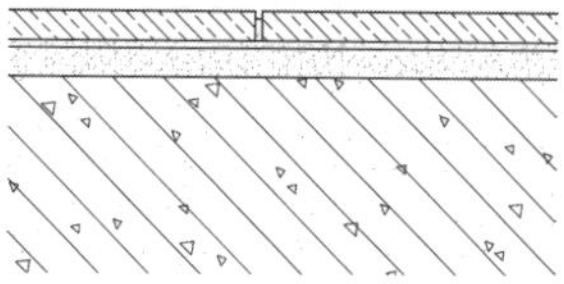	湿贴适用于各种砖、石材、马赛克、卵石、文化石等材料，地面构造对材料的规格不限，一般用水泥砂浆铺贴；墙体构造时墙高 $h \leqslant 1.5$m，石材厚度 $\leqslant 30$mm，板材单边长度 $\leqslant 400$mm
挂贴	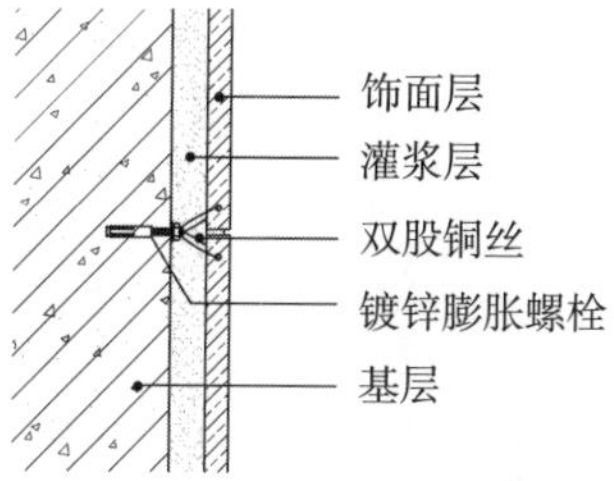 饰面层 灌浆层 双股铜丝 镀锌膨胀螺栓 基层		挂贴一般用于墙体构造，适用于墙高 $h \leqslant 2.5$m，单块板材 $\leqslant 40$kg，板材单边长度 $\leqslant 600$mm。饰面块材可留槽口，用构件固定于墙体，同时内部灌浆
干挂	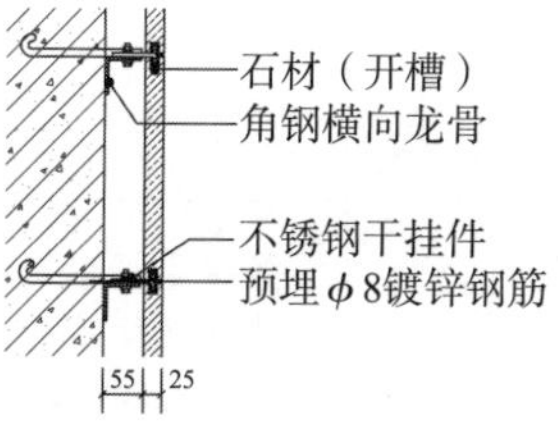 石材（开槽） 角钢横向龙骨 不锈钢干挂件 预埋 ϕ 8镀锌钢筋 55　25 适用面层厚度80~150mm 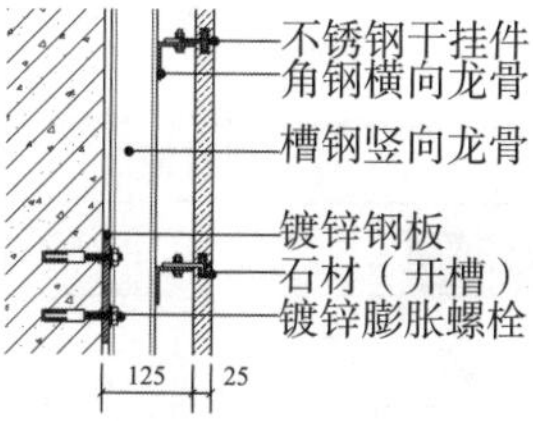	不锈钢干挂件 角钢横向龙骨 槽钢竖向龙骨 镀锌钢板 石材（开槽） 镀锌膨胀螺栓 125　25 适用面层厚度≥150mm	干挂做法一般适用于大型石板如花岗石、水泥装饰板等墙体构造，2.5m< 墙高 h<6m、单块板材 >40kg 及板材单边长度 >600mm 时均应采用干挂，用于挂做法将板材固定于墙体，并用膨胀螺栓固定
钉嵌	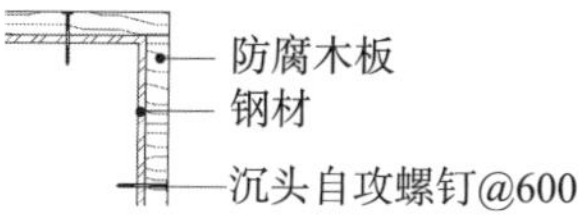 防腐木板 钢材 沉头自攻螺钉@600	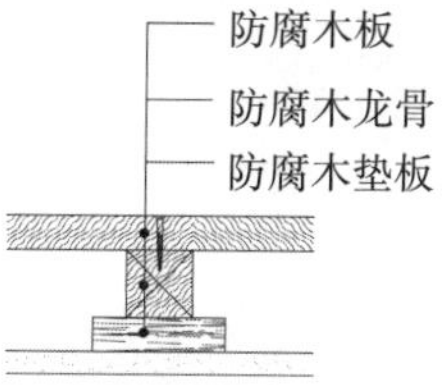 防腐木板 防腐木龙骨 防腐木垫板	钉嵌适用于材料厚度小且自重轻、面积大的材料，如木制品、金属板、玻璃等，可直接用钉固定于基层，也可借助构配件如压条、嵌条等

风景园林细部构造的方式除了饰面构造，还有一部分会采用配件构造，即将建筑装饰材料通过各种加工工艺提前加工成成品或者半成品修饰配件，在施工现场操作安装即可满足装修要求的构造方式。根据材料的性能及构造的组合方式的不同，常见的配件构造主要分为胶接、钉接、螺栓、焊接、榫接等类型，各种配件构造的类型和要点见表 1-2。

表 1-2　配件构造的类型和要点

类型	示意图	构造要点
胶接	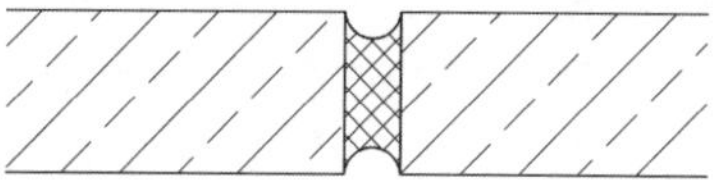 高分子胶	高分子胶：常用的有环氧树脂、聚氨酯、聚乙烯醇缩甲醛、硅酮耐候密封胶等
	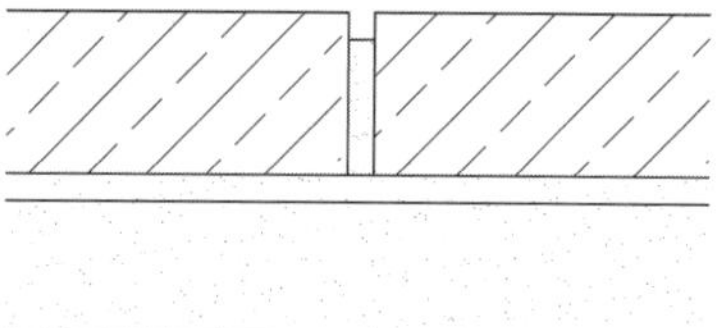 胶凝材料	胶凝材料：水泥、白灰等做成砂浆应用广泛，常用作结合层，如水泥砂浆、素水泥浆等，特殊用防水砂浆

（续）

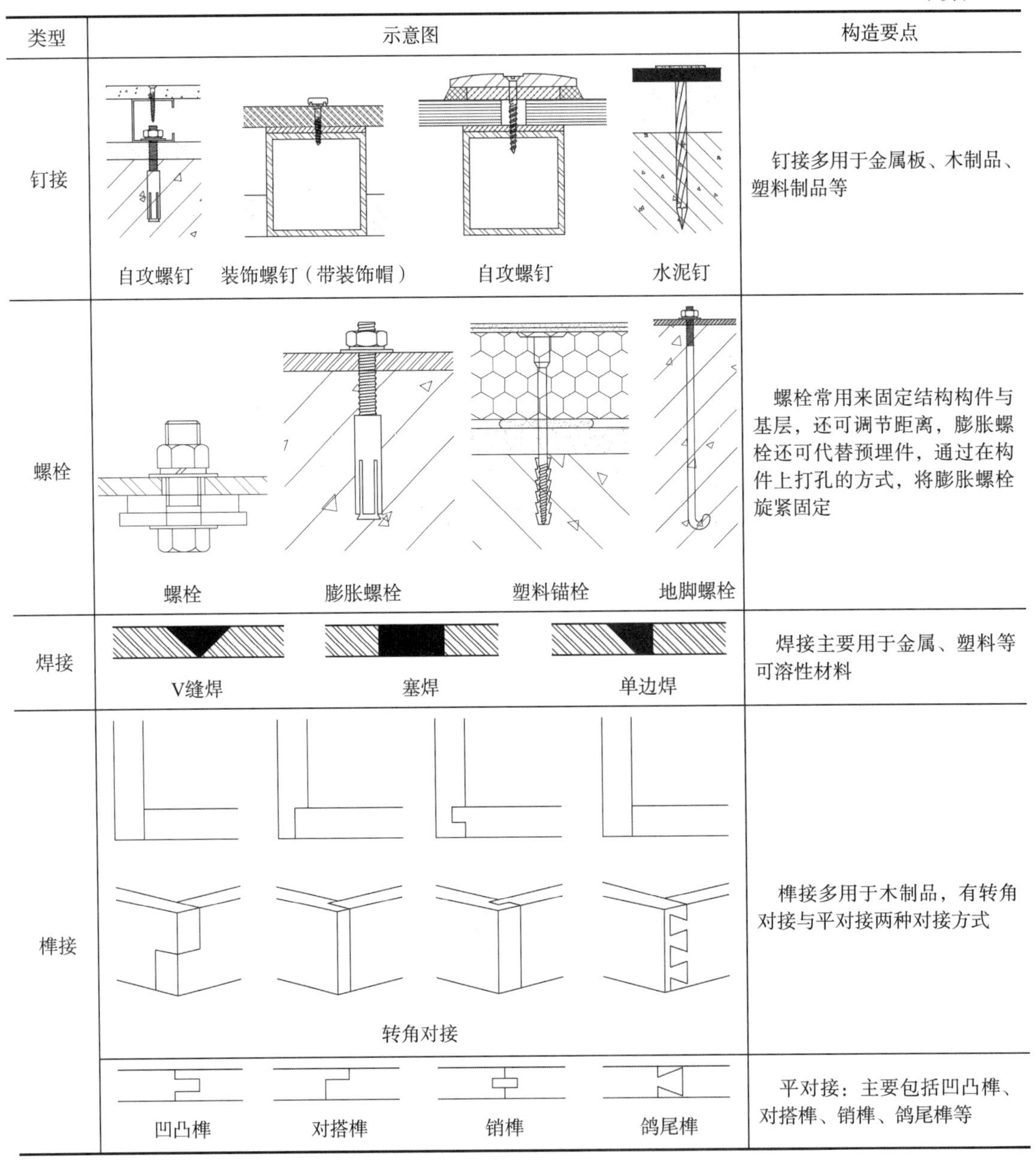

类型	示意图	构造要点
钉接	自攻螺钉　装饰螺钉（带装饰帽）　自攻螺钉　水泥钉	钉接多用于金属板、木制品、塑料制品等
螺栓	螺栓　膨胀螺栓　塑料锚栓　地脚螺栓	螺栓常用来固定结构构件与基层，还可调节距离，膨胀螺栓还可代替预埋件，通过在构件上打孔的方式，将膨胀螺栓旋紧固定
焊接	V缝焊　塞焊　单边焊	焊接主要用于金属、塑料等可溶性材料
榫接	转角对接	榫接多用于木制品，有转角对接与平对接两种对接方式
	凹凸榫　对搭榫　销榫　鸽尾榫	平对接：主要包括凹凸榫、对搭榫、销榫、鸽尾榫等

2. 构造的要求

（1）饰面构造的分层与厚度要合理　饰面构造一般常分为若干个层次，层次的划分应根据功能的需求采取安全与适宜的原则。在构造设计合理的情况下，饰面层的厚度越大便越坚固与耐久，但厚度的增加又会使构造方案变得复杂，因此坚固又合理的构造层次与厚度才能获得理想的效果。

（2）饰面构造要严防脱落、开裂等，确保连接牢靠　饰面构造的各个层次皆是逐层附着于基层上，如果面层材料与基层黏结或钩挂不牢，则会出现脱落的情况；如果面层与基层材料膨胀系数不一样，则会出现开裂的情况；还有一些严寒冰冻地区，面层结构的开裂会导致防水层受损，因此特殊地区会选择偏结实的刚性防水材料。

1.3　风景园林构造的设计原则

风景园林构造设计的影响因素繁多，各种材料、土质、地域等因素综合在一起，因此应在构造设计时分清主次，根据现状通过分析比较选择适合的最佳构造方案，一般应符合以下几项原则：

1.3.1　满足使用功能的要求

风景园林构造设计的目标就是创造一个既舒适又能满足人们各种使用要求，还能给人以美感的室外空间环境。对室外各要素进行装饰，不仅可使地面保持整体清新的外观，易清洁，不易污染，而且还能改善室外的热工、声学、光学等物理状况，从而为人们创造舒适良好的休闲娱乐环境。

1.3.2　满足精神生活的需要

风景园林构造设计从质感、纹理、色彩、造型等美学角度合理选择饰面材料与形式，通过合理准确的尺寸和造型设计，可以使室外空间形成统一的意境与风格，将艺术与工程技术加以结合，改变室外的空间感。

1.3.3　坚固安全

在构造设计方案上首先要考虑的是坚固与实用，保证各园林要素的经久耐用、安全可靠。构造设计必须是在保证坚固与安全的基础上再满足使用者的其他需求；其次要考虑的是安全，主要包括结构安全与环保安全。结构的强度与稳定性是自身效果与安全的基本保证，而无毒无放射性材料的运用可以为使用者提供安全可靠、舒适健康的室外空间。

1.3.4　经济合理

材料是室外工程装饰效果的物质基础，在很大程度上决定着室外工程的质量、效果和造价，在材料的选择上应注意就地取材，选用性能优良、轻质高强同时又价格适中的理想材料，应在保证质量和效果的前提下着重考虑经济的合理性。

1.4　风景园林构造的影响因素

1.4.1　外界因素的影响

1. 地域气候条件

地域气候条件主要是指土质基层、日照、温度、地下水、冰冻、风雨雪等自然气候条件，它对园林细部构造有很大的影响，构造设计须考虑相应的措施，如防水、防冻、防蛀、防腐、防变形、排水等。由于南北地域差异，因此土质基层及垫层的选择也各不相同。

2. 外界作用力

外界作用力主要包括车辆、行人、地震、风雨雪荷载等，外界作用力是结构选择和细部构造设计最重要的依据，如车行道、停车场、回车场等场地构造会普遍厚于步行道及甬路场地构造。

1.4.2 使用者的需求

使用者的需求主要包括生理需求和心理需求。生理需求主要是指人的活动行为对室外环境空间尺度的需求，如道路台阶坡道等的宽度与高度；亭廊门洞栏杆的高度；座椅扶手的宽度与温度等。心理需求主要是使用者对空间场所视觉感受、细部处理等审美需求。

1.4.3 经济技术因素

经济因素对风景园林构造的影响主要体现的是不同造价材料的选择对装饰效果的影响。一般来说，造价偏高的材料其色泽和质量较好，装饰档次偏高，构造做法考究，而造价偏低的材料则会普遍采用常规简单的做法。技术条件则是指工程所在区域的结构技术及施工技术等，构造的实现依托当地的工程技术水平条件，宜采用先进适宜的技术手段辅助构造设计。

1.5 风景园林构造的尺寸

对在长期实践中充分验证的、具有普遍意义的园林构造做法进行提炼，从而形成园林构造的标准做法。园林构造图一共分为两部分，一部分是基础底图，一部分是标注。标注又分为两类：文字标注和尺寸标注。文字标注示意图如图 1-1 所示，尺寸标注示意图如图 1-2 所示。

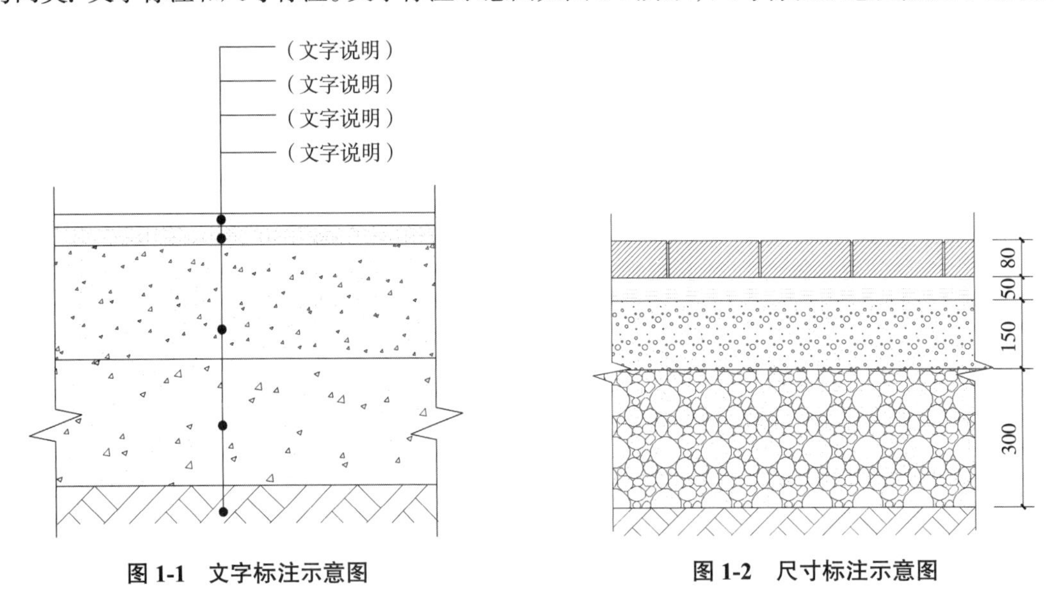

图 1-1　文字标注示意图　　图 1-2　尺寸标注示意图

1.5.1 文字标注、尺寸标注

文字标注：文字标注是对构造底图作解释说明，如图 1-1 所示，文字说明应准确表示相对应的每层构造的做法，标注时尽量做到对齐，整齐划一。文字说明也应尽量交代完整，可包括厚度、材料、规格、方式或间距等内容。比如面层花岗石材料可用文字说明：50mm 厚荔枝面花岗石，深灰色（600mm × 600mm）斜拼；防腐木板龙骨层可用文字说明：（50mm × 50mm）纵横双向木龙骨 @500mm 等。

尺寸标注：尺寸标注包括尺寸线、尺寸界线、标注数字。尺寸线及尺寸界限应以细实线绘制，尺寸起止符号以 45° 斜向中粗线绘制；标注长度与尺寸线平行且不宜超出尺寸界线，可在尺寸线上方、下方或居中放置；尺寸标注时应尽量做到连续标注，不允许交叉标注，若注写位置不够，可错开或引出标注。

1.5.2　标志尺寸、构造尺寸、实际尺寸

1. 标志尺寸

在园林中，标志尺寸用来标注园林各要素定位轴线、定位轴线之间的直线距离，比如面层材料中轴线距离大小、建筑物或构筑物开间、柱距或跨度之间的距离，以及建筑制品、建筑构配件等的界限之间的尺寸。一般标志尺寸应符合模数制的规律。

2. 构造尺寸

园林中构造尺寸是园林及建筑制品、构配件等的设计尺寸。一般情况下，标志尺寸减去间隙或缝隙尺寸即为构造尺寸。

3. 实际尺寸

实际尺寸指园林及建筑制品、组合件、构配件等生产或制作后的实际尺寸。

标志尺寸、构造尺寸、实际尺寸标注示意图如图 1-3 所示。

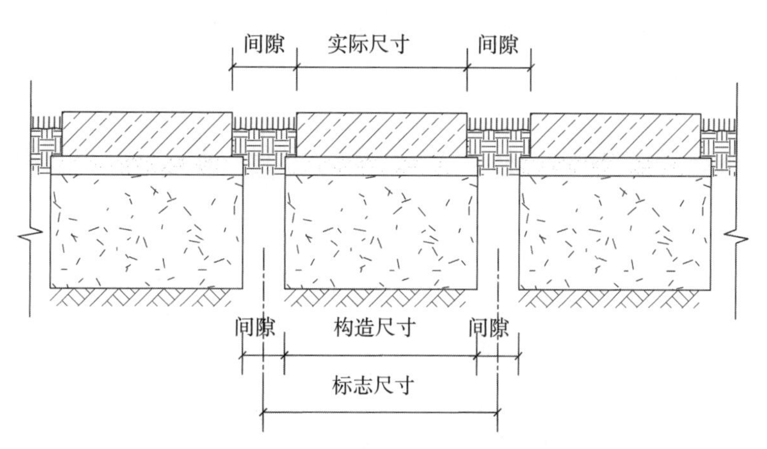

图 1-3　标志尺寸、构造尺寸、实际尺寸标注示意图

第2章 地面铺装构造

2.1 概论

2.1.1 地面铺装构造的基础知识

1. 含义

地面层是指建筑底层和周围地表与土壤相接触的构件，它承受着作用在地面的各种荷载，并将这些荷载均匀地传递给地基。

2. 功能要求

地面铺装的主要作用为引导交通、限定空间、美化环境等，其构造设计应满足使用、安全、舒适、美观等要求。

（1）应满足坚固、耐久的要求　地面的坚固性和耐久性需求是由地面的材料和使用状况决定的，地面荷载与使用量和材料与厚度成正比，地面应具有足够的承载力，不易损坏、面层平整、不起尘。

（2）应满足安全、舒适的要求　地面铺装应使用防滑、防潮、防火、防腐的材料，以免发生人员伤亡或材料腐蚀的情况，并且还应具有一定的弹性、隔声性能等，如运动地面、木质地面。

（3）应满足美观的要求　地面铺装的色彩、图案、规格等应与室内外空间的功能、风格及使用性质相协调，以满足使用者对美的需求，创造良好的空间氛围，在经济合理的前提下选用质优物美的材料。常见的地面铺装形式如图 2-1 所示。

地面铺装纹样基本不会单一出现，纹样会依据环境风格和尺寸的不同而呈现多种组合形式，常见的有道路边带与道路分隔带。其中，道路单边边带不宜超过道路宽度的 1/6，曲线道路为防止块材分割缝隙过大，两条道路分隔带中线之间的间距一般为道路宽度的 3~5 倍。地面道路边带与道路分隔带示意图如图 2-2 所示。

2.1.2 地面构造的组成

地面构造由面层、基层、垫层、素土夯实层以及附加层组成。地面构造示意图如图 2-3 所示。

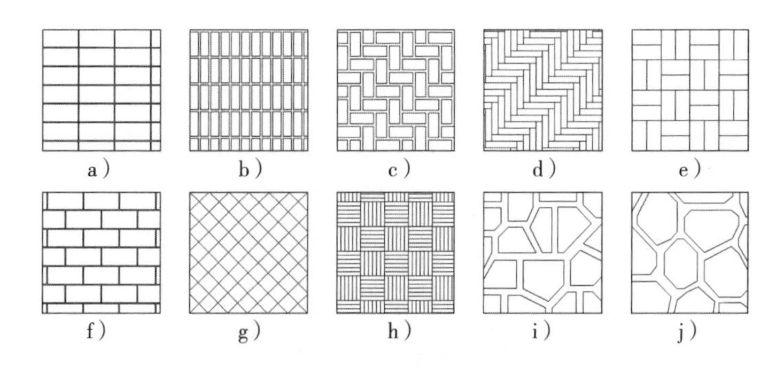

图 2-1　地面铺装形式

a）直铺　b）竖铺　c）人字铺　d）人字立铺　e）田字铺　f）工字铺（错缝铺）
g）斜铺　h）席纹立铺　i）碎拼 1　j）碎拼 2

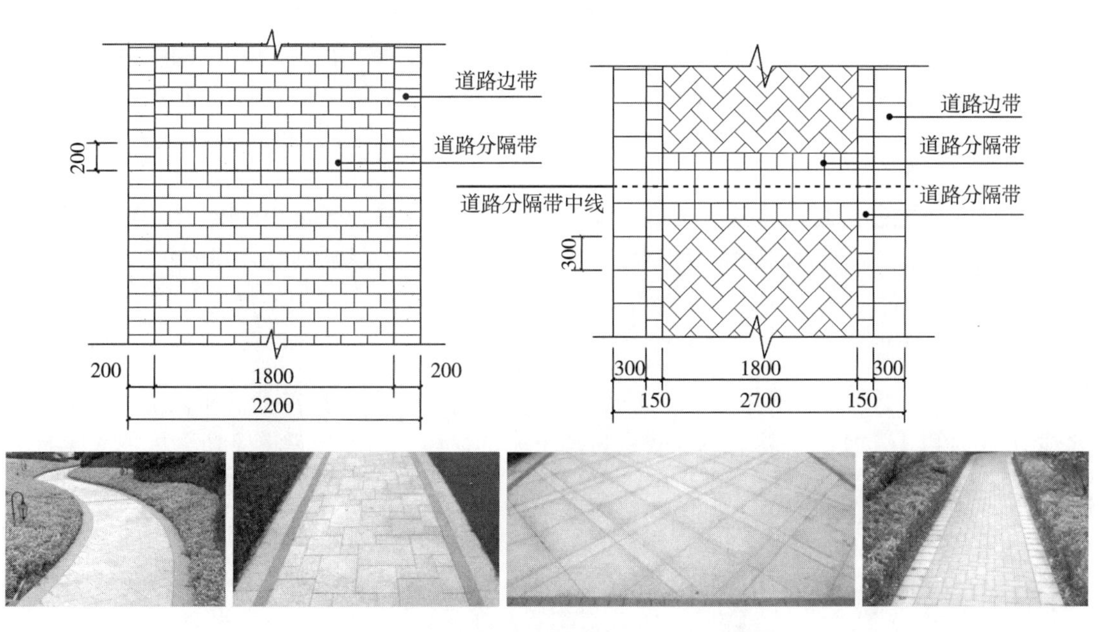

图 2-2　地面道路边带与道路分隔带示意图

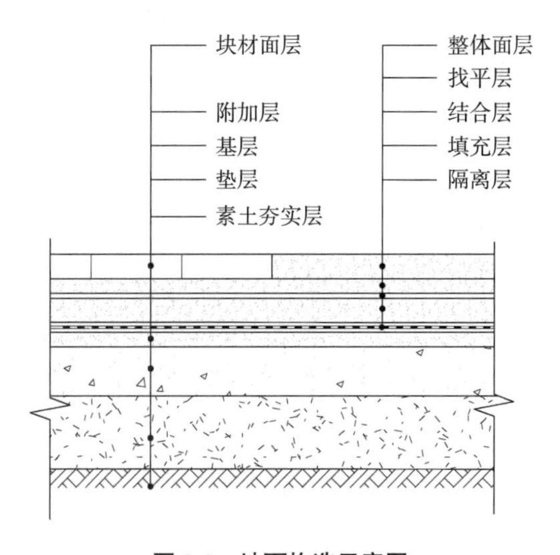

图 2-3　地面构造示意图

1. 面层

地面面层是行人及车辆日常通行、休闲、运动等活动直接接触的地方，面层应坚固、平整、耐磨、防滑、不起尘、易清洁。不同使用功能对面层有不同的要求，车行地面要求耐磨、不起尘；人行地面要求平整、防滑；运动地面则要有较好的弹性和平整度。

2. 基层

基层是承受并传递荷载的结构层，常采用 C15~C25 低强度等级混凝土或钢筋混凝土，厚度一般为 100mm 左右（车行道、停车场等会厚于常规值）。

3. 垫层

垫层是介于基层与土基层之间的结构层，其主要作用是改善基层和土基层的工作条件，以及隔水、排水及防冻等，可以很好地改善土基层的水稳状况，来提高路面结构的抗冻胀的能力及水稳性，还能起到扩散荷载的作用，以减少土基层变形程度。垫层常采用砂砾、碎石、沥青稳定碎石、砾石、炉渣、三合土等粒料松散类材料，厚度一般为 150mm 左右。不同地区垫层选择依据当地工程经验及施工场地土质条件等。级配碎石、砾石的粒径要求一般在 ϕ20~40mm 之间，小于 0.075mm 的细粒含量不得大于 5%，小于 4.75mm 的颗粒含量不宜大于 50%。级配砂砾配比约为：砾石：砂 =2：1，砾石要求粒径 ϕ20~40mm；对于有些地面荷载大且地基差，或者面层铺装要求高的地面，可先做一层垫层，再做基层（部分还可考虑局部配筋）。

4. 素土夯实层

素土夯实层是地面的土基层，因此也称为地基。素土一般为纯净的砂质黏土，夯实系数至少在 90% 以上，使之能均匀承受垫层传递下来的荷载。对于较差的土质，可加入碎石、石灰等骨料分层夯实。若场地为回填后地面，可在现有基础上夯实，夯实系数应达到要求值；若夯实系数达不到要求，可采用换填法，换填深度一般为 600mm 左右（可根据实际情况适当调整），再分层夯实以达到设计要求。

5. 附加层

为满足结合、找平、防水、防潮、弹性、敷设管道等功能要求，需要在面层与基层之间铺设各种附加构造层，主要包括：找平层、结合层、隔离层、填充层。

（1）找平层　在凹凸不平的基层上起找平、弥补作用的附加层，一般用 1：3 的水泥砂浆找平，厚度为 20mm 左右。

（2）结合层　结合层属于上下两层之间起承上启下结合牢固的附加层，如混凝土层与水泥砂浆找平层之间常用素水泥作为结合层。

（3）隔离层　隔离层主要为防水层和防潮层，主要用在水景部位，目的是防止水分渗入地下。

（4）填充层　填充层是起保温、隔声、敷设管道等作用的附加层，一般用松散材料或板块材料等填充。如地面及外墙保温常采用多孔聚合物类材料填充。

2.1.3　地面铺装的类型

室外地面铺装的类型有很多，分类方法主要有两种：按面层材料分类和按施工方式分类。

1）根据面层材料的不同，可以分为石材地面、铺砖地面、木质地面、混凝土地面、卵石地面、塑胶地面等。

2）根据施工方式的不同，可以分为整体地面、块材地面、嵌草地面等。

2.2 整体地面构造

整体地面是指用砂浆、混凝土或其他材料的拌和物等在现场整体浇筑的地面，主要包括：混凝土地面、沥青地面、彩色混凝土地面、透水混凝土地面、人造草坪地面、水洗石地面等。整体地面施工工序相对简单，一般造价较低，装饰性较弱。

2.2.1 混凝土地面

混凝土是由胶凝材料、粗细骨料和水按照一定比例胶结成拌和物（必要时加入化学外加剂），经一定时间硬化而成的工程复合材料。混凝土地面指的是用水泥混凝土板作为面层的地面，又称刚性路面。混凝土地面用途非常广泛，常用于车辆通行的主园路或人流量比较集中的次园路、市政人行道等。混凝土地面主要有素混凝土、钢筋混凝土、预应力混凝土、连续配筋混凝土等多种地面。

1. 饰面特点

相比其他地面，混凝土地面的优点是刚度大、负载能力强、稳定性较高、耐磨、抗滑性好、利于夜间行车等，缺点是地面的接缝较多、养护和修复困难、地面容易产生积水等，无法及时起到排水的作用。

2. 材料加工特点

混凝土地面面层的主要材料即混凝土，一般要求其具有平整、防滑、耐磨、强度大等特点。普通混凝土由水泥、石子、砂、水以及适量的外加剂和掺合料等组成。混凝土的强度等级以混凝土立方体抗压强度标准值划分，采用符号 C 表示，共分为 14 个等级：C15~C80，以 5 为递增倍数，数值越高，强度越高，价格也会越高。室外混凝土地面的构造中，常用的混凝土强度等级为 C15、C20、C25 混凝土，部分要求高的结构会使用 C30 混凝土。

（1）水泥 水泥的品种分类多样，主要包括硅酸盐水泥（P·Ⅰ、P·Ⅱ）、普通硅酸盐水泥（P·0）、矿渣硅酸盐水泥（P·S）、火山灰质硅酸盐水泥（P·P）、粉煤灰硅酸盐水泥（P·F）等，每种水泥都有多种强度等级和类型，水泥品种和强度等级的选择应与混凝土的强度等级、工程的性质及环境施工等条件相适应。

（2）骨料 骨料主要包括粗骨料及细骨料。粒径大于 4.75mm 的骨料为粗骨料，主要是指卵石、碎石等，粒径应适中，过大或过小都会影响混凝土的强度。细骨料主要是指粒径小于 4.75mm 的砂石颗粒，主要来自于水流搬运、自然风化等作用，其主要作用是填充粗骨料的空隙以减少水泥浆的干缩程度。砂一般有细砂、中砂、粗砂之分，为了更好地提高强度和节约水泥，一般会选用大小不同的颗粒搭配。

（3）外加剂 混凝土外加剂是在混凝土的拌和过程中加入，用以改善混凝土的性能的材料。常用的外加剂主要有减水剂、引气剂、早强剂、防水剂、泵送剂及调凝剂等。其主要作用为：增强混凝土的强度、密实度及耐久性等；改善拌和物的和易性；节约水泥、减少养护时间等。

影响混凝土强度等级的因素主要有水泥强度与水灰比、养护的温度和湿度、龄期、施工质量等，所以为了提高混凝土的耐久性、抗渗性及抗冻性等性能，应合理选用水泥的品种及粗细骨料，适当控制水泥用量及混凝土的水灰比，掺入合适的混凝土外加剂并增强施工质量控制。

3. 基本构造

混凝土地面按照路面荷载主要分为人行道（步行道、甬道）和车行道（车行道、停车场、回车场）等，其构造一般由面层、垫层、素土夯实层等三部分组成。

人行道的混凝土地面构造常用的做法是：在素土夯实基层上做 150mm 厚 3∶7 灰土垫层，60mm 厚 C25 混凝土面层分块捣制，随打随抹。混凝土地面应纵横向缩缝不大于 6m，以满足冬季缩裂要求，可用分仓施工缝代替；横向每四格设一道伸缩缝，当宽度大于 8m 时，应设置纵向缩缝；每隔 20~40m 设一道胀缝，以防止夏季热胀、板屈曲压裂或缝边混凝土挤碎；沿横向每隔 3~4.5m 设一道纵缝，每处缝宽 20mm 左右，沥青处理，松木条嵌缝。

车行道的混凝土地面构造常用的做法是在素土夯实层上做 300mm 厚 3∶7 灰土垫层，120~220mm 厚 C25 混凝土面层分块捣制，随打随抹平，每块长度不大于 6m，缝宽 20mm 左右，沥青处理，松木条嵌缝。行车荷载越大，面层厚度也就越厚，一般来说，当行车荷载小于 5t，可选用 120mm 厚面层；当行车荷载在 5~8t 之间，可选用 180mm 厚面层；当行车荷载在 8~13t 之间，可选用 220mm 厚面层。

因混凝土地面视觉效果较弱，因此在小地块平面或不规则地块中，可以根据设计需求做混凝土面层假缝处理，缝隙一般为 3~8mm，以达到丰富视觉效果的目的。混凝土地面构造如图 2-4 所示，混凝土地面平面示意图如图 2-5 所示，混凝土地面及假缝设计地面实景示意图如图 2-6 所示。

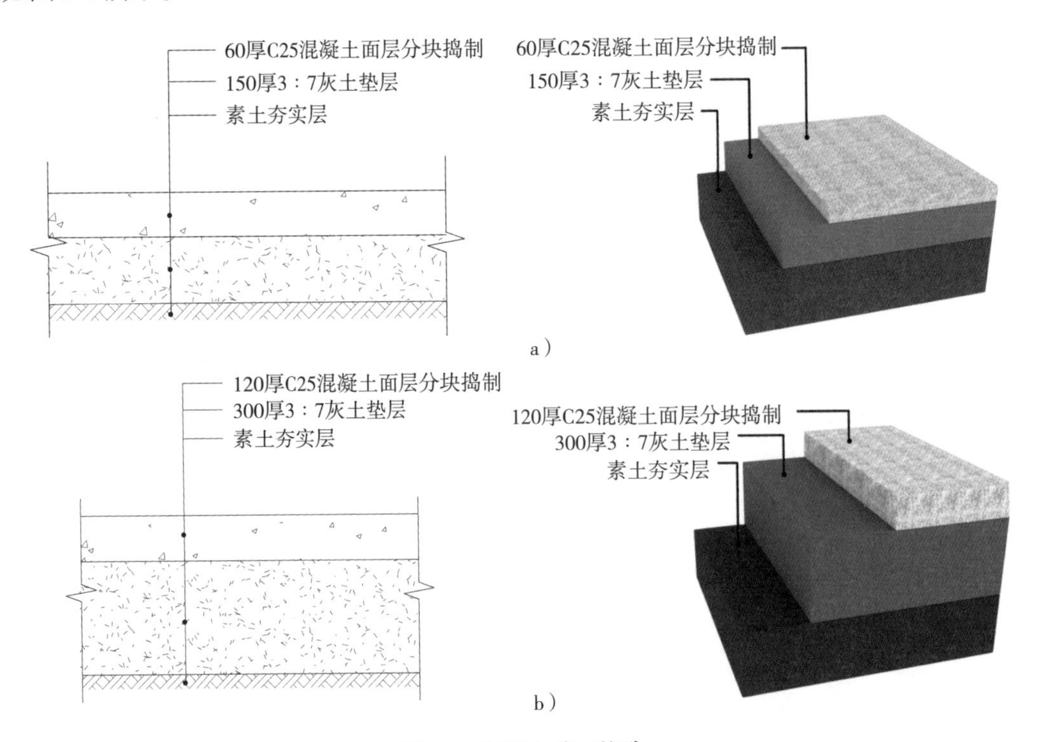

图 2-4　混凝土地面构造

a）人行道混凝土地面构造　b）车行道混凝土地面构造

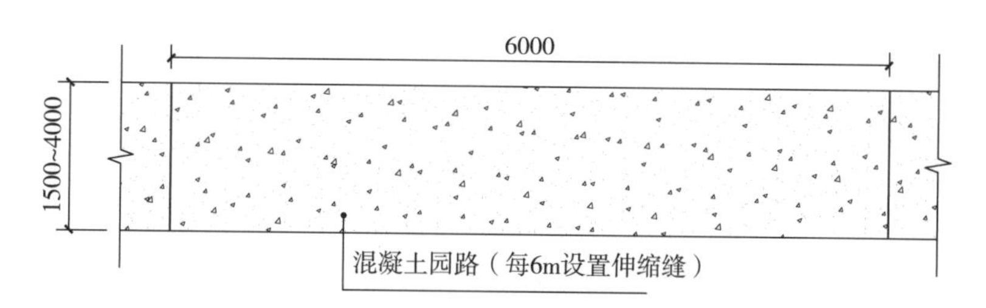

图 2-5　混凝土地面平面示意图

图 2-6　混凝土地面及假缝设计地面实景示意图

2.2.2　沥青地面

（普通）沥青是路面构造中广泛采用的一种材料，俗称沥青混凝土，沥青地面是指在矿质材料、碎石、石屑、砂等材料中掺入路用沥青后铺筑的各种类型的地面，常被用于主次园路、高速公路。彩色沥青地面也称为彩色沥青混凝土地面，是将脱色沥青与各种色料、添加剂等材料按照一定比例在一定的温度下拌和，形成沥青混合料后，再经过铺摊、碾压等工序使其形成具有一定强度的彩色沥青地面。

1. 饰面特点

沥青材料主要包括沥青和改性沥青，改性沥青是掺加树脂、橡胶、高分子聚合物或其他填料等外掺剂（改性剂）而制成的沥青结合料，它可以使沥青或者沥青混合料的性能得以改善。

沥青地面的优点很多：表面平整无接缝，具有高强度和高稳定性、机械化施工程度高、进度快，适宜修补和分期建设，耐磨、振动小、行驶噪声较低等；缺点就是抗弯抗拉强度比混凝土低、温度稳定性差，施工时受气候的影响较大、面层容易被磨光从而影响安全。

彩色沥青地面具有较好的高温稳定性、黏结性、耐久性等，弹性和柔和性较好，防滑的同时也有一定的吸声功能，能吸收部分外界噪声；依据掺入色料的不同可以形成多种鲜艳的颜色，且不易褪色。

2. 材料加工特点

由于沥青材料抗弯抗拉强度与混凝土相比较低，所以基层必须有足够的水稳性与强度，施工前，应将路基上的灰尘、淤泥等垃圾清理干净；施工最低温度应高于 5℃；喷洒黏层油时应注意成品保护，同时也应避免污染周边道路、绿化等；沥青应反复碾压以确保道路平整、排水合理、不积水。

3. 基本构造

沥青地面由面层、基层、垫层、素土夯实层等组成。沥青地面主要用于车行道，其构造常用的做法是：素土夯实层上做 300mm 厚 3：7 灰土垫层；再铺约 200mm 厚 6% 的水稳层（水稳层通常为水泥稳定碎石、水泥稳定砾石、水泥稳定砂砾等，其水泥用量通常为 4%~6%），压实度大于 97%；压实后喷洒一层 PC-2 乳化沥青，透入基层表面，形成一个薄而强的沥青膜，对基层起到安定保护等作用；面层是直接受自然因素影响及承受车轮等荷载反复作用的结构层，应根据使用要求设置抗滑耐磨、密实稳定的沥青层，常由 1~3 层组成，上层常用 30mm 厚细粒沥青混凝土，碾压平整，下层常用 50mm 厚粗粒沥青混凝土，碾压平整。

沥青地面构造如图 2-7 所示，实景示意图如图 2-8 所示。

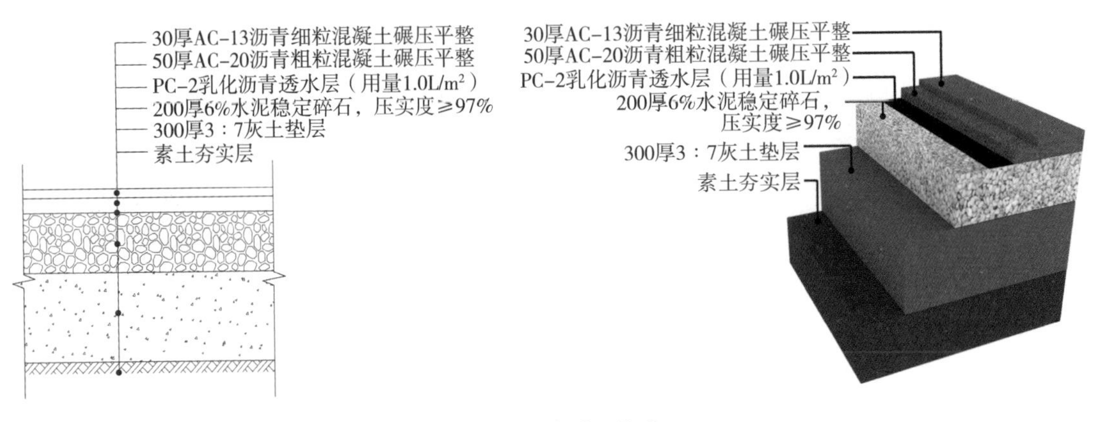

图 2-7　沥青地面构造

图 2-8　沥青地面与彩色沥青地面实景示意图

2.2.3　彩色混凝土地面

彩色混凝土是一种新型绿色环保地面装饰材料，具有防水、防滑、防腐的功效，是在未干的混凝土或水泥地面上加上一层彩色装饰混凝土，然后用专用的模具在其上压制而成。彩色混凝土可以逼真地模拟自然的材质和纹理，使地面永久地呈现各种质感、图案，弥补了普通混凝土灰暗、色彩单调的视觉效果。

彩色混凝土地面主要包括三类：压印（压膜）艺术地面、纸模艺术地面、喷涂艺术地面。

压印艺术地面是其中具有较强的艺术装饰效果的地面，在铺设现浇混凝土的同时，采用彩色强化剂、保护剂、脱模粉等来装饰混凝土表面，用表面的色彩、图案、造型和凹凸质感模仿石材、木材等效果，高强耐磨。如果采用单纯彩色混凝土地面，则取消模具压印操作。

1. 饰面特点

压印艺术地面特点是防滑、耐磨、抗冻、不易起尘、易清洁、易施工、成本低、图案立体层次感强，可随意制作成各种材料质感，解决了其他普通铺砖、木板等高低不平、整体性差、易松动等不足的地方，绿色环保，节省对天然材料的开采，是市政、文化广场等场所的理想选择。缺点是透水性差，档次与质感较天然材料比稍显逊色。

2. 材料加工特点

彩色混凝土是以硅酸盐水泥或普通硅酸盐水泥、耐磨骨料为基料，加入适量添加剂组成的干混材料，应一次配料，一次浇捣，避免多次配料，从而产生色差。

3. 基本构造

彩色混凝土压印艺术地面按照路面荷载主要分为人行道和车行道，其地面构造由面层、基层、垫层、素土夯实层等组成。

人行道彩色混凝土压印艺术地面构造常用的做法：基层做法类同混凝土基层做法，在素土夯实层的基础上铺 150mm 厚的 3：7 灰土垫层或级配砂石垫层，压实后再铺 100mm 厚 C20 混凝土层，压实抹平混凝土表面，在即将终凝前覆盖 4~8mm 厚彩色强化剂，用专用模具压出花纹（如采用彩色混凝土地面，则取消模具压印操作）。

车行道彩色混凝土压印艺术地面构造常用的做法：在素土夯实层的基础上铺 200mm 厚的 3：7 灰土垫层或天然级配砂石垫层，压实后再铺 200mm 厚 C30 混凝土层，压实抹平混凝土表面，在即将终凝前覆 4~8mm 厚彩色强化剂，用专用模具压出花纹。彩色混凝土压印艺术地面的构造做法如图 2-9 所示，实景示意图如图 2-10 所示。

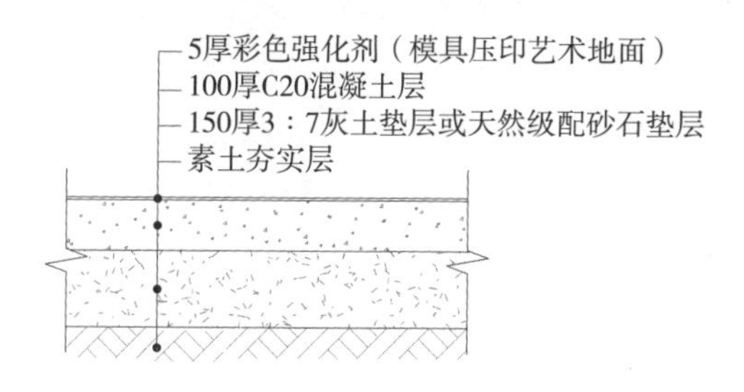

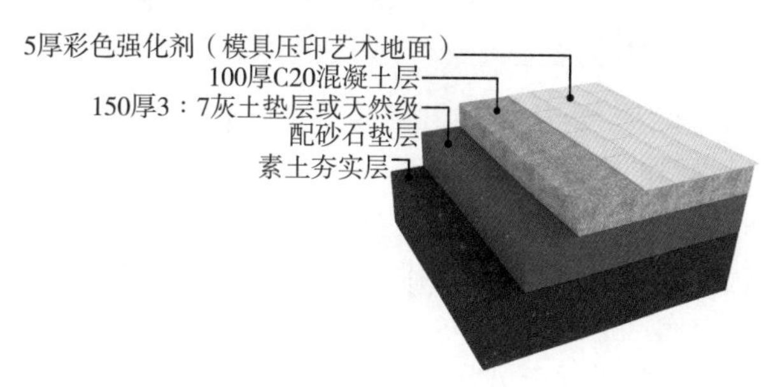

a）

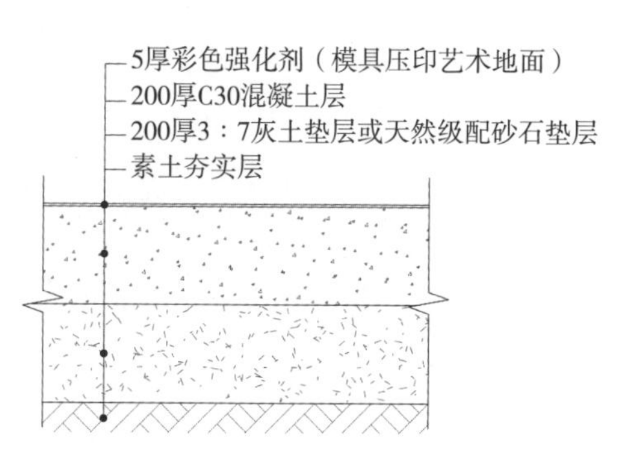

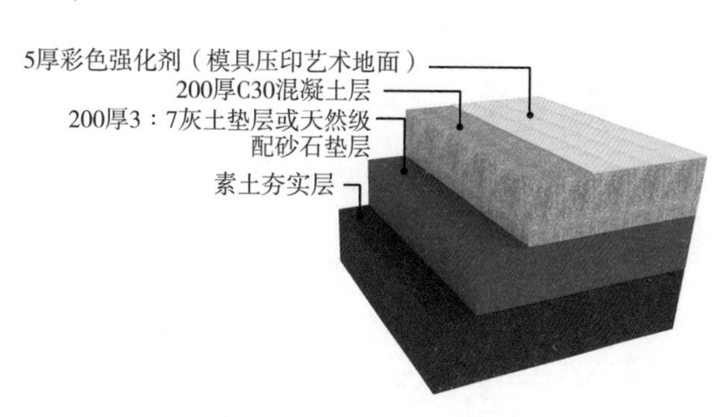

b）

图 2-9　彩色混凝土压印艺术地坪构造

a）彩色混凝土压印艺术地坪人行道构造　b）彩色混凝土压印艺术地坪车行道构造

图 2-10　彩色混凝土压印艺术地坪实景示意图

2.2.4　透水混凝土地面

透水混凝土是由骨料、水泥、水和增强剂拌制而成的一种多孔轻质混凝土，因不含细骨料，也被称为无砂混凝土、多孔混凝土或透水地坪，是一种生态型环保混凝土。

1. 饰面特点

透水混凝土是在粗骨料表面均匀地包裹一层水泥浆，然后相互黏结形成孔穴均匀的蜂窝状结构，透气透水、重量较轻。不透水地面容易产生破坏城市环境及生态系统等问题，例如：阻碍道路雨水下渗，使过度抽取的地下水无法补给进而使城市地面下沉、因水无法循环进而打破城市生态系统平衡、较低的排泄能力使地面产生大量积水等。透水混凝土相比传统的不透水混凝土，具有很多优点：高透水性、高承载力、耐用性及抗冻融性较强、散热性好，易维护、色彩丰富，具有很好的装饰性等，目前在很多国家已被大量推广使用。

2. 材料加工特点

透水混凝土主要材料选用单粒级粗骨料，采用水泥净浆（或掺入少量细骨料的砂浆）在粗骨料的表面包裹薄薄的一层，水泥浆薄层在硬化胶结的过程中会使粗骨料形成多孔堆聚的蜂窝状结构，内部空隙直径大多超过 1mm，有利于透水透气。但同时透水混凝土因其蜂窝状结构，孔隙率大，因此会有抗压抗折性能较差、内部空隙易堵塞、不易维护等问题，耐久性也有待提高。

透水混凝土可分为全透水混凝土与半透水混凝土，全透水混凝土垫层常采用级配砂石、级配砂砾或级配砾石，雨水最终会渗入路基中；半透水混凝土在雨水透过面层、基层后，会顺着不透水垫层排出路基之外从而使路基免受雨水的影响。

3. 基本构造

透水混凝土地面按照路面荷载主要分为人行道和车行道，其地面构造由面层（面层保护剂、面层基层）、垫层、素土夯实层等组成。

以全透水混凝土地面为例，其人行路地面构造常用的做法是：素土夯实，压实度大于 90%；在素土夯实层的基础上铺 200mm 厚级配碎石垫层（也可用级配砂砾、级配砾石），压实度大于 93%；面层基层做双层透水混凝土结构，下层为 80mm 厚 C20 素色透水混凝土（碎石 ϕ10~30mm），上层为 50mm 厚 C20 彩色透水混凝土（碎石 ϕ6~8mm），其中彩色层厚度应≥ 30mm，面层基层总厚度≥ 80mm；待基层凝固后在其上抹一层双丙聚氨酯密封剂做保护层，具有消除色差和润色的作用，同时能大大提高路面的耐磨性，可减少骨料脱落现象的发生。

车行道地面构造做法是：素土夯实，压实度大于 94%；在素土夯实层的基础上铺 300mm 厚级配碎石垫层，压实度大于 93%；面层基层做双层透水混凝土结构，下层为 150mm 厚 C30 素色透水混凝土（碎石 ϕ10~30mm），上层为 50mm 厚 C30 彩色透水混凝土（碎石 ϕ6~8mm），其中彩色层厚度也应≥ 30mm，面层基层总厚度≥ 180mm ；待基层凝固后在其上抹一层双丙聚氨酯密封剂做保护层。全透水混凝土地面需考虑地面下排水系统，其构造如图 2-11 所示，透水混凝土地面色彩及实景示意图如图 2-12 所示。

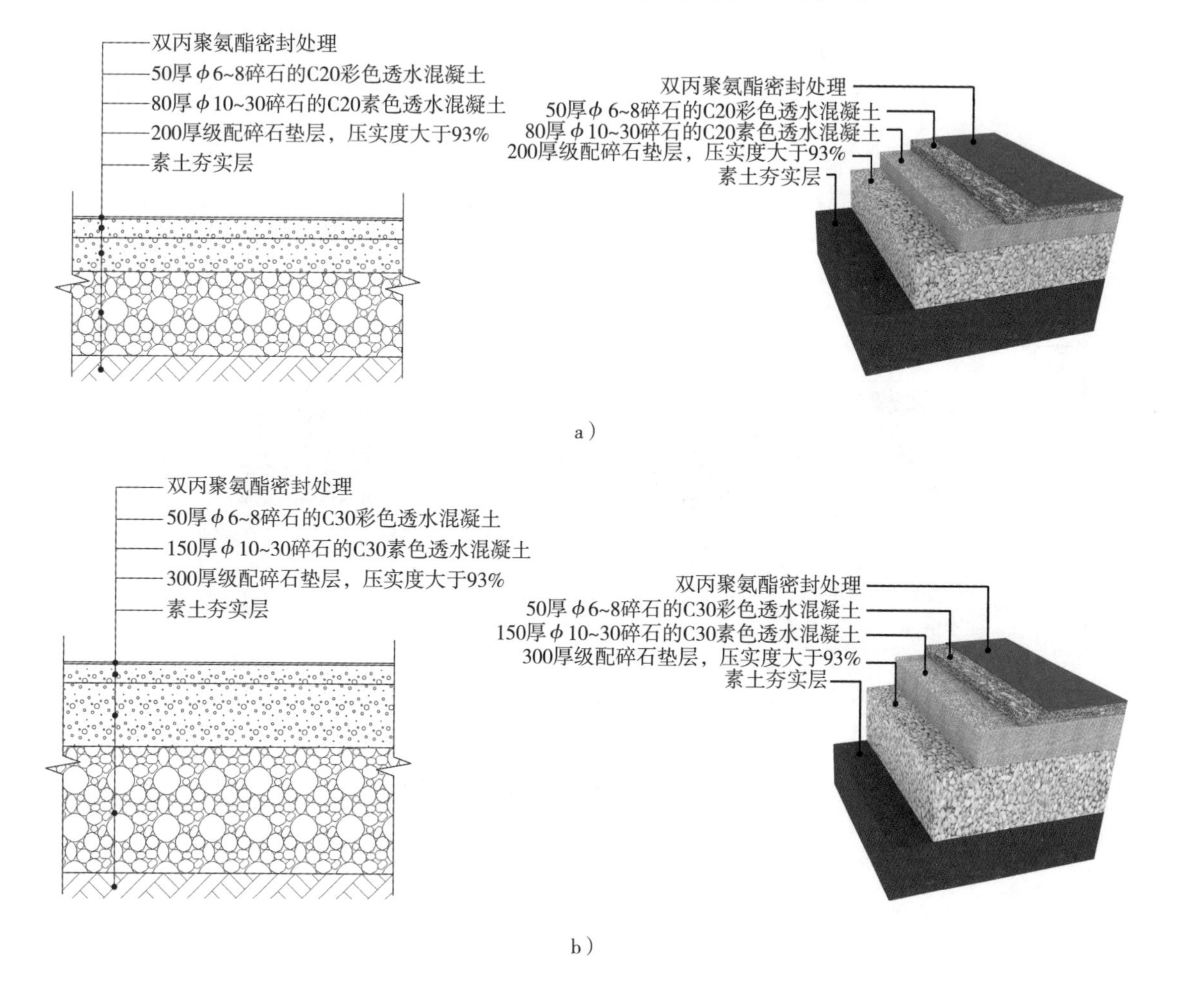

图 2-11　全透水混凝土地面构造

a）全透水混凝土地面人行道构造　b）全透水混凝土地面车行道构造

图 2-12　透水混凝土地面色彩及实景示意图

2.3 块材地面构造

块材地面是指将加工好的块状或片状地面材料，如花岗石板、青石板、板石、水泥砖、透水砖等，用铺砌或粘贴的方式，使之与地面基层黏结固定所形成的地面。块材地面花色品种多样，拼图丰富，属于中、高档装饰。优点是刚性大、强度高、易于保持清洁、湿作业量少、施工速度快等，但这类地面造价偏高、工效偏低，属于刚性地面，不具有弹性、消声等性能。

常用的室外块材地面主要包括：石材地面（花岗石、小料石、青石板、板石等）、铺砖地面（透水砖、水泥砖、黏土砖、仿古砖、青砖等）、木质地面（防腐木、塑木、竹木）等。

2.3.1 石材地面

室外石材地面主要为花岗石、小料石、青石板、板石等，石材地面设计及构造要点见表 2-1。

表 2-1 石材地面设计及构造要点

<table>
<tr><th colspan="2">类型</th><th>花岗石</th><th>小料石</th><th>青石板</th><th>板石</th><th>备注</th></tr>
<tr><td colspan="2">类型图示</td><td></td><td></td><td></td><td></td><td></td></tr>
<tr><td colspan="2">面层设计要点</td><td colspan="4">（1）避免使用大面积磨光面及釉面铺装面层，优先选择具有环保性、透水性材料
（2）地面石材均需做六面防水防碱处理，以防止石材泛碱
（3）面层厚度人行道至少为 30mm，车行道及碎拼嵌草铺装要相应地加厚，至少为 50mm，尺寸不宜过大</td><td></td></tr>
<tr><td colspan="2">规格尺寸</td><td colspan="4">（1）石材规格一般情况下宽度小于或等于 600mm，长度小于或等于 1800mm（由石材开界尺寸决定），可以根据设计需要切割成任何形状，常用的尺寸一般为 300mm、600mm 等，常为 3 的倍数
（2）石材面层常用的拼接方式有：密缝、勾缝、碎拼等。密缝拼贴，缝宽 1~2mm；勾缝拼贴，缝宽 3~5mm；冰裂纹碎拼，缝宽 8~10mm，边长一般在 300~500mm。勾缝常采用水泥砂浆凹缝</td><td>小料石常规尺寸较小，基本为 100mm 见方</td></tr>
<tr><td colspan="2">构造设计要点</td><td colspan="4">（1）石材地面按照路面荷载主要分为人行道和车行道，其构造由面层、结合层、基层、垫层、素土夯实层等组成
（2）基层及垫层厚度人行道（100~150mm）一般薄于车行道（约 200mm）
（3）基层材料一般为素混凝土或钢筋混凝土，垫层材料一般为 3∶7 灰土垫层、级配碎石或塘渣等。基层及垫层材料因地区差异选择也不尽相同</td><td>冰冻地区及过分潮湿路段需加设隔水垫层</td></tr>
<tr><td rowspan="2">适合路面</td><td>人行道</td><td>√</td><td>√</td><td>√</td><td>√</td><td rowspan="2"></td></tr>
<tr><td>车行道</td><td>√</td><td>√</td><td></td><td></td></tr>
<tr><td colspan="2" rowspan="2">常见石材面层效果</td><td>抛光面</td><td>亚光面</td><td>火烧面</td><td>荔枝面</td><td rowspan="2"></td></tr>
<tr><td>机刨面</td><td>机切面</td><td>剁斧面</td><td>菠萝面</td></tr>
</table>

1. 花岗石地面

（1）饰面特点　花岗石和大理石都属于常见的地面铺装材料，但花岗石强度高，密度大，耐酸碱性及耐磨性均高于大理石，是常见的室外铺装材料。

花岗石饰面主要分为天然花岗石和人造花岗石，天然花岗石属于硬石材，是从天然岩体中开采出来的，经研磨、抛光及打蜡等工序加工而成的一种板材，其特点是硬度大、抗压性能好、耐火、耐磨、耐腐蚀，缺点是开采加工困难、价格贵、自重大等。人造花岗石是用人工的方法将多种材料融合成与天然花岗石相似的石材，能弥补天然花岗石的多种缺陷，具有造型美观，抗压耐磨等优点。

（2）材料加工特点　花岗石板材根据加工方法的不同可以分为：磨光板材（表面平整、晶粒明显、色泽光亮）、粗磨板材（表面平滑、无光泽）、剁斧板材（表面粗糙、规则条状斧纹）、机刨板材（表面平整、具有平行刨纹）等。

（3）基本构造　花岗石地面按照路面荷载主要分为人行道和车行道，其构造由面层、结合层、基层、垫层、素土夯实层等组成。

人行道花岗石地面构造的一般做法是在素土夯实层的基础上铺 150mm 厚的 3∶7 灰土垫层或级配砂石垫层，压实后再铺 100mm 厚 C15 混凝土层，在平整的基层上铺 30mm 厚的 1∶3 干硬性水泥砂浆结合层，赶平压实后铺 30mm 厚花岗石面层，可密缝拼贴，也可选择勾缝拼贴，缝宽 3~8mm 左右，干石灰粗砂扫缝，洒适量水封缝，也可选用水泥砂浆勾缝。

车行道花岗石地面构造常用的做法是：在素土夯实层的基础上铺 200mm 厚的 3∶7 灰土垫层或级配砂石垫层，压实后再铺 200mm 厚 C20 混凝土层，在平整的基层上铺 50mm 厚的 1∶3 干硬性水泥砂浆结合层，赶平压实后铺 50mm 厚花岗石面层，缝宽做法同人行道。花岗石地面构造如图 2-13 所示，花岗石地面示意图如图 2-14 所示。

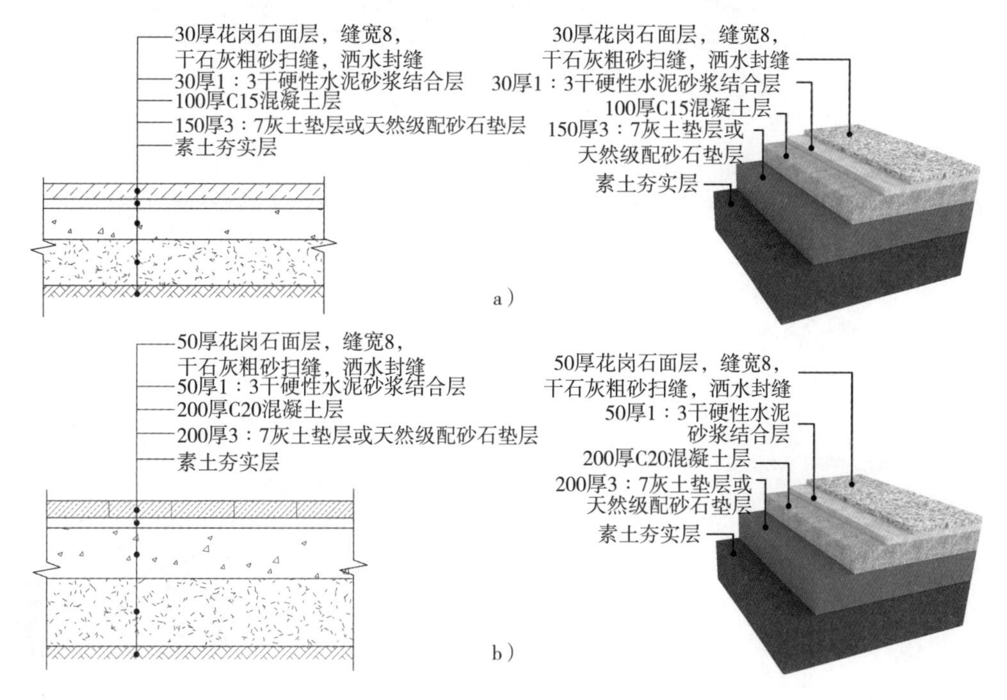

图 2-13　花岗岩地面构造

a）花岗石人行道地面构造　b）花岗石车行道地面构造

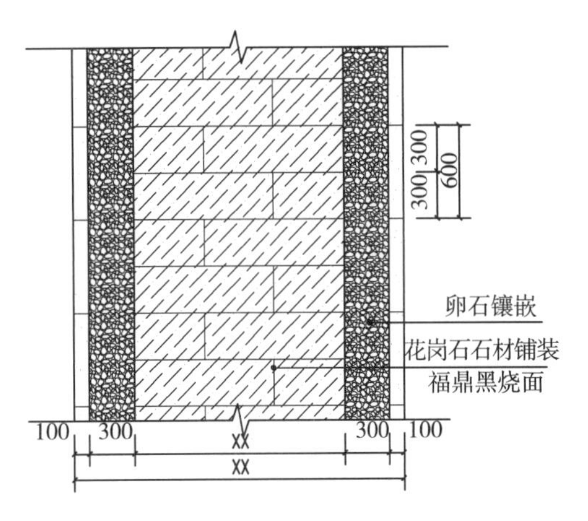

图 2-14　花岗石地面示意图

2. 小料石地面

（1）饰面特点　小料石是一个统称，是由人工或机械开采出的相对规则的面体石块，经粗略加工凿琢而成，按其形状可分为：方石、条石及拱石。小料石饰面面层较粗糙，尺寸偏小，因此不宜大面积使用，常被用在人行道局部装饰或车行道减振区。

（2）材料加工特点　小料石按其外形及面层规则程度可分为：毛料石（烧毛）、粗料石（粗凿）、半细料石和细料石四种类型。小料石常规尺寸基本为 100mm 见方，厚度通常为 25~60mm。

（3）基本构造　小料石地面按照路面荷载主要分为人行道和车行道，其构造由面层、结合层、基层、垫层、素土夯实层等组成，构造做法类同花岗石地面。

人行道小料石地面构造常用的做法是：在素土夯实层的基础上铺 150mm 厚的 3∶7 灰土垫层或天然级配砂石垫层，压实后再铺 100mm 厚 C15 混凝土层，在平整的基层上铺 30mm 厚的 1∶3 干硬性水泥砂浆结合层，赶平压实后铺 30mm 厚小料石面层，一般留 8~10mm 左右缝，采用水泥砂浆勾凹缝。

车行道小料石地面构造常用的做法是：在素土夯实层的基础上铺 200mm 厚的 3∶7 灰土垫层或天然级配砂石垫层，压实后再铺 150mm 厚 C20 混凝土层，在平整的基层上铺 30mm 厚的 1∶3 干硬性水泥砂浆结合层，赶平压实后铺 50mm 厚小料石面层。小料石地面构造如图 2-15 所示，小料石地面示意图如图 2-16 所示。

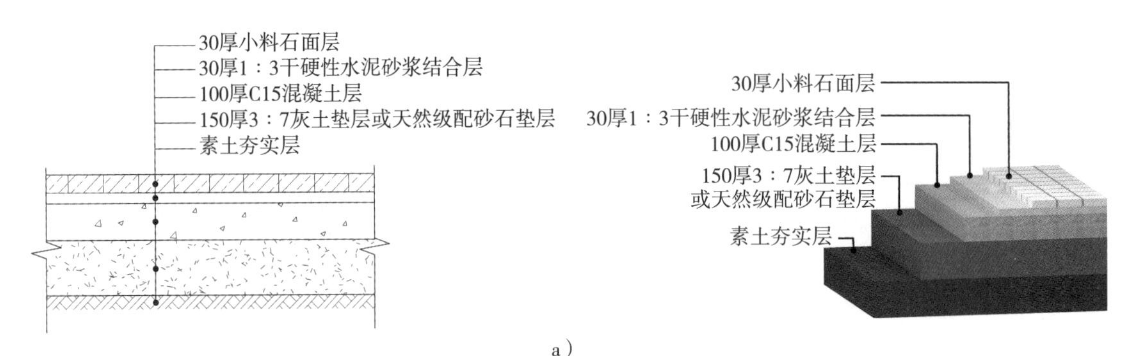

图 2-15　小料石地面构造

a）小料石人行道地面构造

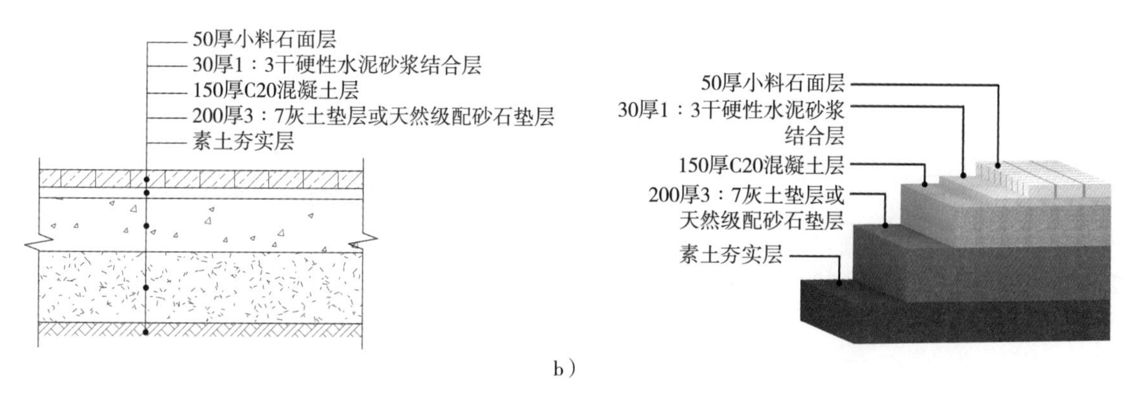

b）

图 2-15　小料石地面构造（续）

b）小料石车行道地面构造

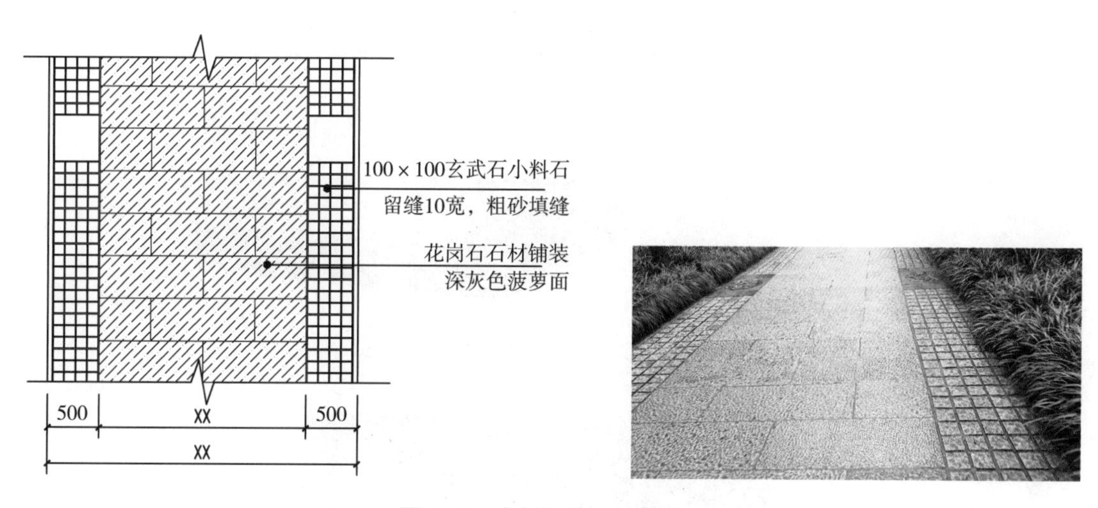

图 2-16　小料石地面示意图

3. 青石板地面

（1）饰面特点　青石板属于沉积岩类（砂岩）石材，主要成分为石灰石、白云石。由于生成条件的不同，青石板会混入其他杂质，如铜、铁、锰等金属氧化物，因此可以形成多种色彩。青石板色泽稳定，风格古朴厚重，比较适合用在文化性场所，具有极高的观赏价值；无污染物辐射、品质环保、质地优良、经久耐用。

（2）材料加工特点　常用青石板的颜色主要是青色，包括豆青色、深豆青色以及青色带灰白结晶颗粒等多种分类。青石板按施工工艺的不同分为粗毛面板、细毛面板和剁斧板等，也可根据设计意图加工成光面（磨光）板。

青石板常会用做汀步石，板材之间的间隔值一般为 100mm、150mm、200mm、250mm 等，间隔值与板材宽度成反比，而板材厚度一般与长度值成正比。

（3）基本构造　青石板地面主要用于人行道，常和绿地搭配设计，其构造由面层、结合层、基层、垫层、素土夯实层等组成，一般做法是在素土夯实层的基础上铺一层砾石垫层，压实后再铺 80mm 厚 C15 混凝土层，在平整的基层上铺一道素水泥浆结合层，然后铺 30mm 厚的 1：3 干硬性水泥砂浆结合层，赶平压实后铺青石板面层。

青石板地面构造如图 2-17 所示，青石板地面实景示意图如图 2-18 所示。

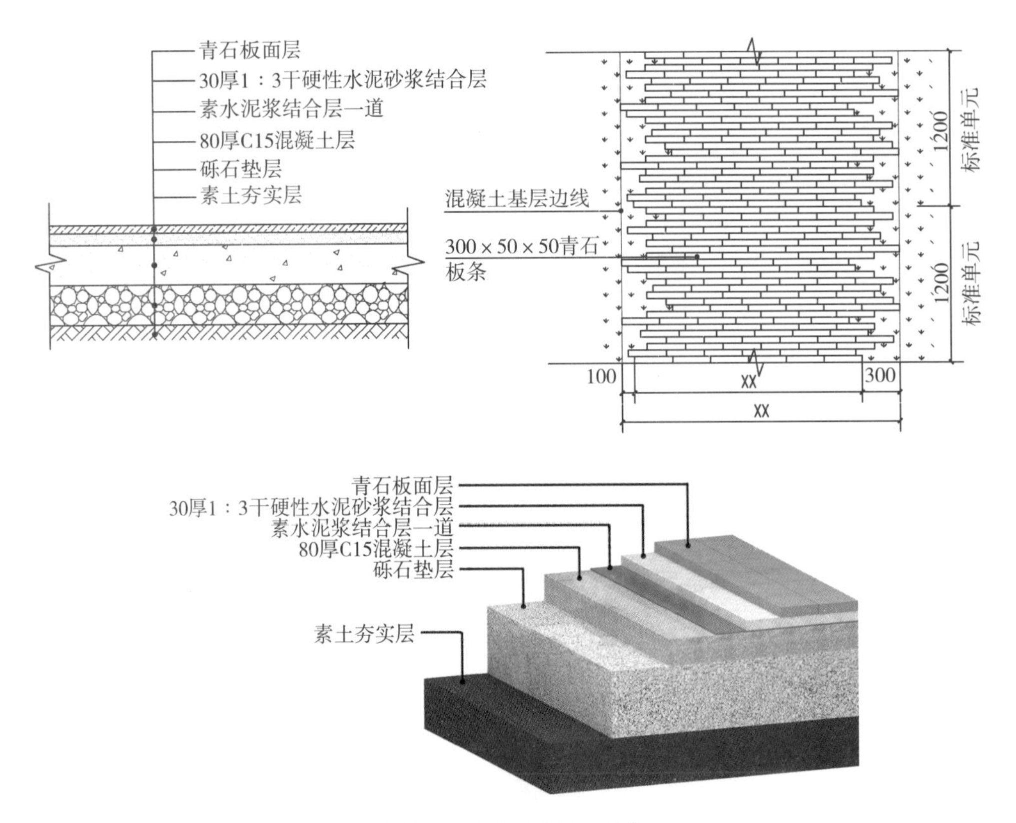

图 2-17　青石板地面构造

图 2-18　青石板地面实景示意图

4. 板石地面

（1）饰面特点　板石俗称板岩或瓦板石，属于变质岩，是一种具有板状结构，但没有重结晶的岩石，根据其混入的不同种元素而呈现不同的颜色：含铁的为红色或者黄色，含碳的为灰色或者黑色，因此可以以颜色命名和分类，如青色板石、绿色板石、黑色板石、红色板石等，如图 2-19 所示。“锈板”“黄木纹”也是属于板石的一种，常被用作文化石，具有一定的审美价值。

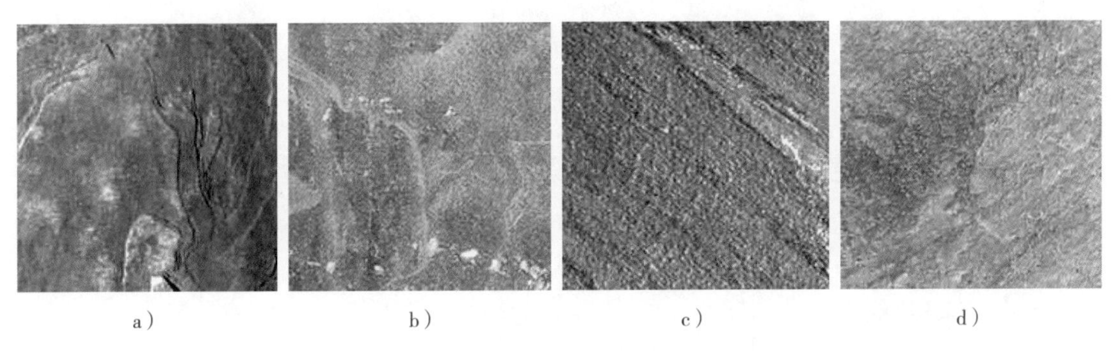

a）　　b）　　c）　　d）

图 2-19　板石分类

a）黑色板石　b）绿色板石　c）青色板石　d）黄木纹板石

（2）材料加工特点　由于板石本身材料特性，如防滑、耐磨、持久耐用、耐气候、耐污染、色彩丰富等，一般常用于人行道及广场铺装，不宜大面积在车行道使用。

板石类质地较脆，一般情况下不使用大规格，常作碎拼设计。当作为汀步时，一般使用规格为 600mm × 300mm 或 800mm × 400mm，或者边长为 300~800mm 的不规则石板。

（3）基本构造　板石地面主要用于人行道，其构造由面层、结合层、基层、垫层、素土夯实层等组成。一般做法是在素土夯实层的基础上铺 100mm 厚的级配碎石垫层，压实后再铺 100mm 厚 C20 混凝土层，在平整的基层上铺 20mm 厚的 1∶3 水泥砂浆找平层，赶平压实后铺板石面层。如果面层为板石碎拼，板缝缝隙常控制在 10m~30mm 之间，原色水泥勾缝，勾凹缝。板石地面构造如图 2-20 所示，板石（碎拼）地面实景示意图如图 2-21 所示。

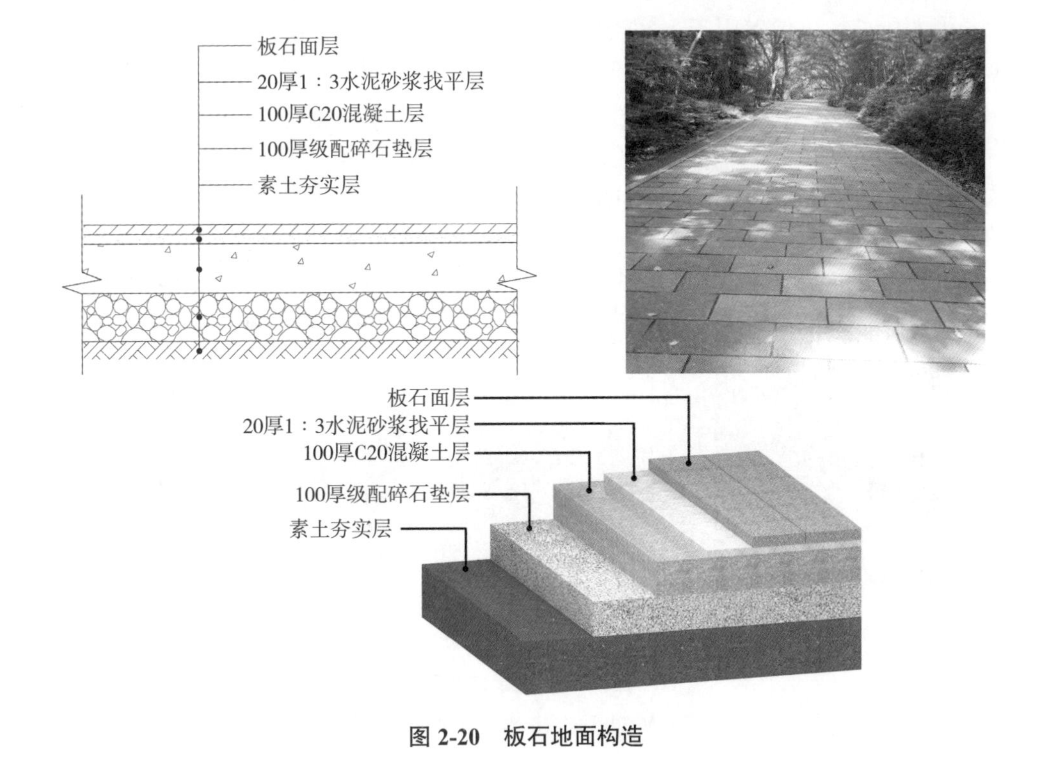

图 2-20　板石地面构造

图 2-21　板石（碎拼）地面实景示意图

2.3.2　铺砖地面

砖材的分类方式多种多样，依据透水性能可以分为透水砖与不透水砖，按生产工艺可以分为烧结砖与非烧结砖，按材质可分为黏土砖、页岩砖、粉煤灰砖、灰砂砖、混凝土砖等，按其铺设位置和功能又可分为地面砖、墙面砖、砌筑砖等。在室外地面铺装设计中，常见的地面砖主要包括透水砖、水泥砖、黏土砖、仿古砖、青砖等。

普通标准砖的规格为 240mm × 115mm × 53mm，非标准砖、多孔砖、水泥砖等的规格与形式在不同的地区与设计中也不尽相同。砖按照抗压强度的大小可分为 MU30、MU25、MU20、MU15、MU10、MU7.5 六个强度等级。

1. 透水砖地面

（1）饰面特点　透水砖起源于荷兰，是荷兰人在围海造城过程中，为了防止地面下沉而制造的一种小型路面砖，又称为荷兰砖，砖与砖之间一般会预留 2mm 宽的缝隙。透水砖特点是排水快、不积水、抗压性较强，适用于对路基承载能力要求不高的人行道、步行街、休闲广场等人行道，可偶尔用于车辆较少的车行道，如居住区道路及停车场等。

（2）材料加工特点　透水砖质感细腻、色彩丰富、可随意搭配，安全耐久、防滑抗冻，同时具有透水透气的优点，有利于改善生态环境，但长时间后，颜色容易变淡。透水砖除有环保透水砖，还包括导盲透水砖、止步透水砖等，如图 2-22 所示；市政人行道中的导盲砖与止步砖常用黄色，导盲砖表面为长条形凸出条纹，用以指引行走方向；止步砖表面为凸出圆形点，表示止步向前。透水砖规格多样，铺装常用规格有：200mm × 200mm、200mm × 100mm、400mm × 200mm、400mm × 400mm、300mm × 150mm、300mm × 300mm、230mm × 115mm 等尺寸，厚度一般为 60mm 和 80mm。

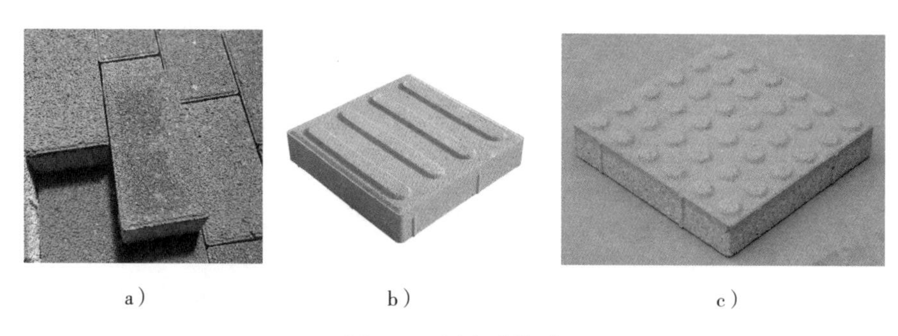

a）　　b）　　c）

图 2-22　透水砖类型

a）透水砖　b）导盲透水砖　c）止步透水砖

（3）基本构造　透水砖地面按照路面荷载主要分为人行道和车行道，其构造由面层、结合层、基层、垫层、素土夯实层等组成。人行道透水砖地面构造常用的做法是：在素土夯实层的基础上铺 200mm 厚天然级配砂石垫层，碾实后在平整的垫层上铺 30mm 厚的 1∶3 干硬性水泥砂浆结合层，赶平压实后铺 60mm 厚透水砖面层，并随时用直尺和水平尺辅助找平，以防出现接缝高低不平，宽窄不均等情况，缝宽 1~2mm，细砂扫缝，洒适量水封缝。

车行道透水砖地面构造常用的做法是在素土夯实层的基础上铺 300mm 厚天然级配砂石垫层，碾实后再铺 100mm 厚 C20 无砂大孔混凝土层，在平整的基层上铺 30mm 厚的 1∶3 干硬性水泥砂浆结合层，赶平压实后铺 80mm 厚透水砖面层，缝宽 1~2mm，细砂扫缝，洒适量水封缝。

透水砖地面构造如图 2-23 所示，透水砖地面示意图如图 2-24 所示。

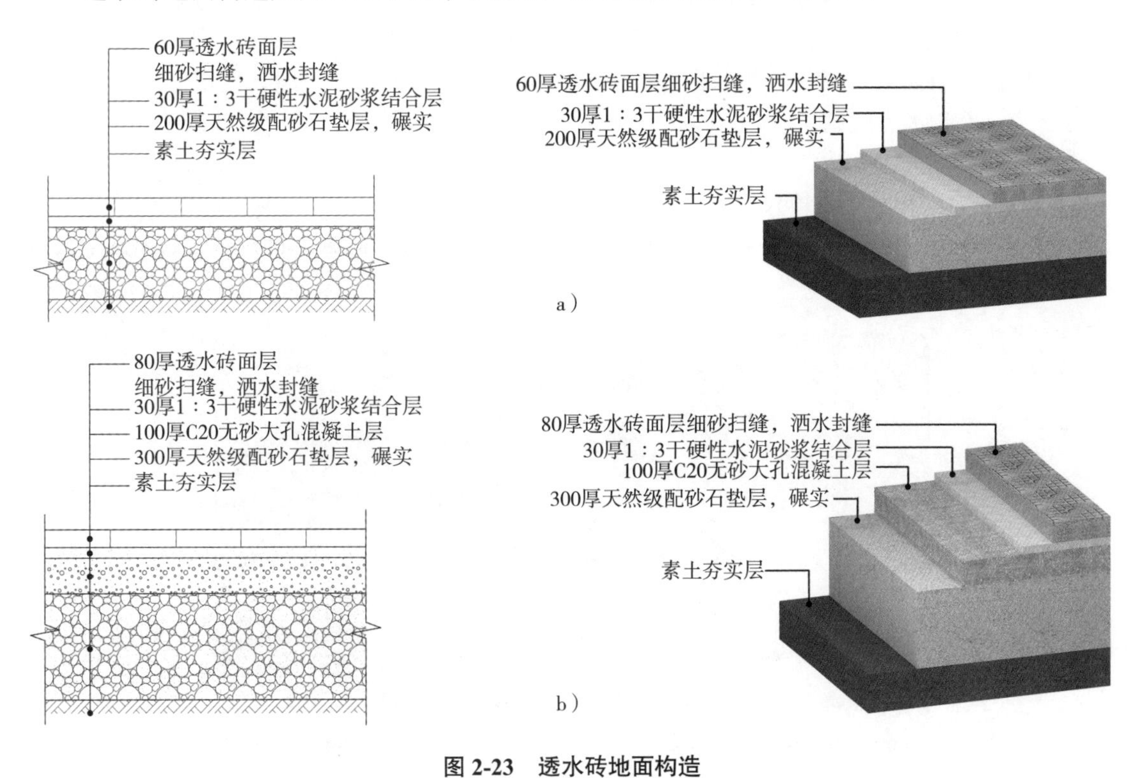

图 2-23　透水砖地面构造

a）透水砖人行道地面构造　b）透水砖车行道地面构造

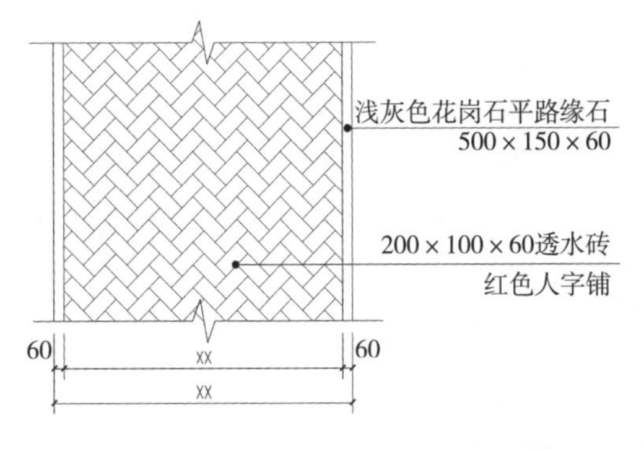

图 2-24　透水砖地面示意图

2. 水泥砖地面

（1）饰面特点　水泥砖是指利用粉煤灰、煤渣、尾矿渣、煤矸石、化工渣或者海涂泥、天然砂等作为主要原料（可以是以上原料的一种或几种），用水泥做凝固剂，无须高温烧制的一种新型材料。产品用途广，既可用在地面铺装，也可用在墙体上，自重较轻，强度较高，经济环保。缺点是与抹面砂浆结合不佳，容易产生裂缝从而影响美观。

（2）材料加工特点　水泥砖是以优质彩色水泥、砂等经过机械拌和后充分养护而成，主要成分有：黏土、水泥、外加剂、水等。其中，黏土为利于拌水泥，要含有一定量的松散颗粒。含砂量较少的黏土，可在土中配砂，质地较硬且含砂量少的黏土，须磨碎后再配砂；水泥为掺入 10% 的 425 普通硅酸盐水泥，能提高砖的强度，使砖浸水后不开裂；掺入少量的加强剂（外加剂），可以提高砖的硬结强度，还能减少水泥的用量。水量适中能确保砖的强度，成型水分少，砖的强度会差，成型水分多，出模时砖体容易碰坏。

水泥砖具有防滑、降噪、耐久性好、色泽鲜艳均一、外观古朴自然、价格低廉、应用度高等优点。由于水泥砖制作方便，因此可以制作成任意颜色和形状，常见的主要有水泥方砖、水泥花砖两种，分为方形、矩形、异形、嵌锁形等，水泥砖的主要形式如图 2-25 所示。水泥砖常用规格为：标准砖 240mm × 115mm × 53mm、八孔砖 240mm × 115mm × 90mm、空心砖 390mm × 190mm × 190mm 等，其他还有 240mm × 135mm × 40mm、250mm × 150mm × 60mm 等规格。

图 2-25　水泥砖的主要形式

（3）基本构造　水泥砖地面主要适用于人行道，其构造由面层、找平层、基层、垫层、素土夯实层等组成。人行道水泥砖面层是在结合层上铺设的，一般做法是在素土夯实层的基础上铺 100mm 厚级配碎石垫层，碾实后再铺 100mm 厚 C15 混凝土层，在平整的基层上做一道素水泥浆结合层，然后铺 20mm 厚的 1∶3 干硬性水泥砂浆找平层，赶平压实后铺水泥砖面层，随抹随铺，并用小木槌凿实。随时用直尺和水平尺辅助找平，以防出现接缝高低不平，宽窄不均等情况，缝宽一般为 5~10mm，细砂扫缝。

水泥砖车行道适用于特殊段或别墅项目的车行道，车行出入口禁止大面积使用水泥砖。车行道水泥砖地面构造常用的做法是：在素土夯实层的基础上铺 150mm 厚级配碎石垫层，夯实度大于 95%，夯实后再铺 150mm 厚 C15 混凝土层，在平整的基层上做一道素水泥浆结合层，然后铺 20mm 厚的 1∶3 干硬性水泥砂浆找平层，赶平压实后铺水泥砖面层，随抹随铺，细砂扫缝。水泥砖地面构造如图 2-26 所示，水泥砖地面示意图如图 2-27 所示。

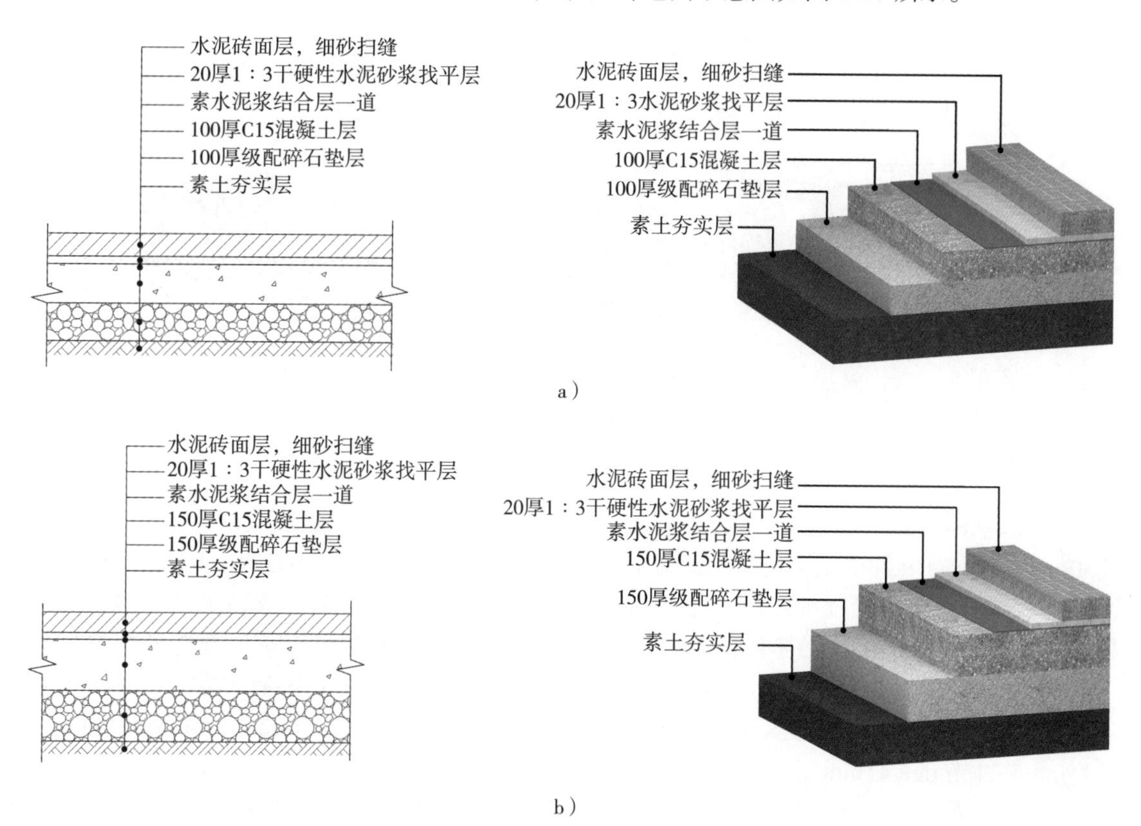

图 2-26　水泥砖地面构造

a）水泥砖人行道地面构造　b）水泥砖车行道地面构造

图 2-27　水泥砖地面示意图

3. 黏土砖地面

（1）饰面特点　黏土砖也称为烧结砖，是人造小型块材，以黏土（包括页岩、煤矸石等粉料）为主要原料，经泥料处理、成型、干燥和焙烧而成。由于烧制黏土砖过程中会损坏大量良田，因此传统黏土红砖在现工程中已不被广泛采用。现常用的黏土砖一般是指陶土砖或青砖。

陶土砖是黏土砖的一种，采用优质黏土或紫砂陶土高温烧制而成，与传统红砖相比色泽均匀，质感细腻，永不褪色，耐冻融耐腐蚀性强，耐高温高寒，是园林空间非常理想的地面铺装材料。

青砖也是黏土砖的一种，经黏土烧制而成，由于铁在烧制过程中没有完全氧化而生成青色的低价铁。青砖的透气性强、吸水性好、耐磨损、抗氧化、可塑性强，颜色沉稳古朴，常被用在中式建筑及园林空间中。黏土砖形式如图 2-28 所示。

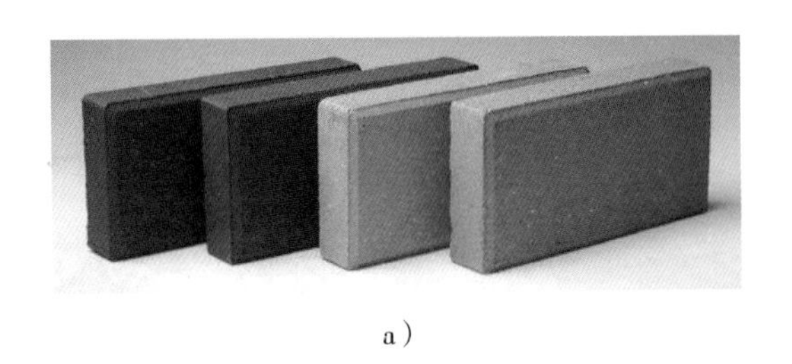

a）

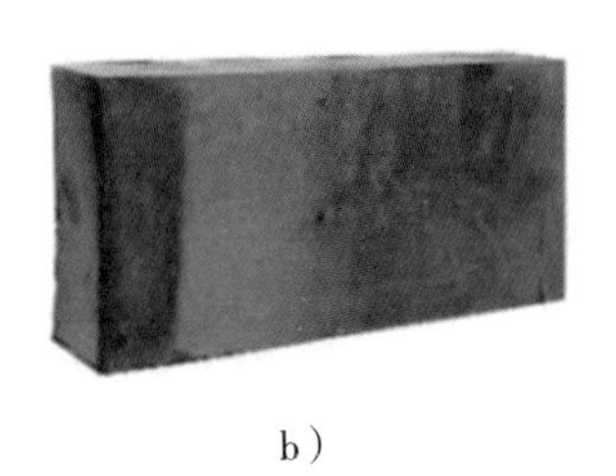

b）

图 2-28　黏土砖形式

a）陶土砖　b）青砖

（2）材料加工特点　黏土砖主要分为标准砖与异形砖，普通标准砖的尺寸为 230mm × 114mm × 53mm，按抗压强度的大小分为 MU7.5、MU10、MU15、MU20、MU25、MU30 六个强度等级，数字越大，等级越高。黏土砖具有防火、隔热、吸潮、隔声、经久耐用等优点，因其价格较贵，从经济性考虑不宜大面积使用，既可平铺也可立铺，但一般应尽量少使用立砌做法，如需要立砌，可将砖体对称切割后做立砌。黏土砖常见规格：230mm × 114mm × 65mm、200mm × 100mm × 53mm、235mm × 115mm × 48mm、215mm × 115mm × 41mm 等。

青砖色泽统一，规格多种多样，如图 2-29 所示，主要包括地坪砖（块状、条状、片状等）与转角砖，青砖多用在传统或中式园林中，多做立砌，常见的青砖的规格有：60mm × 240mm × 10mm、75mm × 300mm × 120mm、100mm × 380mm × 120mm、100mm × 400mm × 120mm、200mm × 400mm × 50mm、240mm × 115mm × 53mm、400mm × 400mm × 50mm 等。

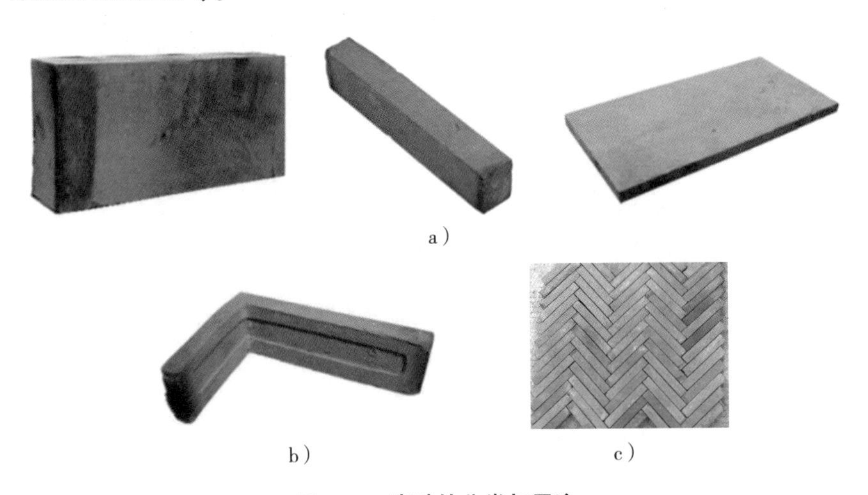

a）

b）　c）

图 2-29　青砖的分类与用途

a）青砖地坪砖　b）青砖转角砖　c）青砖立砌

（3）基本构造　黏土砖地面按照路面荷载主要分为人行道和车行道，其构造由面层、找平层、基层、垫层、素土夯实层等组成。

人行道黏土砖地面构造常用的做法是：在素土夯实层的基础上铺 100mm 厚级配碎石垫层，夯实度大于 95%，碾实后再铺 100mm 厚 C20 混凝土层，在平整的基层上铺 20~30mm 厚的 1∶3 干硬性水泥砂浆找平层，赶平压实后铺黏土砖面层，并随时用直尺和水平尺辅助找平，以防出现接缝高低不平，宽窄不均等情况，细砂填缝。

车行道黏土砖地面构造常用的做法是：在素土夯实层的基础上铺 150mm 厚级配碎石垫层，夯实度大于 95%，碾实后再铺 150mm 厚 C20 混凝土层，在平整的基层上铺 20~30mm 厚的 1∶3 干硬性水泥砂浆找平层，赶平压实后铺黏土砖面层，细砂填缝。黏土砖地面构造如图 2-30 所示，黏土砖地面示意图如图 2-31 所示。

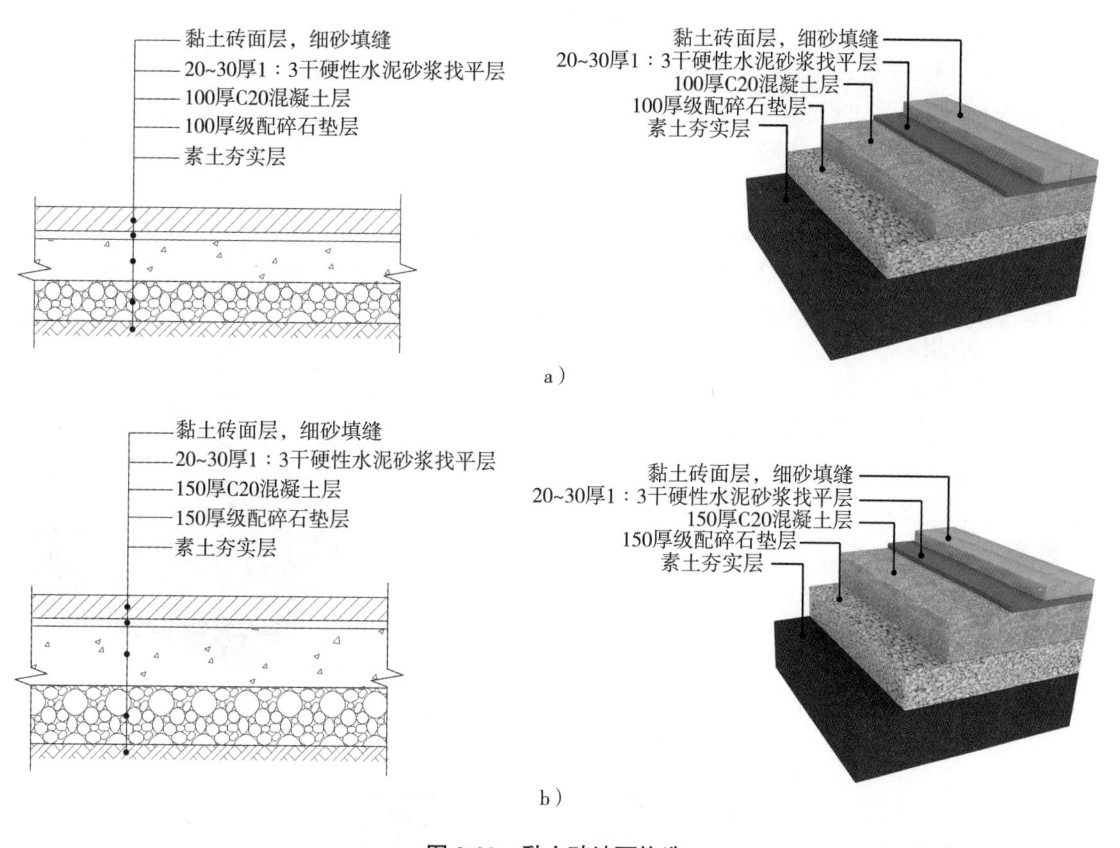

图 2-30　黏土砖地面构造

a）黏土砖人行道地面构造　b）黏土砖车行道地面构造

图 2-31　黏土砖（陶土砖、青砖）地面示意图

4. 仿古砖地面

（1）饰面特点　仿古砖，是釉面瓷砖的一种，其花色的样式、纹理及图案类似于做旧的石材贴面效果，坯体为炻瓷质（吸水率 3% 左右）或炻质（吸水率 8% 左右），常被用于地面铺装中。仿古砖因其蕴藏的丰富的装饰手法及文化历史内涵，在园林中常被用在传统空间或中式空间中，色调以黄色、灰色、咖啡色为主。

（2）材料加工特点　仿古砖也属于纯黏土烧制而成，经特殊工序使其呈青灰色。区别于其他的普通仿古瓷砖，如玻化砖、瓷质砖等，仿古砖通过颜色、样式、质感等给人以古朴素雅、自然宁静的视觉美感，同时具有防滑、吸水、透气、抗氧化等特点，是路面铺装乃至墙体设计中非常理想的装饰材料。仿古砖的品质标准主要从耐磨度、硬度、吸水率、色差等方面参考。

仿古砖大多为方形，常用的规格有：100mm × 100mm、150mm × 150mm、200mm × 200mm、300mm × 300mm、300mm × 600mm、400mm × 400mm、500mm × 500mm、600mm × 600mm、600mm × 1200mm、800mm × 800mm 等。

（3）基本构造　仿古砖地面主要适用于人行道，其构造由面层、找平层、基层、垫层、素土夯实层等组成，在素土夯实层的基础上铺 150mm 厚 3∶7 灰土垫层，碾实后再铺 100mm 厚 C15 混凝土层，在基层基础上铺 30mm 厚的 1∶3 干硬性水泥砂浆找平层，赶平压实后铺仿古砖面层，随抹随铺，并用小木槌凿实，细砂扫缝。仿古砖地面构造如图 2-32 所示，仿古砖地面示意图如图 2-33 所示。

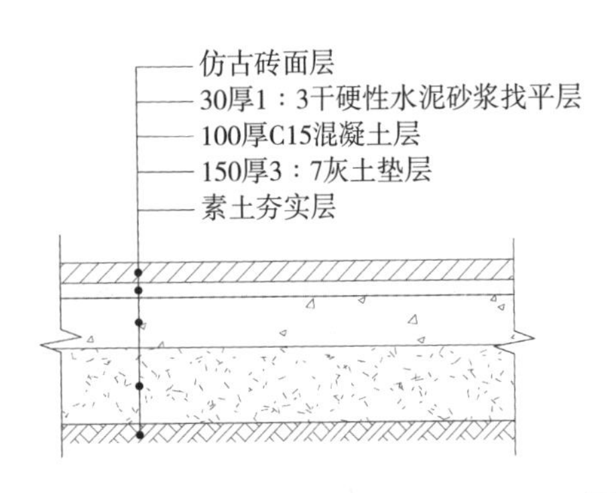

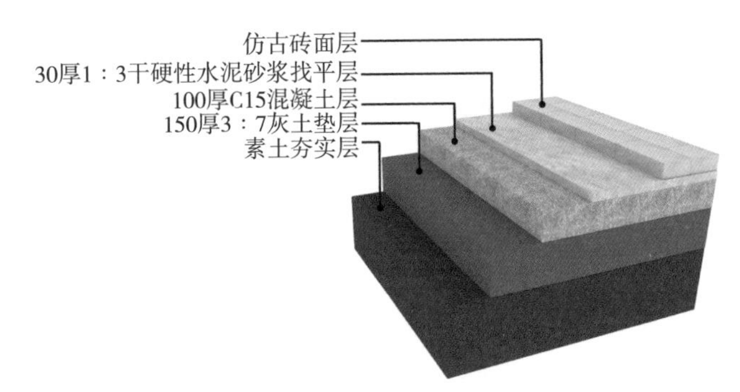

图 2-32　仿古砖地面构造

图 2-33　仿古砖地面示意图

2.3.3　木质地面

木质地面是指表面由木板铺钉或胶结而成的地面。木质地面纹理优美，具有古朴自然的视觉感，装饰性强，弹性与蓄热性良好，不易起灰、易清洁，但耐火性差，长期处在室外潮湿的环境中易产生腐蚀、变形和裂缝等，因此要做好防腐处理。木质地面一般适用于有较高的弹性和清洁使用要求的场所，如入户平台、休闲娱乐区、室外咖啡雅座区等。根据面层材质不同，木质地面的材料一般分为防腐木、塑木、竹木等。木质地面构造的类型和常见规格见表 2-2。

表 2-2　木质地面构造的类型和常见规格

<table>
<tr><th>分类</th><th>类型</th><th colspan="2">厚度 × 宽度（mm）</th><th>长度 /m</th><th>备注</th></tr>
<tr><td rowspan="4">防腐木</td><td>四面抛光料</td><td colspan="2">15 × 95、21 × 95、28 × 70、28 × 95、28 × 120、38 × 100、45 × 70、45 × 95、45 × 120、45 × 145、58 × 145、58 × 195、70 × 145、70 × 195、95 × 95 等</td><td rowspan="2">常见规格 3~6</td><td rowspan="4">不同国家及地区防腐木规格不一</td></tr>
<tr><td>毛料</td><td colspan="2">125 × 125、150 × 150、200 × 200 等</td></tr>
<tr><td rowspan="2">圆木</td><td colspan="2">直径 100mm 以下</td><td>约 1</td></tr>
<tr><td colspan="2">直径 100mm 以上</td><td>6~12</td></tr>
<tr><td rowspan="3">塑木</td><td>实心板</td><td>厚度：10、12、15、18、20、25、30</td><td>宽度：100、120、140、150</td><td rowspan="3">约 2</td><td rowspan="3">规格无统一标准，截面尺寸也可按需求定做，长度一般不超过 3m</td></tr>
<tr><td>空心板</td><td>厚度：18、20、25、30、35、40</td><td>宽度：100、120、150、200</td></tr>
<tr><td>方材</td><td colspan="2">30 × 30~120 × 120</td></tr>
<tr><td>竹木</td><td>户外高耐腐蚀竹木</td><td>厚度：8、12、15、18、20、25、30</td><td>宽度：65、100、137</td><td>1.8</td><td>常见规格内尺寸可定做</td></tr>
<tr><td>图示</td><td colspan="5">防腐木　　塑木　　竹木</td></tr>
</table>

1. 防腐木地面

防腐木，是将木材经过特殊防腐处理后，具有防腐烂、防白蚁、防真菌功效的木材。它是专门用于户外露天环境的材料，不仅可以用于常规室外平台，并且可以直接用在与水体、湿地接触的环境中，是户外木质地面、木平台、木栈道及其他室外防腐木建筑的首选材料。

（1）饰面特点　防腐木地面常用的木材品种为美国南方松、印尼菠萝格、印尼巴劳木、樟子松等，如图 2-34 所示；优点是防腐防蛀、防霉防白蚁，自然又环保，易于着色，施工方便；缺点是不耐水淹，后期维护费用大，造价偏高。

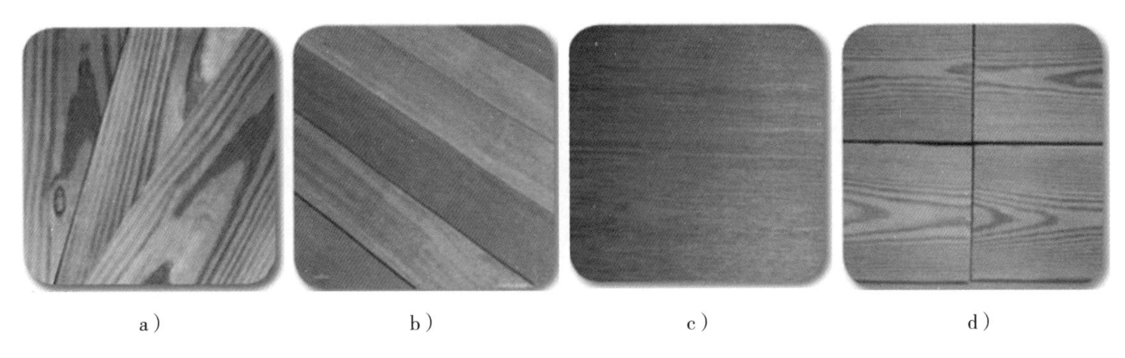

a） b） c） d）

图 2-34 防腐木常用品种

a）美国南方松 b）印尼菠萝格 c）印尼巴劳木 d）樟子松

（2）材料加工特点 防腐木常见的类型有：四面抛光料、毛料、圆木。防腐木常见规格见表 2-2，不同国家及地区防腐木规格不一，常见规格内尺寸可定做。

龙骨：木龙骨常见规格：50mm × 50mm、60mm × 60mm、50mm × 80mm、60mm × 80mm，长度一般在 2m 左右。一般情况下，木龙骨间距越大，龙骨规格越高，间距小于 0.5m 时，常用 50mm × 50mm 木龙骨；间距在 1.2~1.5m 之间时，常选用 60mm × 80mm 木龙骨。木龙骨使用前应做防腐、防蛀、防火处理。龙骨也可选用方钢龙骨，在使用前应做防锈处理。

角钢：俗称角铁，是两边互相垂直成角形的长条钢材。角钢主要分为等边角钢和不等边角钢。边长 50mm 以下为小角钢；边长 50~125mm 为中型角钢，较常用；边长大于 125mm 为大型角钢，角钢厚度一般在 3~18mm 之间。龙骨及角钢形式如图 2-35 所示。

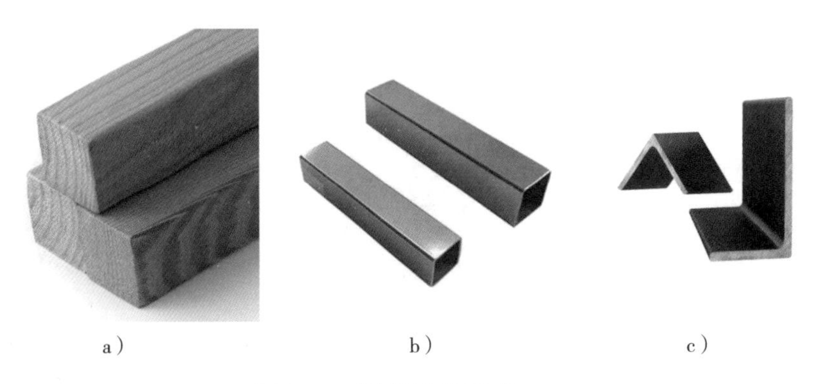

a） b） c）

图 2-35 龙骨及角钢形式

a）木龙骨 b）方钢龙骨 c）角钢

（3）基本构造 防腐木地面主要用作人行道，防腐木地面构造由面层、龙骨层、基层、垫层、素土夯实层等组成。防腐木地面构造常用的做法是：在素土夯实层基础上铺 150mm 厚 3：7 灰土或天然砂砾垫层，碾实后再铺 100mm 厚 C15 混凝土基层，基层找坡 2%，流向地漏方向；方钢龙骨或木龙骨用角钢连接件固定在基层上，龙骨一般规格使用 50mm ×（50~70）mm，中距 500mm；角钢与基层之间用膨胀螺栓固定。面层为防腐木地板，板面需预先钻孔，然后拧入沉头螺钉将其固定于龙骨上，木板间缝宽 5mm 左右，木板宽度若小于 100mm，采用单排钉，若大于 100mm，采用双排钉。

为防止积水，应在基层布置排水口，排水口布置方向与排水方向垂直，尽量设置在木板正中或板缝处，间距一般不大于 2m，木板的拼缝一般采用平口或错口，木板的铺设方向一般垂直于人行走的方向。防腐木地面构造如图 2-36 所示，防腐木地面平面及实景示意图如图 2-37 所示。

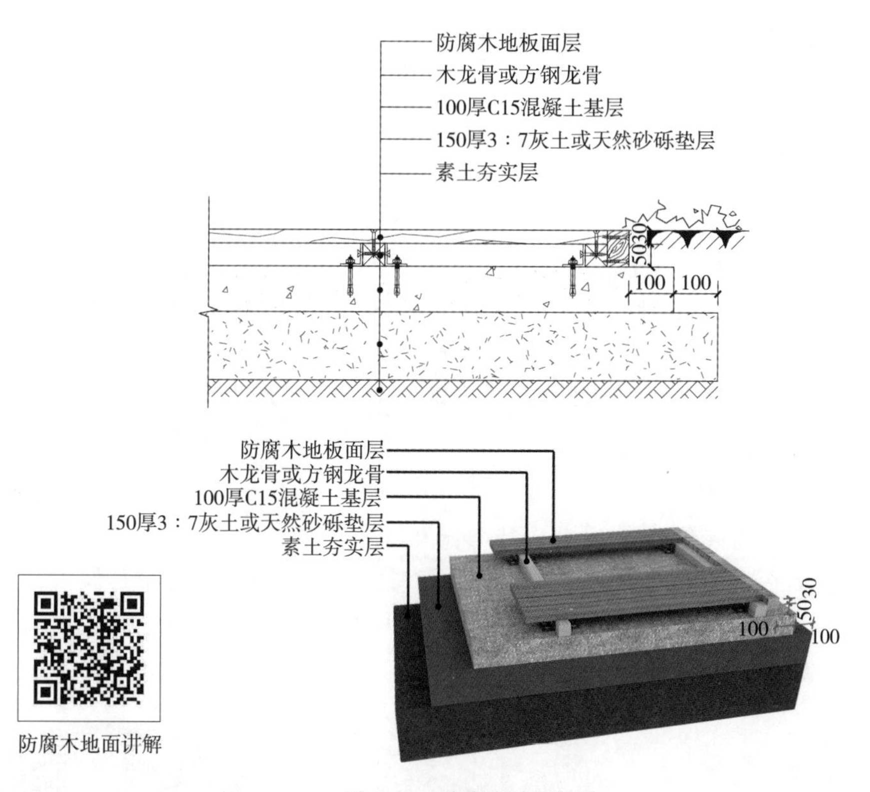

图 2-36　防腐木地面构造

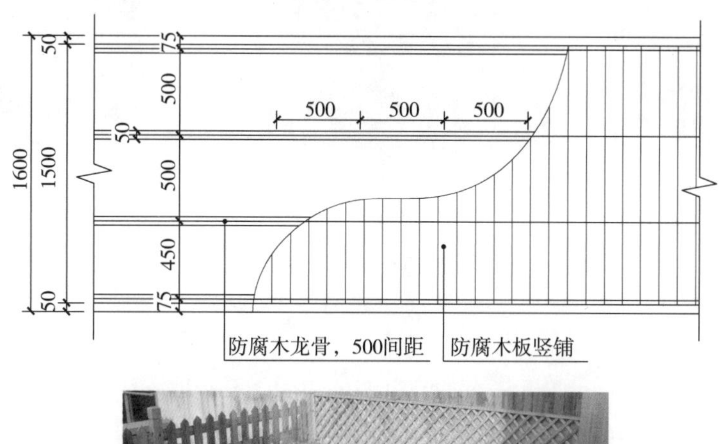

图 2-37　防腐木地面平面及实景示意图

2.4 卵石地面构造

卵石地面构造常见的做法主要包括卵石地面、水洗石地面、散置砾石地面等，其中常见的卵石主要有卵石、鹅卵石、豆石等。

2.4.1 卵石地面

1. 饰面特点

卵石地面是以各色卵石为主嵌成的地面，它借助于卵石的色彩、大小、形状和排列的变化随意组成各种设计图案。卵石是岩石经水流冲击、风化及摩擦所形成的圆形或卵形的石块，表面光滑、无毒无味、品质坚硬、抗压耐磨、风格自然、富有野趣，是一种视觉效果极佳的绿色材料，被广泛应用在公园或中式园林的地面铺装中。但由于卵石表面光滑，因此不建议在北方地区大面积使用。

2. 材料加工特点

卵石选用时大小要确保基本一致，如果是单色卵石铺装，色差要小，如果是双色或多色卵石铺装则色差对比要明显。常规卵石直径为 15~60mm，鹅卵石偏大，直径为 60~150mm，豆石直径为 3~15mm。卵石种类如图 2-38 所示。

a）

b）

c）

图 2-38 卵石种类

a）卵石 b）鹅卵石 c）豆石

3. 基本构造

卵石地面构造由面层、结合层、基层、垫层、素土夯实层等组成。卵石地面主要用于人行道，卵石地面构造常用的做法是：在素土夯实层的基础上铺 200mm 厚的 3∶7 灰土垫层或天然砂砾垫层，压实后再铺 100mm 厚 C15 混凝土层，在平整的基层上做 40mm 厚的 1∶2 水泥砂浆结合层，面层嵌卵石，卵石 ϕ20~30mm 立铺或卧铺，嵌入至少 1/2，卵石间的留缝宽度不宜超过卵石本身的粒径。摆完卵石后，再在卵石缝隙之间灌入 3mm 厚稀素水泥浆，填充铺实后轻轻拭擦卵石表面。卵石地面构造如图 2-39 所示。

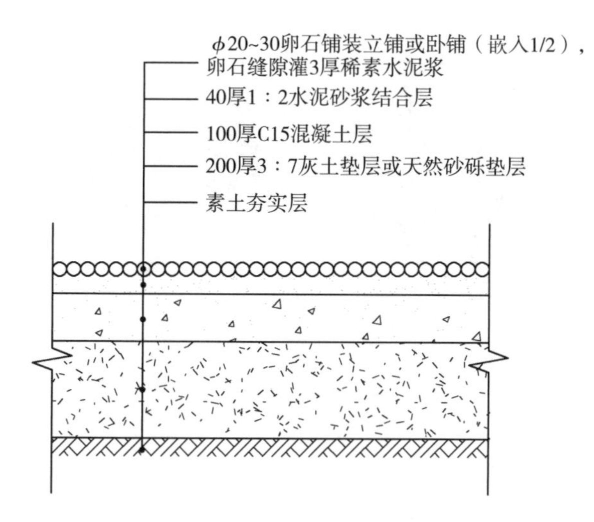

ϕ20~30卵石铺装立铺或卧铺（嵌入1/2），
卵石缝隙灌3厚稀素水泥浆
40厚1：2水泥砂浆结合层
100厚C15混凝土层
200厚3：7灰土垫层或天然砂砾垫层
素土夯实层

图 2-39　卵石地面构造

2.4.2　水洗石地面

1. 饰面特点

水洗石是选用天然砾石或卵石等骨料与水泥按一定比例混合，经抹平快干后，将表面粘合物清洗干净，露出石子原貌的一种铺装做法。骨料是含有多种色彩的细石子，主要有黄色、米黄色、红色、褐色等，用得较多的是黄色，水洗石的直径主要在 3~9mm 之间，通常在 8mm 左右。

2. 材料加工特点

水洗石地面的优点是耐磨、耐腐蚀、不易燃、色泽亮丽等，而且设计性高，可以随意根据其颜色和形状装饰、设计各种图案，被广泛应用于庭院及公共空间地面铺装。地面常用的水洗石品种主要有黄金石、（黄、白、红、黑）玛瑙、鸡血石、彩绘石、浅黄玉、草绿石、黑金刚等，水洗石种类如图 2-40 所示。

图 2-40 水洗石种类

a）黄金石 b）黄玛瑙 c）鸡血石 d）彩绘石

3. 基本构造

水洗石地面主要用于人行道，其构造由面层、找平层、基层、垫层、素土夯实层等组成。

水洗石地面构造常用的做法是：在素土夯实层的基础上铺 150mm 厚碎石垫层，压实后再铺 80mm 厚 C15 混凝土层，在平整的基层上铺 30mm 厚 M15 水泥砂浆结合层，内掺水重为 5% 的 107 胶，赶平压实后铺 30mm 厚 1∶2.5 水洗石浆混合物抹面（水洗石粒径最好为 5~8mm），经抹平快干后，再用吸水海绵把地面的黏合物抹掉，以露出水洗石面层。

水洗石均采用原色搅拌混合，如抹面砂浆与豆石颜色不同，应注明砂浆颜色；如表面还有未冲洗干净的砂浆，可以用 5∶1 稀释过的盐酸进一步清洗。水洗石地面构造如图 2-41 所示。

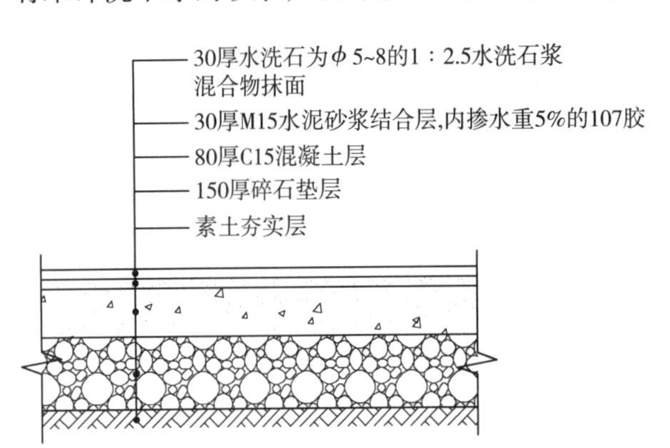

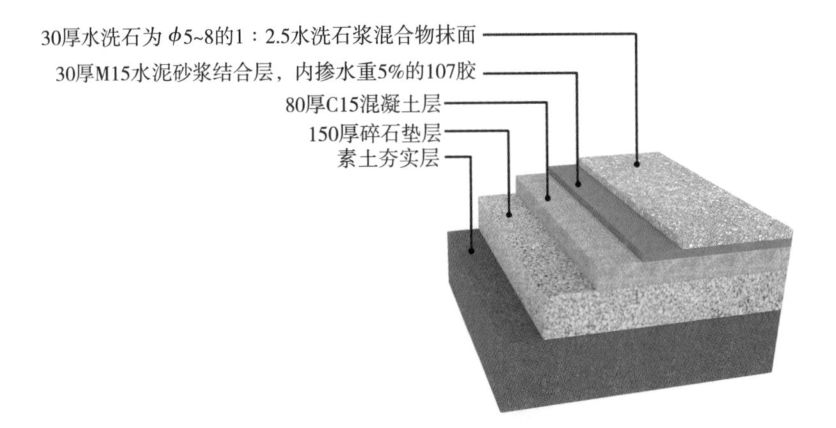

图 2-41 水洗石地面构造

2.4.3　散置砾石地面

1. 饰面特点

砾石直径偏小，尺寸多样，色彩丰富，一般用于散铺，可以用于步行道地面铺装，也可与石板等相混合布置；因其是松动的，不仅脚感舒适，排水性也优于常规地面；砾石地面还有助于防止径流与土壤流失，水分可渗透到地下，而不是被冲刷走。

2. 基本构造

散置砾石地面构造较简单，由面层、基层、垫层、素土夯实层等组成。散置砾石地面主要用于人行道，基层做法可分为全透水地面与半透水地面。全透水地面构造常用的做法是：在素土夯实层（夯实系数大于 90%）的基础上铺 200mm 厚的级配碎石垫层，压实度大于 93%，压实后再铺 100mm 厚粗砂垫层，面层直接散铺约 100mm 厚 ϕ20~30mm 砾石（或碎石）。砾石粒径及铺设厚度也可按设计确定，砾石至少铺设两层。

半透水地面构造常用的做法是：在素土夯实层（夯实系数大于 90%）的基础上铺 150mm 厚的 3∶7 灰土垫层或天然级配砂石垫层，压实后再铺 80mm 厚 C20 混凝土层，面层直接散铺约 100mm 厚 ϕ20~30mm 砾石（或碎石）。散置砾石地面构造如图 2-42 所示，实景示意图如图 2-43 所示。

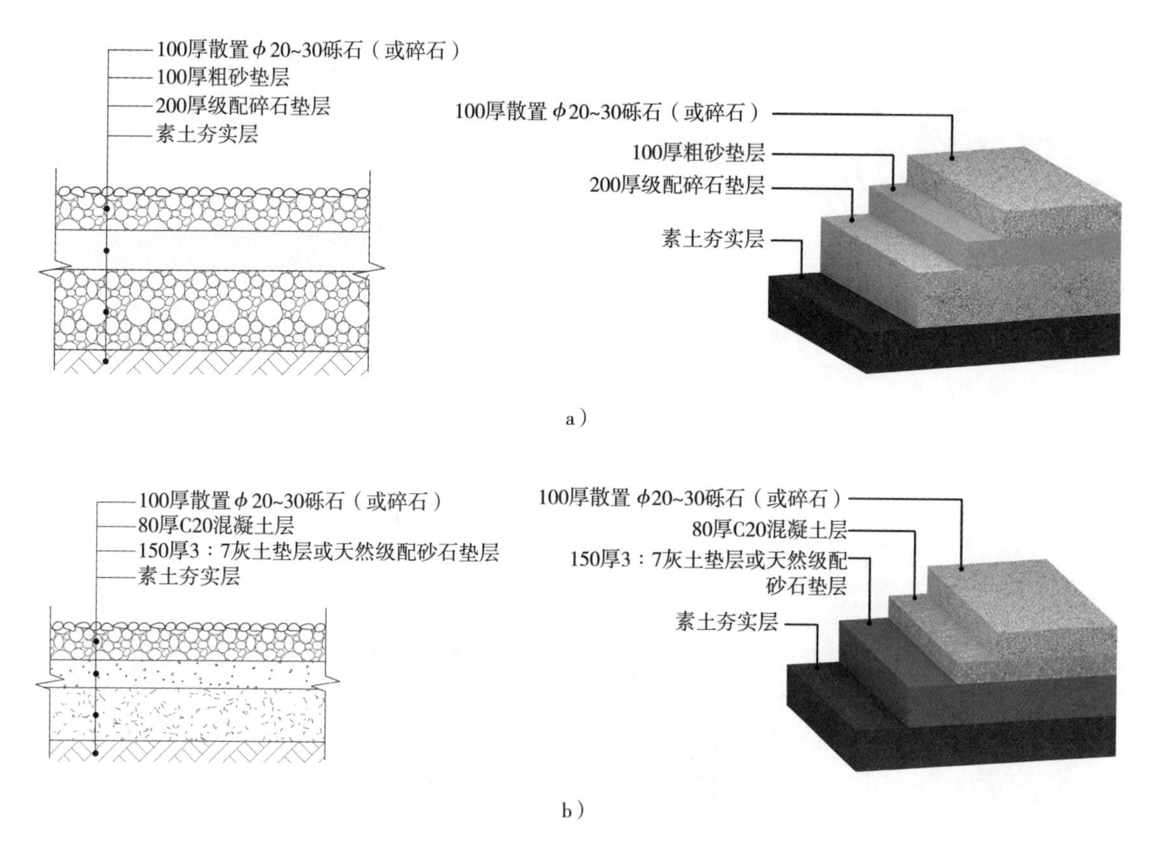

图 2-42　散置砾石地面构造

a）散置砾石全透水地面构造　b）散置砾石半透水地面构造

图 2-43　散置砾石地面实景示意图

2.5　嵌草地面构造

嵌草地面的做法主要包括植草砖地面、料石或乱石碎拼嵌草地面、汀步地面等。

2.5.1　植草砖地面

植草砖又名嵌草砖，是由混凝土、河沙、颜料等材料经过专业压砖机振压而成，完全不用烧制，环保生态，抗压性强，稳固耐用，能经受行人、车辆的辗压而不被损坏，绿化面积多，而且绿草的根部生长在砖的下方，不容易受到外界的伤害，既方便人们通行，又可以增加绿化面积（绿化率 30% 左右），是一款非常生态的地面材料。

1. 饰面特点

植草砖常用颜色为绿色、灰色、白色、黄色、红色等，颜色可以定做。砖体部分具有抗老化、耐腐蚀、可重复使用等优点，一般中心镂空，以方便植草，绿草一般每隔八年复种一次。

2. 材料加工特点

植草砖有多种形式和类型，主要有井字形、单 8 字形、双 8 字形、背心形、网格形等，井字形植草砖规格：250mm × 190mm × 80mm；单 8 字形植草砖规格：400mm × 200mm × 80mm；双 8 字形植草砖规格：400mm × 400mm × 100mm；背心形植草砖规格：400mm × 400mm × 100mm，主要类型如图 2-44 所示。

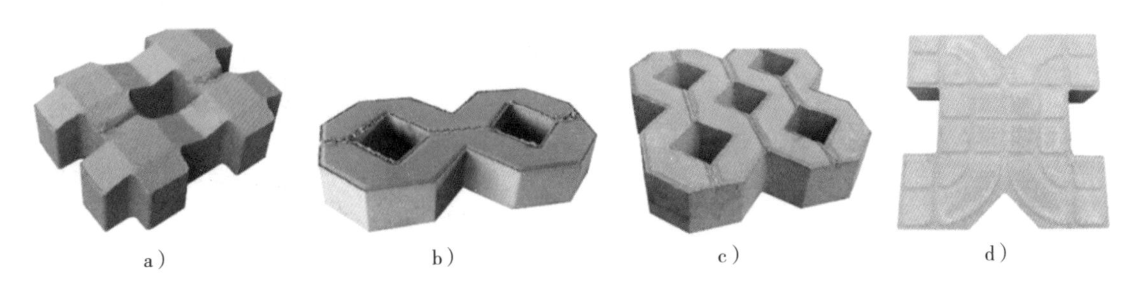

图 2-44　植草砖的主要类型

a）井字形　b）单 8 字形　c）双 8 字形　d）背心形

3. 基本构造

植草砖主要用于停车位及隐形消防车通道的铺装，是一种具有透水透气性的地面铺装，做法类同于透水砖地面，地面构造由面层、结合层、基层、垫层、素土夯实层等组成。其构造常用的做法是：路基碾压，压实系数大于 93%，在夯实的基础上铺 300mm 厚天然级配砂石垫层，碾实后再铺 100mm 厚 C20 无砂大孔混凝土层，在平整的基层上铺 30mm 厚的 1∶1 黄土粗砂结合层，赶平压实后铺预制嵌草砖，砖孔内撒入种植土，内拌草籽，干砂扫缝。植草砖地面构造如图 2-45 所示，实景示意图如图 2-46 所示。

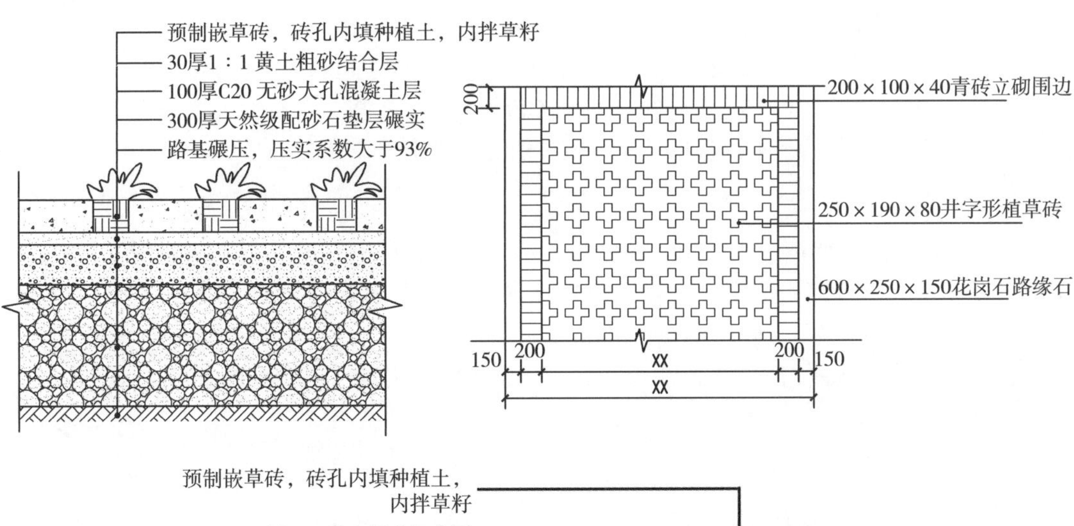

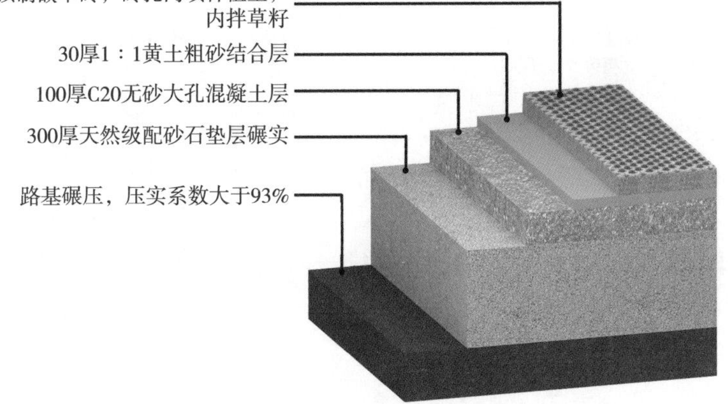

植草砖地面讲解

图 2-45　植草砖地面构造

图 2-46　植草砖地面实景示意图

2.5.2 碎拼嵌草地面构造（料石、乱石）

1. 饰面特点

碎拼嵌草地面是指将石材碎拼按照一定的设计感排列，依据行人步距有规律地布置于草坪之中的地面形式。碎拼面层材料一般选用料石或乱石，比如花岗石、板石、大理石、青石板、景石等，地面石材均应做各面防水防碱处理，面层应确保平整防滑。乱石表面凹凸应小于8mm，可做表面凿毛处理。

2. 材料加工特点

料石一般多选用花岗石，花岗石料石应≥ 5 个边，每边边长≥ 150mm，料石之间间距一般为 100~200mm，料石中心点间距一般在 500~600mm 之间。料石形式摆放应具有设计美感，每两块料石相对应的两个边力求做到相对平行；乱石常采用景石，大小适中。

3. 基本构造

碎拼嵌草地面主要用于人行道，其构造由面层、结合层、垫层、素土夯实层等组成。花岗石料石碎拼嵌草地面构造常用的做法是：在素土夯实层的基础上铺 60mm 厚 3 : 7 灰土垫层或天然级配砂砾垫层，压实后再铺 30mm 厚黄土粗砂结合层，最后铺 50mm 厚花岗石料石面层。碎拼嵌草地面构造及铺贴形式如图 2-47 所示，实景示意图如图 2-48 所示。

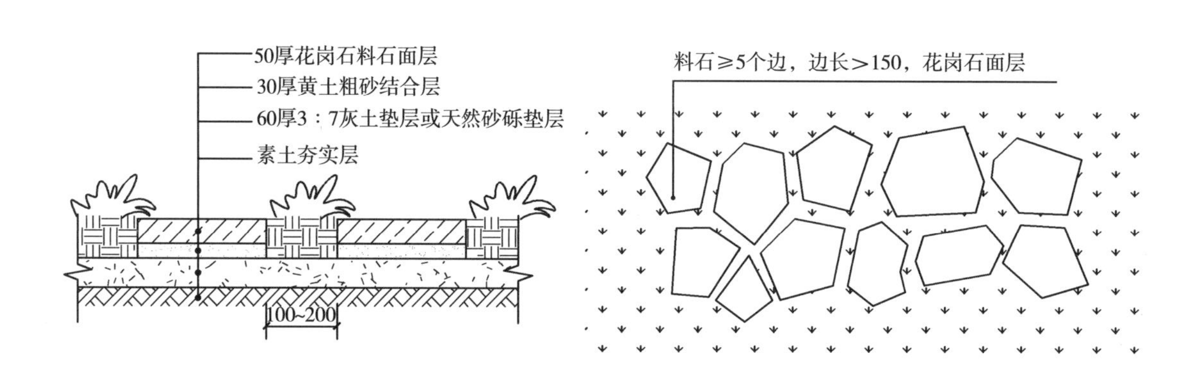

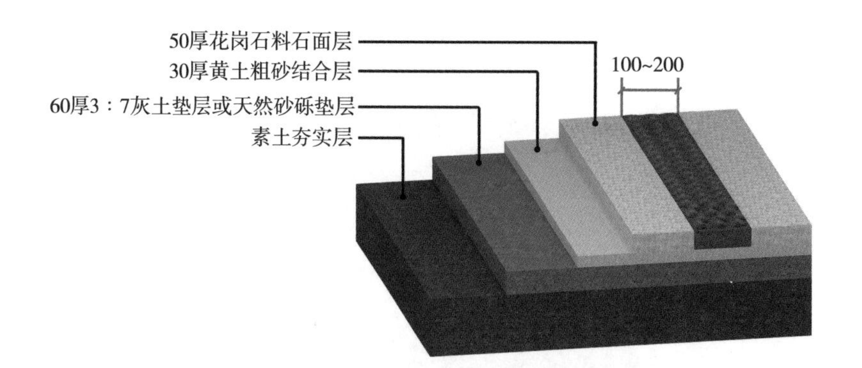

图 2-47 碎拼嵌草地面构造及铺贴形式

图 2-48　碎拼嵌草地面实景示意图

2.5.3　汀步地面

1. 饰面特点

汀步又称步石、飞石，一般出现在草地、砂石或水中，是根据人行走的步距布置面层，使人能跨步而过的一种道路形式。汀步被广泛应用于公园、校区及庭院中，用来缓解主道路的人流压力，防止行人践踏草坪，质朴自然、极具趣味，能够让人更好地享受道路两旁的景色。汀步的材质大致分为加工石、自然石、木质等，汀步的形状主要有长方形、圆形及卵形。

2. 材料加工特点

加工石主要是指机械切片而成的石板，主要材质为花岗石石板；自然石是保留石材外观而稍微做平整处理的石块，比如天然景石等；木质汀步则主要是用较粗的树干横切而成的木板等。从视觉与应用来看，较常见的是石材汀步。汀步材料的主要类型如图 2-49 所示。

a）

b）

c）

图 2-49　汀步材料的主要类型

a）加工石　b）自然石　c）木质

汀步的设计间距应以人的行走步距为依据，如图 2-50a 所示，a 为人行道最小宽度，应大于 750mm，b 为步距（两步之间的宽度），一般以 500~700mm 为宜，c 为单块石板的宽度，应大于 300mm。

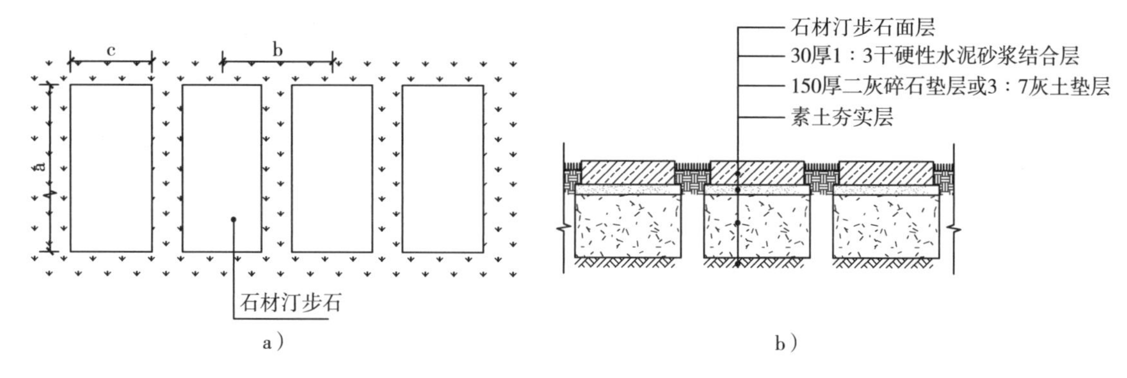

图 2-50　汀步行走步距及构造

3. 基本构造

汀步地面主要用于人行小游路，其构造由面层、结合层、垫层、素土夯实层等组成。以石材汀步为例，汀步地面构造常用的做法是：在素土夯实层的基础上铺 150mm 厚 3∶7 灰土垫层或二灰碎石垫层，压实后，在平整的垫层上铺 30mm 厚的 1∶3 干硬性水泥砂浆结合层，赶平压实后铺石材汀步石面层（一般为花岗石石材，厚度在 50~60mm）。汀步地面构造如图 2-50b 所示，汀步地面示意图如图 2-51 所示。

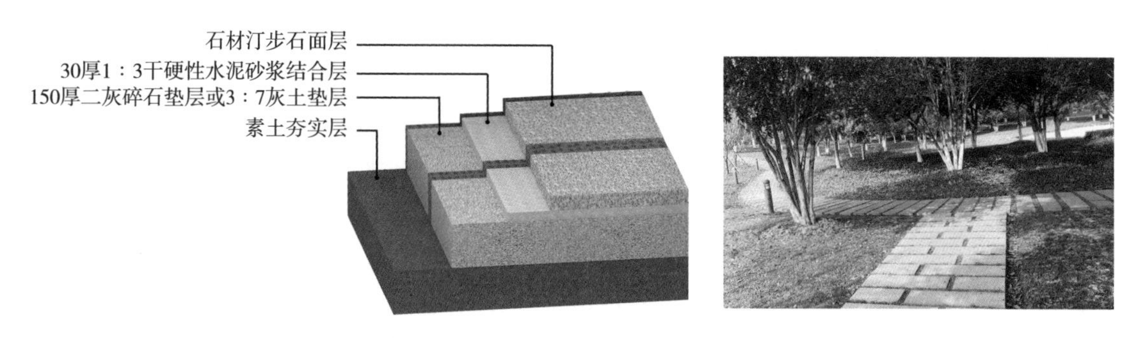

图 2-51　汀步地面示意图

2.6　运动地面构造

运动地面主要包括塑胶地面、土质地面、天然草坪地面、人造草坪地面等。塑胶地面的种类有很多，按用途可以分为跑道、篮球场地、排球场地、羽毛球场地、网球场地等；按基层构造做法的不同可以分为：沥青砂基层、混凝土基层、沥青混凝土基层等。土质地面按面层做法主要分为：三合土地面、砂土地面、炉渣地面、灰土地面、红土地面等。天然草坪地面主要适用于足球场地、网球场地等。人造草坪地面的用途也非常广泛，比如径赛跑道、篮球场地、排球场地、足球场地等，只是基层的做法有所不同。

下面以塑胶地面为例介绍运动地面构造做法。

2.6.1　饰面特点

塑胶地面由聚氨酯预聚体、混合聚醚、废轮胎橡胶、EPDM 橡胶粒或 PU 颗粒、颜料、助剂、填料等组成，具有一定的弹性、抗紫外线能力及耐老化力等，颜色种类多，美观耐久，平整度好，抗压耐磨，适合任何季节和温差，是较佳的全天候室外运动场地材料；同时也能适度吸收脚部冲击力，减少运动伤害，有利于运动速度和技术的发挥；其缺点是强度较低，经水淹后较难清理。

2.6.2　材料加工特点

塑胶跑道根据施工的结构、用料等的不同可以分为：预制型塑胶地面、全塑型塑胶地面、混合型塑胶地面、复合型塑胶地面、EPDM 塑胶地面等形式。预制型塑胶地面为专业型跑道常用的形式，价格较高，而 EPDM 塑胶地面则主要用于非标准场地。

2.6.3　基本构造

塑胶地面主要用于运动场地，其地面构造常用的做法是：在素土夯实层的基础上铺 150mm 厚的级配砂石垫层，压实后再铺 80mm 厚 C20 钢筋混凝土层，配单层双向 ϕ8 钢筋，间距 250mm，在平整的基层上做 50mm 厚的 1∶3 水泥砂浆找平层，拉毛做法，再做 13mm 厚掺黏结剂塑胶颗粒面层，此层由专业厂家制作。塑胶地面构造如图 2-52 所示。

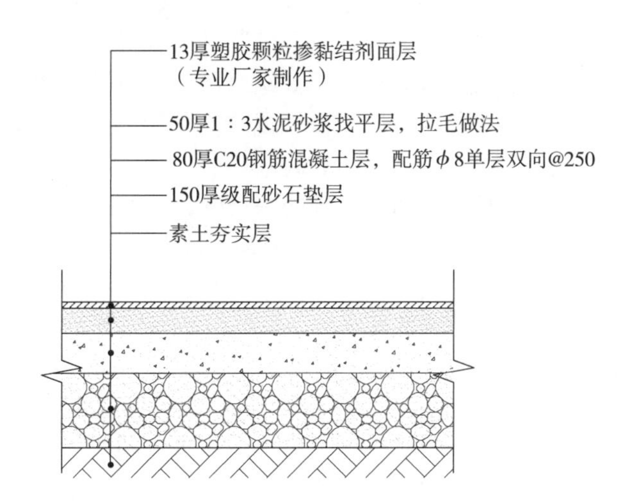

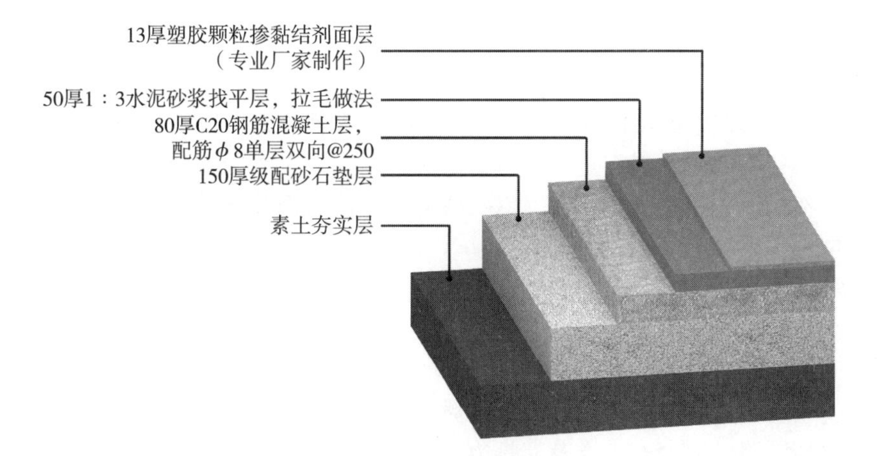

图 2-52　塑胶地面构造

2.7 特殊部位地面构造

2.7.1 伸缩缝与沉降缝

1. 含义

为了防止室外地面因气温变化、地基不均匀沉降等因素使地面产生裂缝或被破坏，一般会在场地混凝土面上沿纵向和横向预留缝隙以保证地面有足够的变形空间，这种构造缝称为变形缝，室外主要分为伸缩缝、沉降缝两种。伸缩缝包括伸缝（胀缝）和缩缝。伸缝也称胀缝，是为防止气温升高时混凝土垫层在缩缝边缘产生挤碎或拱起而设置的变形缝，伸缝板选用软木板或沥青预制板制成，埋入混凝土垫层的深度大约占总厚度的 2/3（从底面算起），并在上部填入沥青胶泥或石棉等。缩缝是为防止气温降低时混凝土垫层产生不规则裂缝而设置的变形缝。沉降缝是为防止建筑物及地面各部分由于地基不均匀沉降引起的破坏所设置的变形缝。

2. 设置原则

（1）胀缝设置原则　人行混凝土地面及刚性基层道路一般间距 20~30m 设置胀缝，车行混凝土地面间距 100~150m 设置胀缝，且胀缝应设置传力杆；水泥砂浆做结合层或勾缝的块料地面，间距 20~30m 设置面层胀缝，可与基层胀缝合并设置；如结合层为砂垫层，结合层可不断开；胀缝应结合地面分隔带布置，竖向高度折点处、道路平曲线变化处、道路与构筑物相接处、混凝土厚度变化处均应设置胀缝，宽度一般 10~20mm。

（2）缩缝设置原则　缩缝是在混凝土地面及混凝土基层切割的一条缝，当混凝土受冷收缩时会牵拉缩缝而不在内部产生拉应力：道路路宽 <6m 时，沿道路纵向每隔 4~6m 设缩缝；道路路宽 >6m 时，沿道路中心线做纵缝，且沿道路纵向每隔 4~6m 设置缩缝；硬铺场地按 5m × 5m 设缩缝。当采用钢筋混凝土面层或基层时，缩缝间距一般为 6~15m。

人行道路面缩缝与胀缝也可合并设置，做法按胀缝，间距按缩缝，缝宽可为 10mm 左右。柔性地面可不设伸缩缝。

（3）沉降缝设置原则　当道路基层厚度、材料发生变化时，或者与构筑物相接处、路基变化处均应设置沉降缝，沉降缝应从地面或建筑物顶部到基础全部贯通，所有构件部位均需设缝分开。

3. 基本构造

伸缩缝可分为刚性整体地面伸缩缝和刚性块料地面伸缩缝。刚性整体地面主要是指混凝土地面、艺术地坪地面以及水洗石、卵石等水泥砂浆及混凝土类地面。刚性块料地面主要指石材、铺砖、木地板、植草砖等地面。以下所示为不同地面几种常规伸缩缝、沉降缝构造的做法。刚性地面伸缩缝构造见如图 2-53 所示，沉降缝地面构造如图 2-54 所示，与构筑物相接处构造方式如图 2-55 所示。

2.7.2 地面铺装收边与分隔带

地面铺装收边与分隔带是指用各种材料对地面铺装进行的收口、分隔、装饰等工程，应用场地主要包括园路、平台、广场等。收边与分隔带作为地面铺装的一部分，可以运用不同的材料、颜色及纹样形式来烘托主体铺装，增加其观赏性。道路边缘绿化一般以低于路面

30~50mm 为宜。地面铺装收边及分隔带一般选用坚固材料，比如石材、铺砖、卵石及金属等。

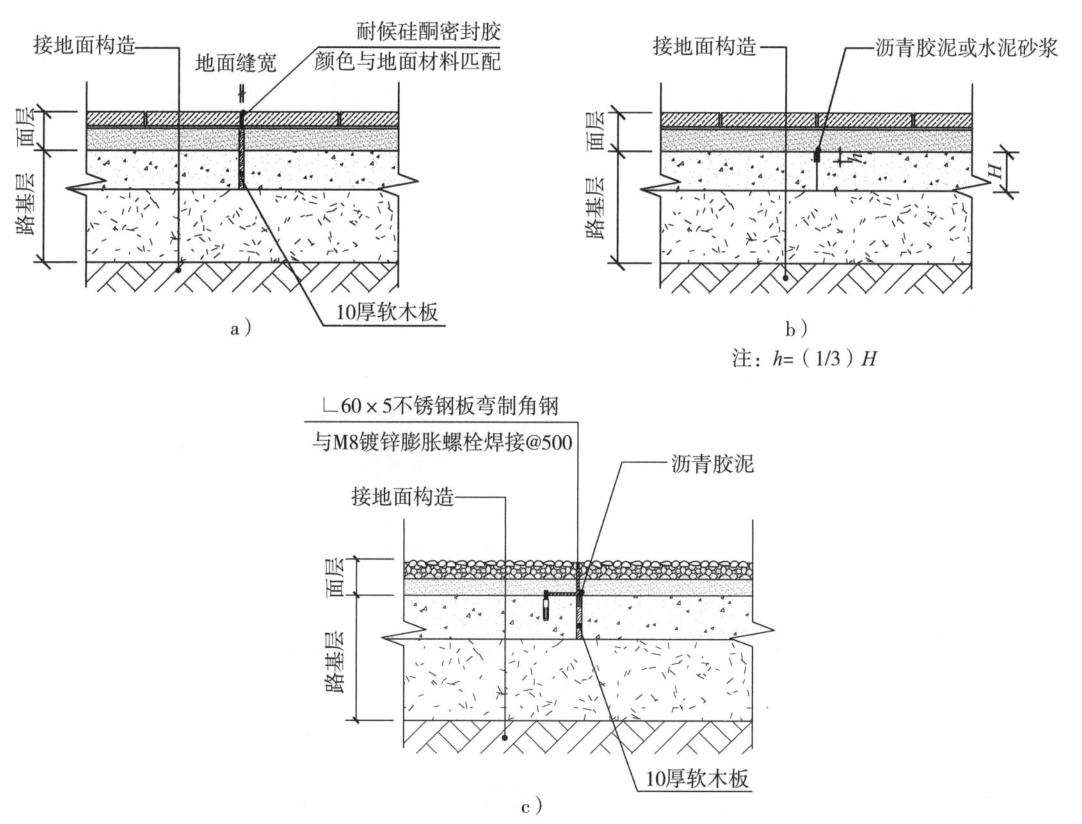

注：缩缝上部分隔带做法与胀缝相同，分隔带材料按设计，间距 5~6m 设置，结合缩缝及胀缝布置。

图 2-53　刚性地面伸缩缝构造

a）刚性块料地面胀缝　b）刚性块料地面缩缝　c）刚性整体地面伸缩缝

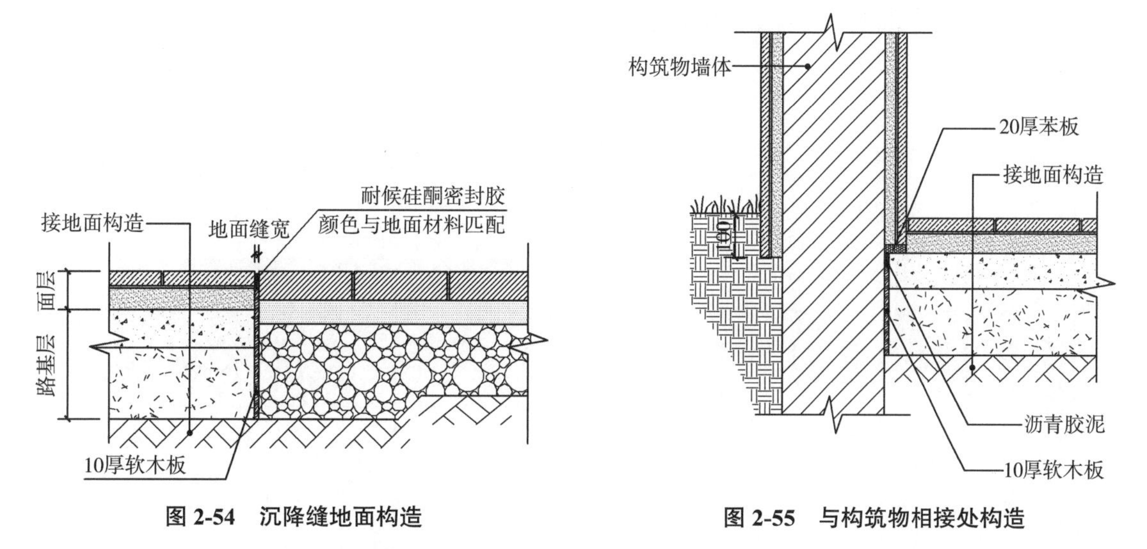

图 2-54　沉降缝地面构造　　**图 2-55　与构筑物相接处构造**

石材收边常用材料为花岗石，切割方式多样，色彩与图案也比较丰富；铺砖收边常用材料为透水砖、烧结砖、青砖等，色彩丰富，经济实用，耐压程度也高；卵石收边常用材料为河卵石、雨花石等，极富自然风情；金属收边常用材料有钢板、不锈钢、铜条等，多与卵石或石材搭配，兼具排水与装饰的作用。以人行道为例，常见石材收边及分隔带构造如图2-56所示，实景示意图如图2-57所示；透水砖收边及分隔带构造如图2-58所示；卵石收边构造及实景示意图如图2-59所示；金属收边及分隔带构造如图2-60所示。车行道路面做法类同人行道路面，如收边及分隔带材料底部至路基距离≤70mm，可全部采用1∶3水泥砂浆固定。

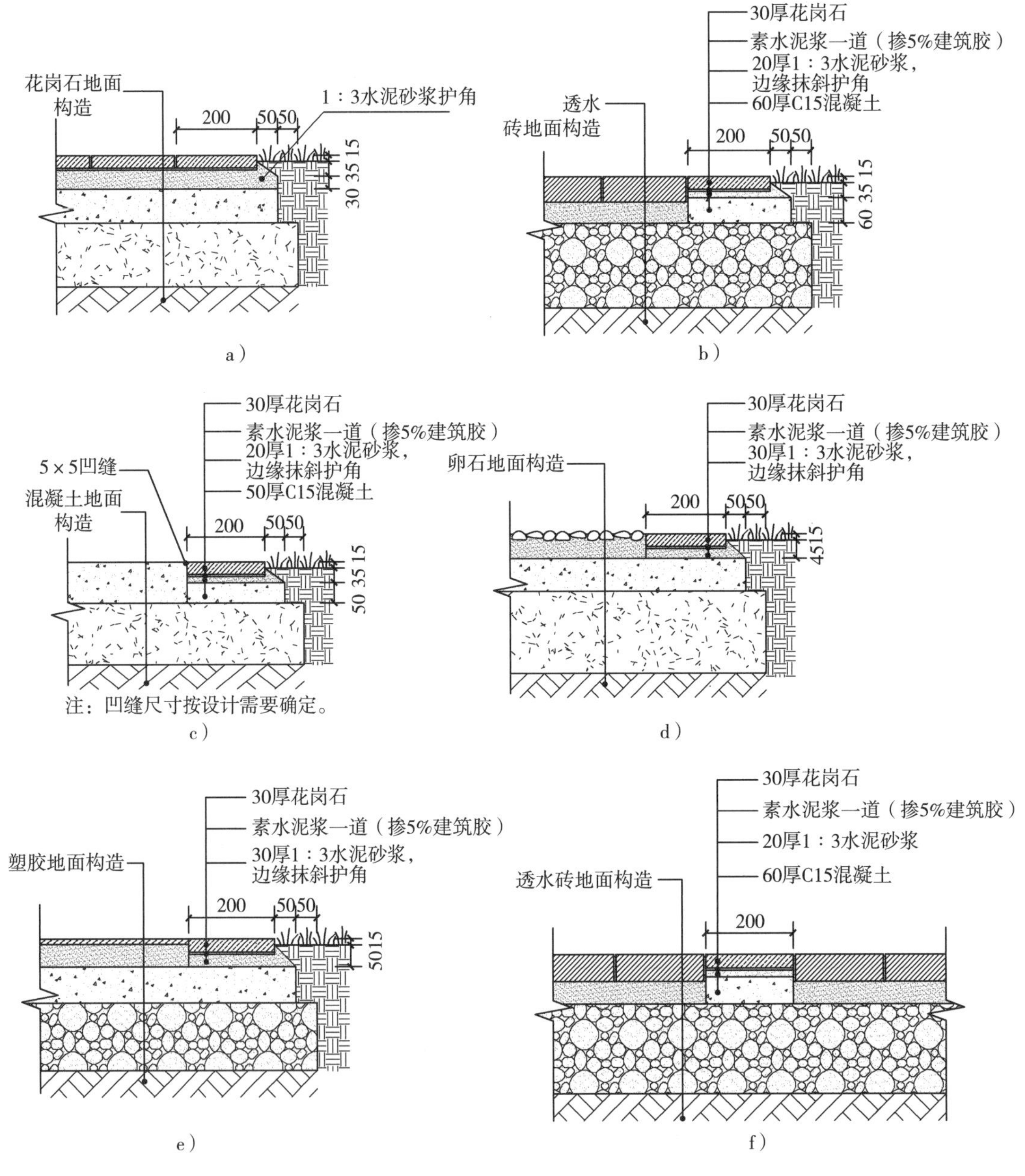

图2-56　常见石材收边及分隔带构造

a）花岗石人行道路面　b）透水砖人行道路面　c）混凝土人行道路面　d）卵石路面
e）塑胶路面　f）透水砖人行道路面石材分隔带

图 2-57 石材收边及分隔带实景示意图

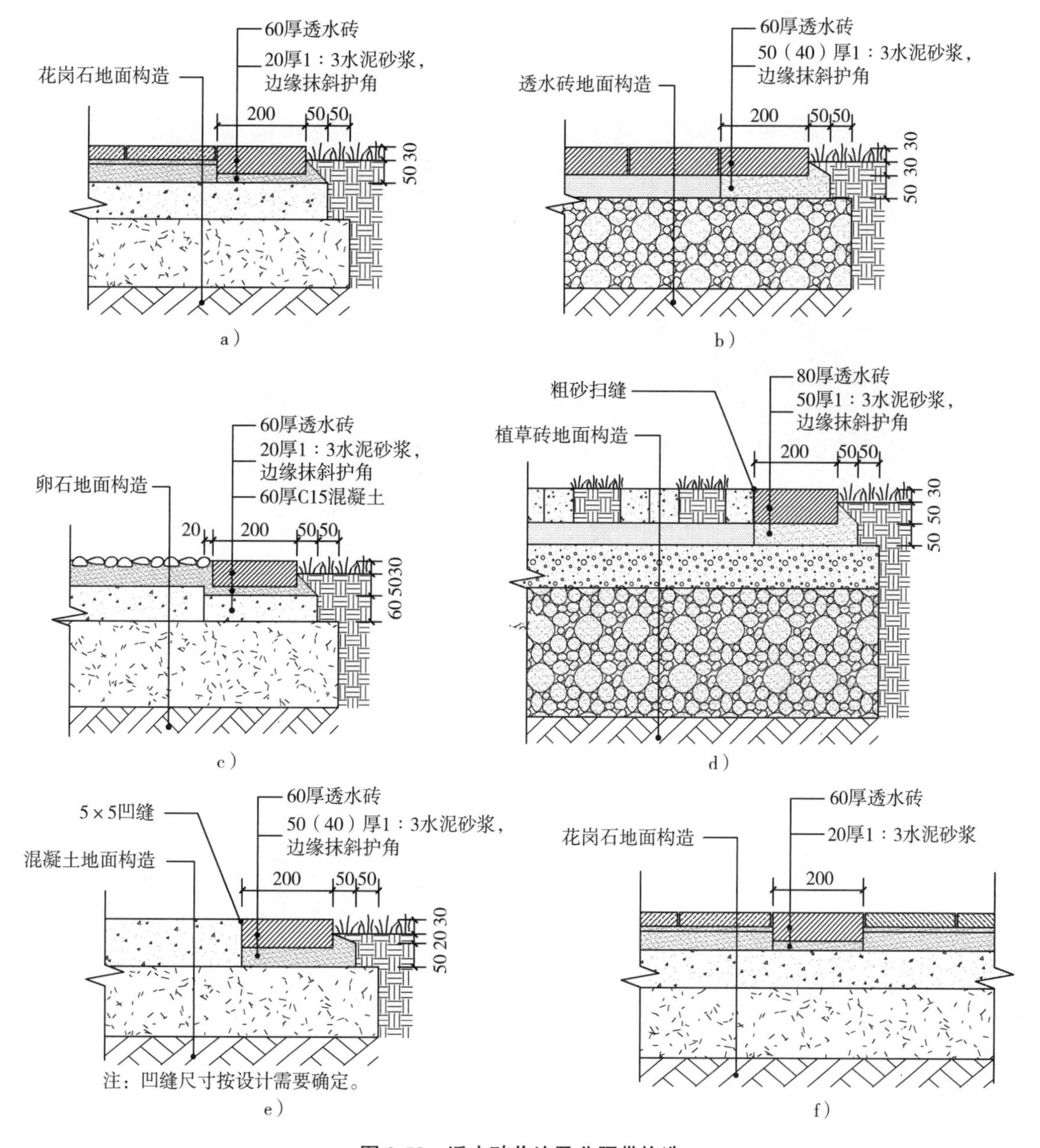

图 2-58 透水砖收边及分隔带构造

a）花岗石人行道路面 b）透水砖人行道路面 c）卵石路面 d）植草砖路面

e）混凝土人行道路面 f）花岗石人行道路面透水砖分隔带

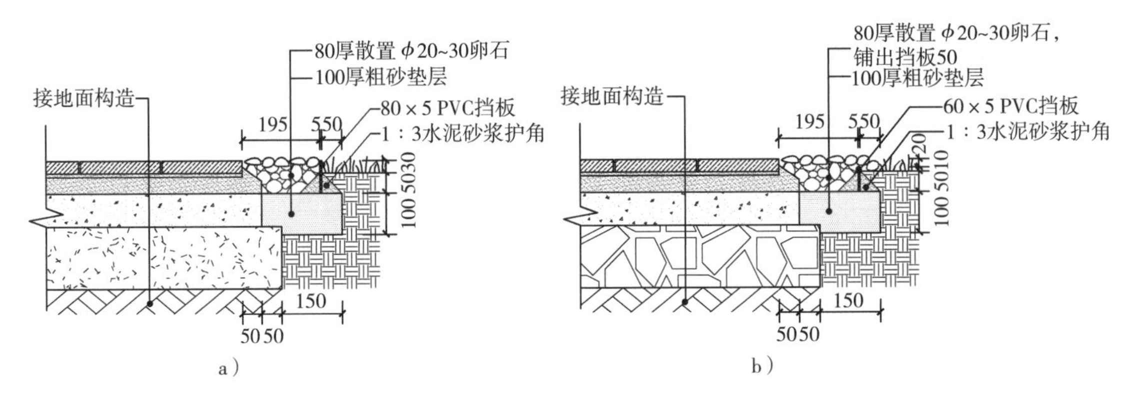

c)

图 2-59 卵石收边构造及实景示意图

a）卵石（收边外露） b）卵石（收边不外露） c）卵石收边实景示意图

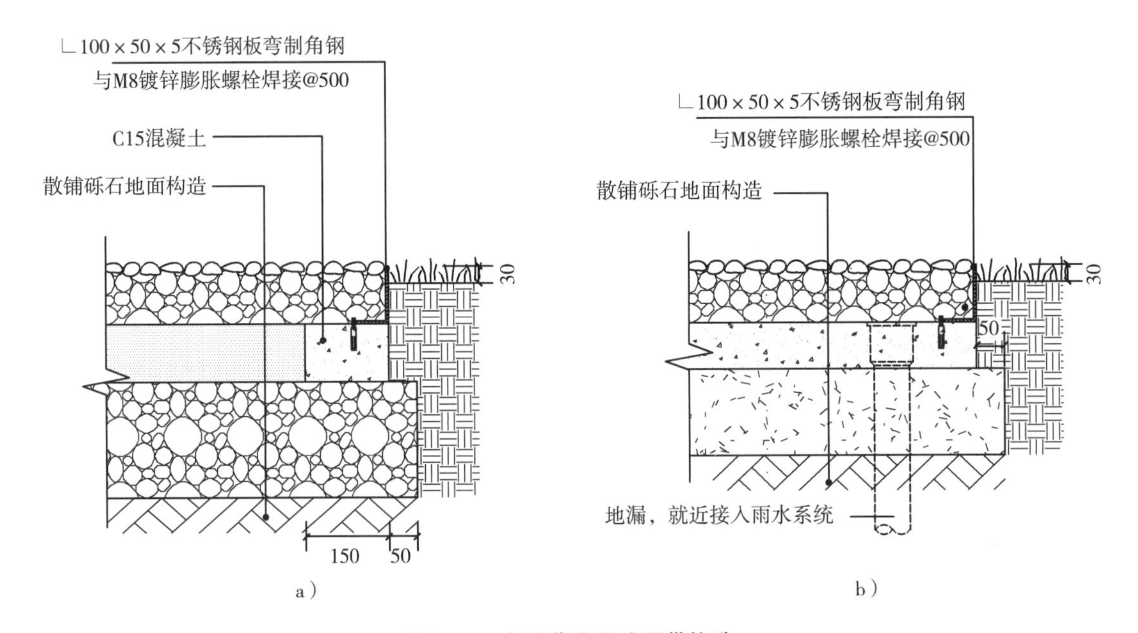

图 2-60 金属收边及分隔带构造

a）全透水散置砾石路面 b）半透水散置砾石路面

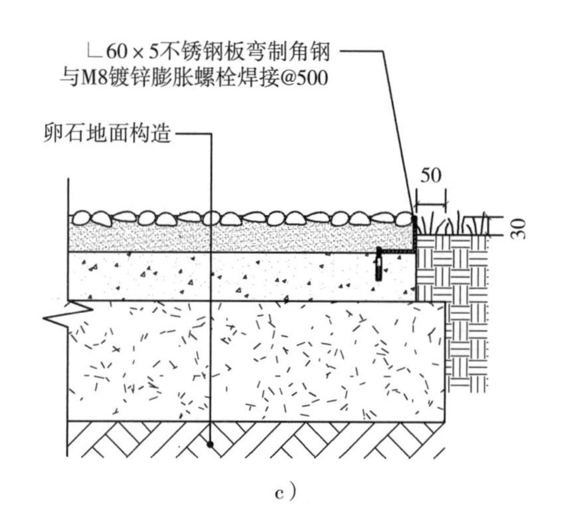

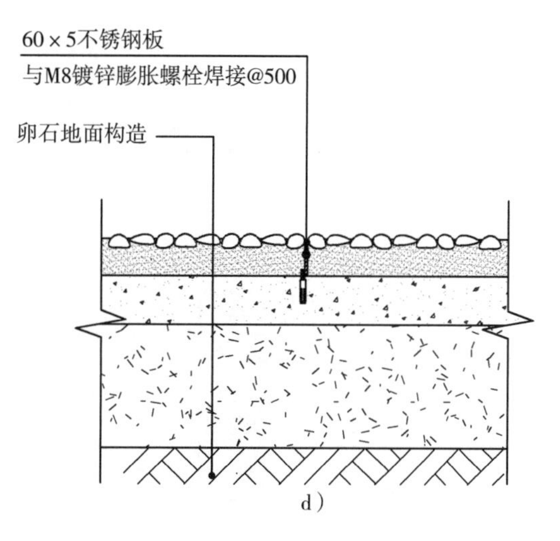

图 2-60　金属收边及分隔带构造（续）

c）卵石路面　d）卵石路面金属分隔带

2.7.3　路缘石

1. 含义

路缘石是设在路面与其他构造物之间的标石。路缘石常出现的位置主要为：人行道与路面之间、城市道路的分隔带与路面之间、公路的中央分隔带边界、车行道右侧边缘或路肩外侧边缘等。路缘石一般分为立缘石和平缘石，立缘石高出路面一定高度，主要目的是限制车辆只能在车行道上行驶，确保交通安全，以便分离车道与人行道等其他区域，其常见高度一般为 100mm/150mm/200mm，宽度一般为 100mm/120mm/150mm。平缘石的顶部基本与路面趋于一致，多用于人行道等位置。

2. 设置原则

立缘石嵌入地面的深度至少为 100mm，设计时可根据面层的厚度适度调整路缘石高出地面的高度和座浆厚度，立缘石底部水泥砂浆座浆厚度至少为 20mm，当厚度超过 50mm 时，应采用 C15 细石混凝土座浆；平缘石嵌入路面深度也以 100mm 为宜（至少为 80mm），设计时可根据面层厚度适度调整路缘石座浆厚度。平缘石优先选择共用路基的做法，当无法满足时可选择独立基础做法，平缘石底部座浆厚度至少 20mm，当厚度超过 50mm 时，也应采用 C15 细石混凝土座浆。

路缘石常见形式如图 2-61 所示。

3. 基本构造

立缘石构造：当道路面层厚度大于立缘石下埋深度 20mm 以上时，可采用水泥砂浆座浆的方式，非道路侧采用细石混凝土靠背，具体构造示意图如图 2-62 所示；当道路面层厚度较小，小于立缘石下埋深度 20mm 以下时，可采用的构造方式如图 2-63、图 2-64 所示。

平缘石构造：当道路面层及第一层路基总厚度大于平缘石下埋深度 20mm 以上时，具体构造示意图如图 2-65 所示；当道路面层及第一层路基总厚度小于平缘石下埋深度 20mm 以下时，可采用的构造方式如图 2-66 所示，路缘石实景示意图如图 2-67 所示。

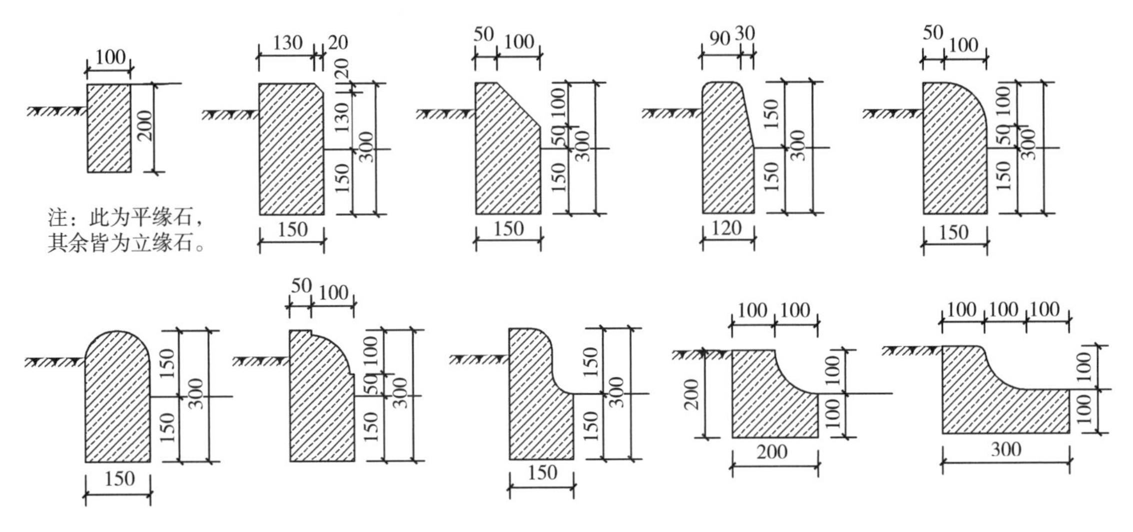

图 2-61　路缘石常见形式

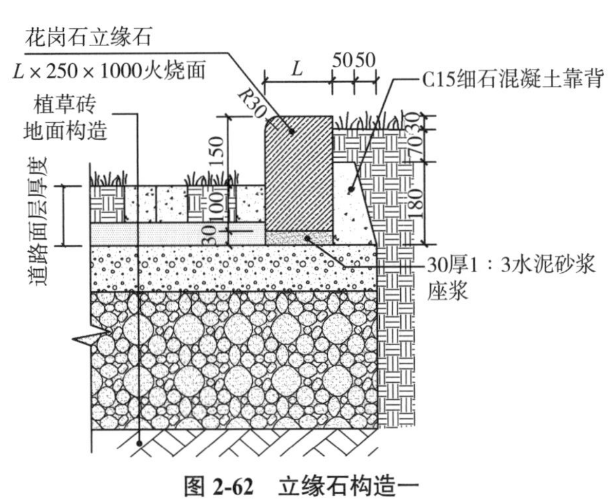

图 2-62　立缘石构造一

注：适用道路面层厚度大于立缘石下埋深度 20mm 以上的道路路面。

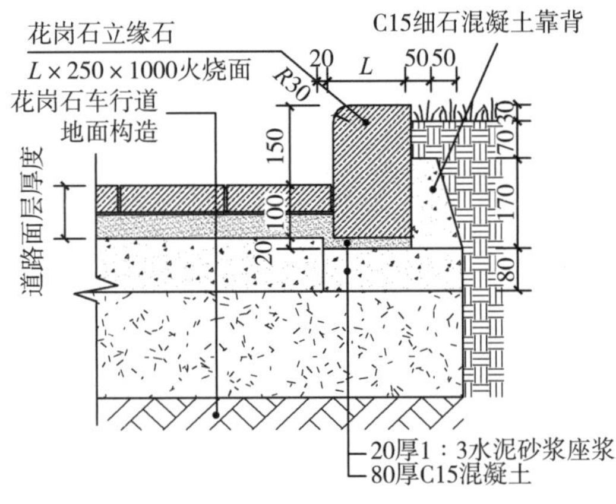

图 2-63　立缘石构造二

注：适用道路面层厚度小于立缘石下埋深度 20mm 以下的道路路面。

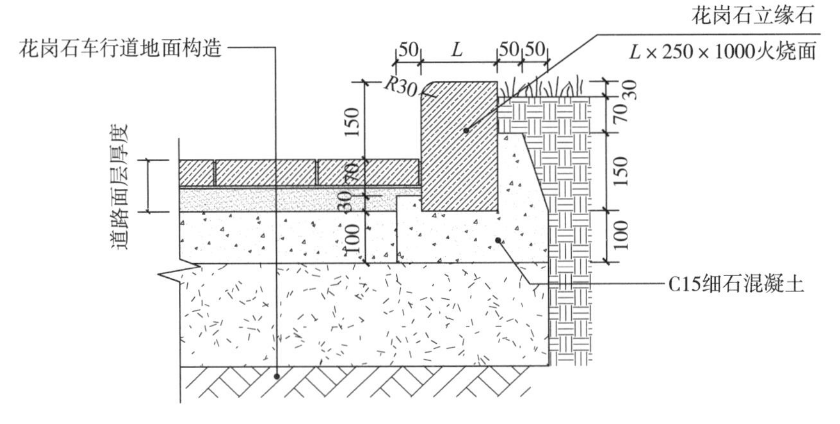

图 2-64　立缘石构造三

注：适用道路面层厚度小于立缘石下埋深度 20mm 以下的道路路面。

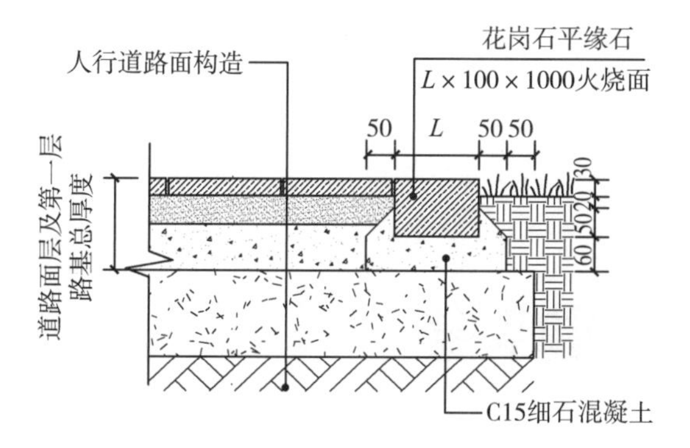

图 2-65　平缘石构造一

注：适用道路面层及第一层路基总厚度大于平缘石下埋深度 20mm 以上的刚性路面。

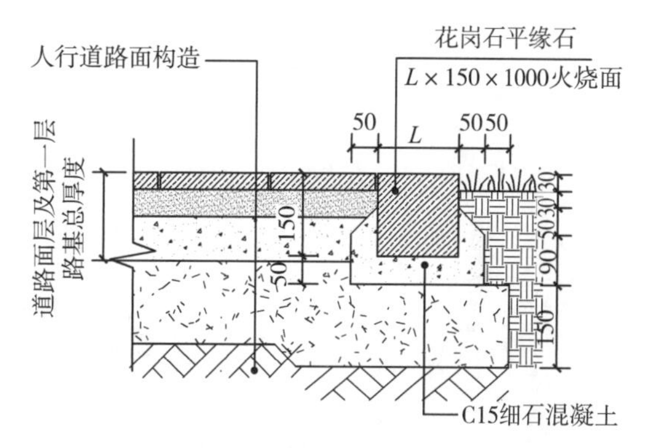

图 2-66　平缘石构造二

注：适用道路面层及第一层路基总厚度小于平缘石下埋深度 20mm 以下的刚性路面。

a）

b）

图 2-67　路缘石实景示意图

a）立缘石　b）平缘石

第3章 台阶与坡道构造

室外台阶与坡道是存在于建筑出入口处或室外场地中，为解决高差而存在的交通联系部件，应满足坚固与美观的需求。一般情况下有台阶的地方均应设置无障碍通道。

3.1 台阶

3.1.1 台阶构造的基础知识

1. 尺度

室外台阶一般分为两类：建筑出入口处台阶与室外场地中的台阶。由于建筑室内外存在高差，在建筑出入口处的台阶一般需要设置缓冲平台，作为室内外的过渡，以防止跌落。缓冲平台宽度应大于门洞的宽度，一般每边至少宽500mm，深度不应小于1000mm，并需要向外倾斜做3%左右的排水坡度。室外场地中的台阶如果较长，也应设置缓冲平台，每个梯段的踏步不应超过18级。室外台阶由于均处于户外，其坡度一般较平缓，踏步宽度应比室内楼梯大，踏步高度一般在100~150mm，踏面宽度最好在300~400mm。

室外台阶踏步数不应少于2级，当台阶数不足2级时，应按坡道设置；如台阶高度超过0.7m并侧面临空时，应设置栏杆等防护设施。室外台阶均应做排水设计，排水坡向向低处倾斜，坡度一般在1%~3%之间。

2. 形式

台阶的形式有很多种，建筑出入口处的台阶应当与建筑的功能、级别及周边环境相协调。较常见的台阶形式有：单面踏步、两面踏步、三面踏步、单面踏步带花池、曲线形带花池等形式。室外台阶形式如图3-1所示。

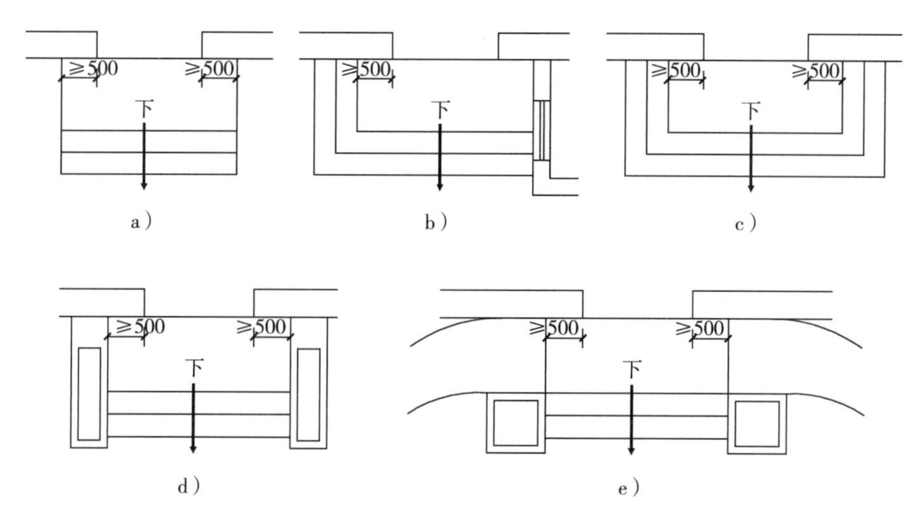

图 3-1　室外台阶形式

a）单面踏步　b）两面踏步　c）三面踏步　d）单面踏步带花池　e）曲线形带花池

3.1.2　台阶构造的组成

室外台阶的构造一般由面层、结合层、基层、垫层、素土夯实层组成。

台阶面层应采用耐磨性、耐久性和抗冻性较好的材料，根据不同的位置及不同的功能区域选择合适的面层材料，常用的有：混凝土台阶、石材台阶、料石台阶、木质台阶、砖砌台阶等。面层慎用光面材料，外边缘最好做防滑措施，如在离踏面前端 20~40mm 处开 2~3 道防滑凹槽（宽度约 10mm），或在凹槽内嵌入专用防滑条，用胶结剂黏结，防滑条应高出踏面约 5mm，也可在踏面前端做局部凿毛或烧毛处理。

结合层：除混凝土台阶，其他台阶一般都有结合层，一般选用 30mm 厚的 1∶3 干硬性水泥砂浆，兼顾找平的作用。

基层：基层承受作用在台阶上的荷载，因此应选用质地坚硬、抗冻抗水的材料，常用的有混凝土、黏土砖、天然石材等。黏土砖抗冻性差，容易损坏，一般很少用，适合 5 级及以下台阶，常用的基层构造为混凝土。地基土较差的或者设计标准较高的也可以在基层的下方加铺一层碎石垫层或砂石垫层。

如果台阶地基土质太差或步数过多，可架空成钢筋混凝土台阶，以免土质太多造成不均匀沉降。严寒地区的台阶还应考虑地基土的冻胀因素。

3.1.3　台阶构造的类型

1. 石材台阶

石材台阶构造见表 3-1。

表 3-1　石材台阶构造

石材台阶	面层材料	花岗石、板石、青石板等
	构造做法	在素土夯实层的基础上铺 100mm 厚的级配砂石垫层，压实后再铺 100mm 厚 C15 混凝土层，在平整的基层上做 30mm 厚的 1∶3 干硬性水泥砂浆结合层，再根据设计需求铺相应的面层材料，石材面层厚度至少为 30mm，以 50mm 为宜

（续）

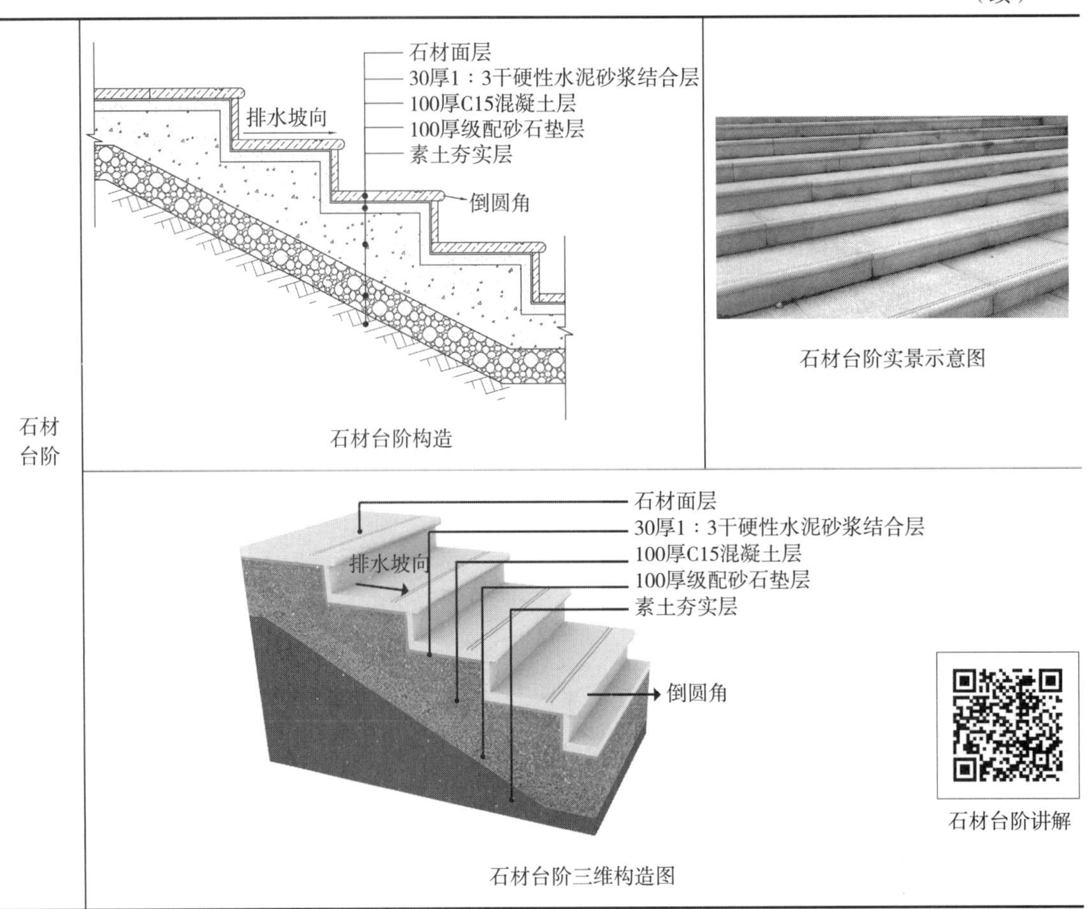

石材台阶构造

石材台阶实景示意图

石材台阶三维构造图

石材台阶讲解

2. 料石台阶

料石台阶构造见表 3-2。

表 3-2　料石台阶构造

料石台阶	面层材料	料石
	构造做法	在素土夯实层的基础上铺 100mm 厚的级配砂石垫层，压实后再铺 100mm 厚 C15 混凝土层，在平整的基层上做 30mm 厚的 1：3 干硬性水泥砂浆结合层，再根据设计需求铺料石面层

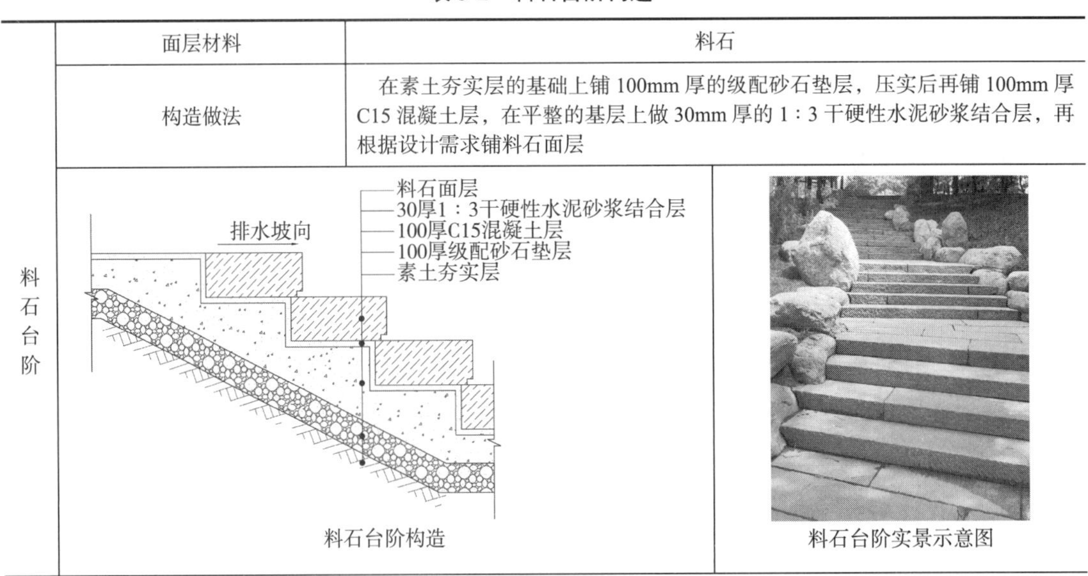

料石台阶构造

料石台阶实景示意图

（续）

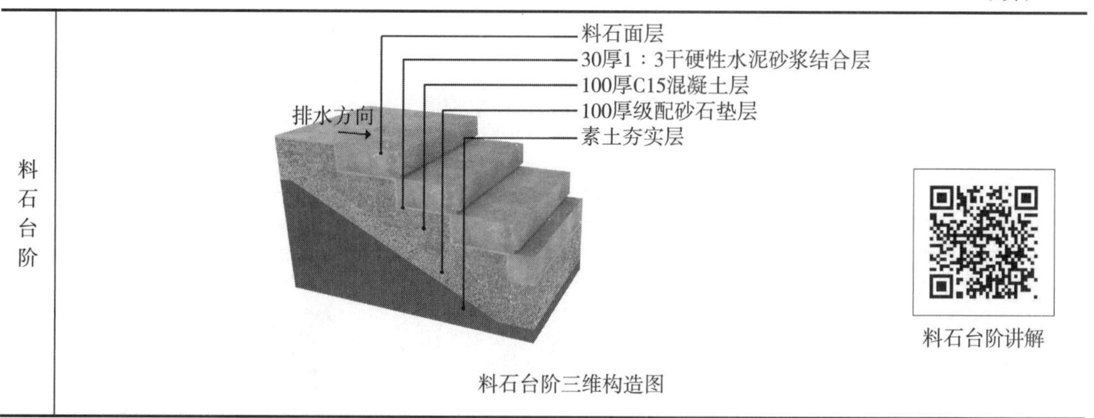

料石台阶三维构造图

3. 砖砌台阶

砖砌台阶构造见表 3-3。

表 3-3　砖砌台阶构造

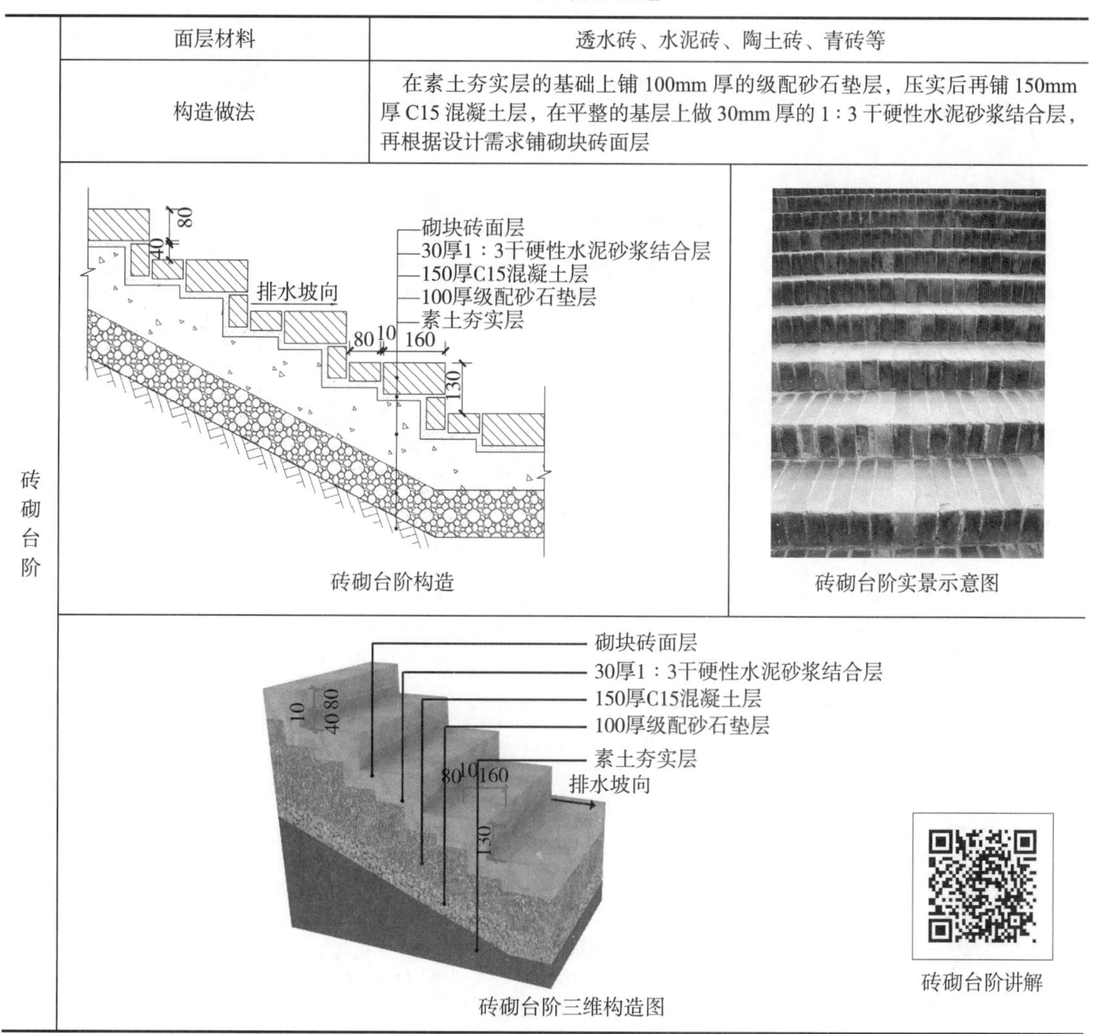

砖砌台阶	面层材料	透水砖、水泥砖、陶土砖、青砖等
	构造做法	在素土夯实层的基础上铺 100mm 厚的级配砂石垫层，压实后再铺 150mm 厚 C15 混凝土层，在平整的基层上做 30mm 厚的 1∶3 干硬性水泥砂浆结合层，再根据设计需求铺砌块砖面层

砖砌台阶构造

砖砌台阶实景示意图

砖砌台阶三维构造图

4. 混凝土台阶

混凝土台阶构造见表 3-4。

表 3-4　混凝土台阶构造

混凝土台阶	面层材料	混凝土、压印艺术地坪等
	构造做法	在素土夯实层的基础上铺 100mm 厚的级配砂石垫层，压实后再铺 100mm 厚 C15 混凝土层，在平整的基层上做至少 20mm 厚水泥砂浆面层

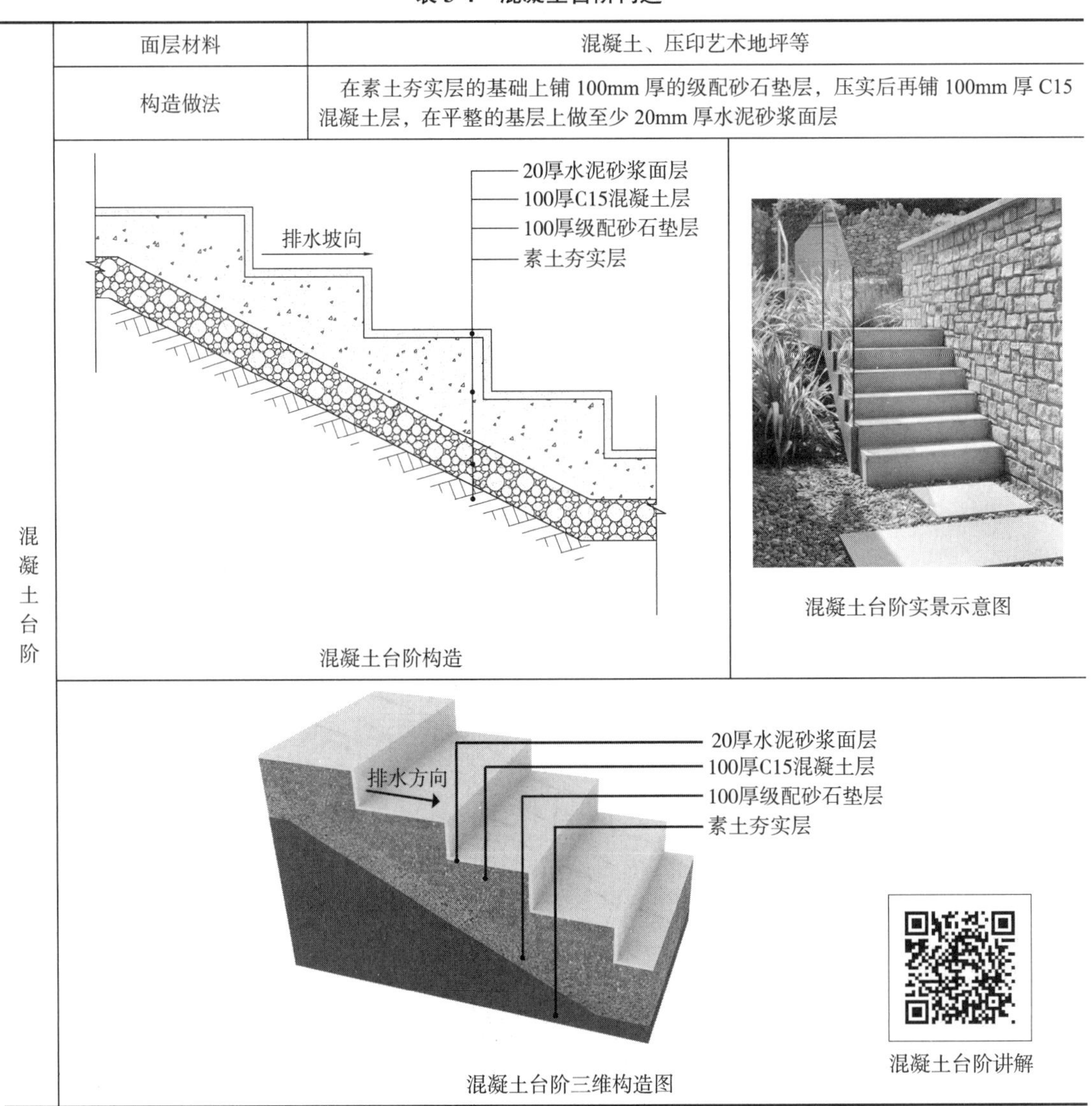

混凝土台阶构造

混凝土台阶实景示意图

混凝土台阶三维构造图

混凝土台阶讲解

5. 木质台阶

木质台阶构造见表 3-5。

表 3-5　木质台阶构造

木质台阶	面层材料	防腐木、塑木、竹木
	构造做法	在素土夯实层的基础上铺 100mm 厚级配砂石垫层，碾实后再铺 100mm 厚 C15 混凝土层，在基层基础上做 20mm 厚 1 : 3 水泥砂浆找平层，然后把 50 × 50mm 防腐木龙骨与∟ 40 × 3 角钢用自攻螺钉固定，角钢用 M8 膨胀螺栓固定于基层上，在龙骨两侧轮换布置；面层可选用 30mm 厚 100mm 宽的防腐木地板，采用双排沉头自攻螺钉固定于龙骨上，木板间缝 5mm。木质台阶构造应做好防腐与防锈处理

（续）

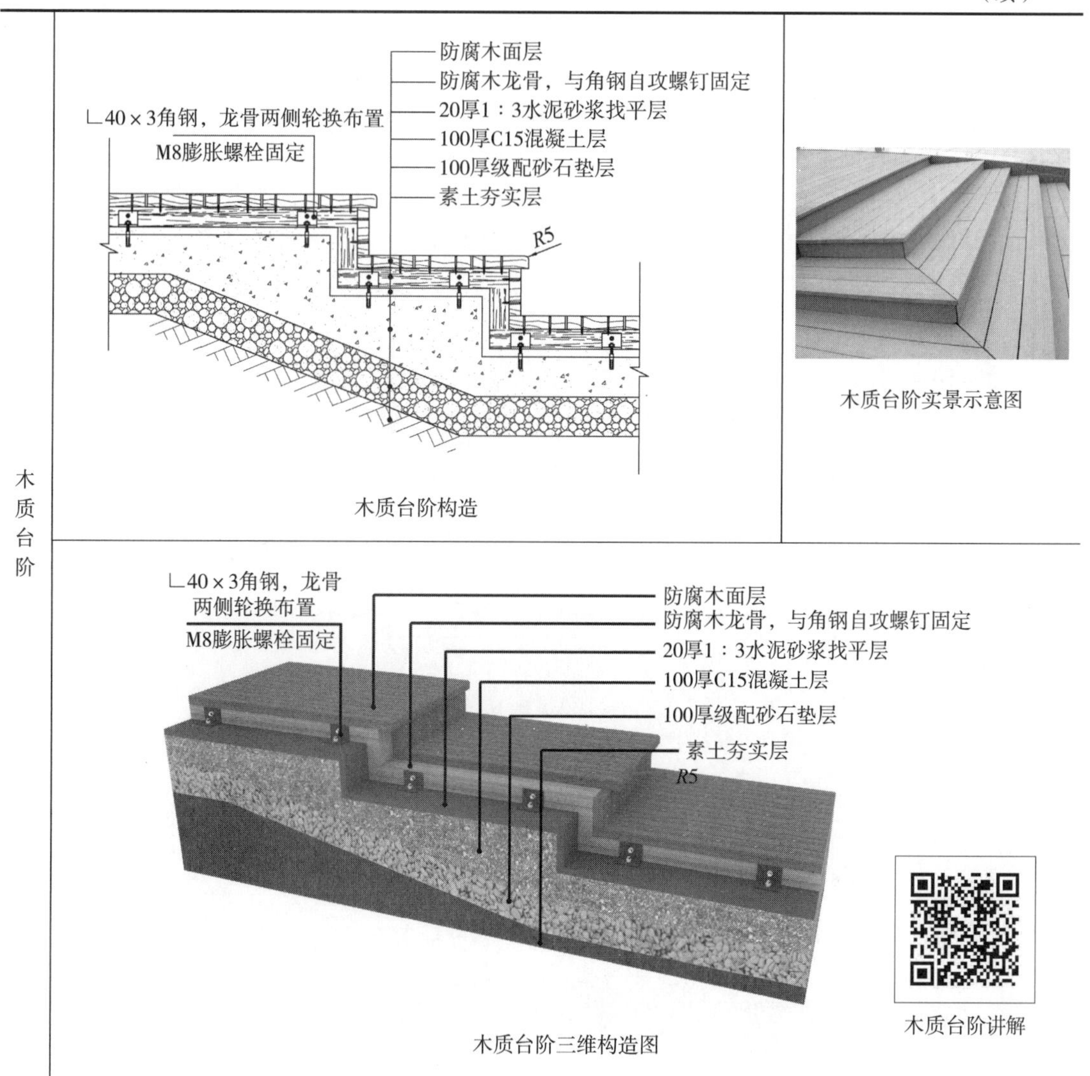

木质台阶构造

木质台阶实景示意图

木质台阶三维构造图

木质台阶讲解

台阶沉降缝应尽量避免设置在台阶的起始部位，如果无法避免，也应尽量设置在终端的台阶根部。建筑出入口处的台阶或沉降要求严格的台阶，应加设地垄墙。如果路基下存在较软弱土层，不论台阶的步数为多少，均须在混凝土中增配钢筋。

3.2　坡道

3.2.1　坡道构造的基础知识

1. 尺度

室外坡道主要是为车辆及残疾人通行而设置，供车辆通行的坡道为行车坡道，供残疾人通行的坡道为无障碍坡道。坡道出现的位置主要有两处：建筑出入口处及室外场地中存在高差处。建筑出入口处主要是指那些有车辆通行或有特殊情况的地方，如酒店、医院、办公场所等，一般会把台阶与坡道结合设置。建筑出入口处坡道的宽度不应小于1200mm，每边应大于门洞口宽度至少500mm，坡段的出墙长度取决于室内外地面高差和坡道的坡度大小。

室外场地的坡度不宜大于1/10，困难地段不应大于1/8，供轮椅使用的无障碍坡道不应大于1/12。当坡度小于1/12时，每段坡度的水平投影长度不应大于9m；当长度超出最大容许值时要在中段设置平台，平台的深度与宽度均不应小于1500mm。坡道的起点和终点处均应设置深度不小于1500mm的轮椅缓冲区。坡道及休息平台两侧应设扶手，且扶手应保持连贯。

2. 形式

坡道的形式有很多种，一般情况下都是和台阶结合设计，主要有以下几种：一字形坡道、L形坡道、U形坡道、一字形多段式坡道、曲线坡道等，如图3-2所示。

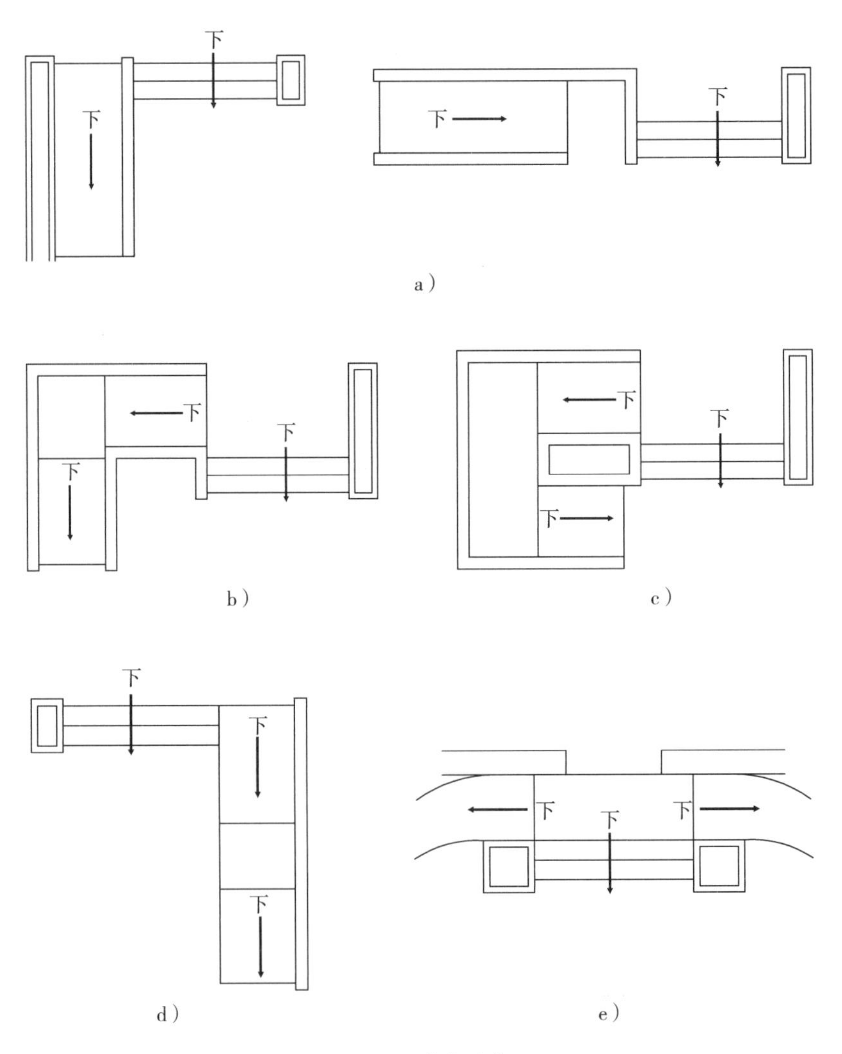

图3-2 坡道形式

a）一字形坡道 b）L形坡道 c）U形坡道 d）一字形多段式坡道 e）曲线坡道

3.2.2　坡道构造的组成

坡道与台阶一样，也应采用耐磨性和抗冻性较好的材料，一般常用石材坡道、混凝土坡道、沥青坡道等，当坡度大于 1/8 时，坡道表面应做防滑处理，一般是做防滑条防滑或做成锯齿形防滑。坡道也是由面层、结合层、基层、垫层、素土夯实层等组成。

3.2.3　坡道构造的类型

坡道构造见表 3-6。

表 3-6　坡道构造

坡道类型	石材坡道	混凝土坡道	沥青坡道
面层做法	石板材	水泥砂浆、礓礤、压印	沥青
适合路面	室外人行道、车行道	车库地面	坡度较缓的路、市政路等
构造做法	同石材地面，在素土夯实层的基础上铺 100mm 厚的级配砂石垫层，压实后再铺 100mm 厚 C15 混凝土层，在平整的基层上铺 30mm 厚的 1∶3 干硬性水泥砂浆结合层，赶平压实后铺花岗石面层，干石灰粗砂扫缝，洒适量水封缝	在素土夯实层的基础上铺 100mm 厚的级配砂石垫层，压实后再铺 100mm 厚 C15 混凝土层，在平整的基层上抹一道素水泥浆结合层，内掺建筑胶，面层做 20mm 厚 1∶2 水泥砂浆面层，内嵌 15mm 宽金刚砂粒（或屑）水泥防滑条，横向中距 80mm 左右，突出坡道面 4mm	同沥青地面，在素土夯实层的基础上做 300mm 厚 3∶7 灰土垫层；再铺约 200mm 厚 6% 的水稳层，压实度大于 97%；压实后喷洒一层 PC-2 乳化沥青，透入基层表面，形成一个薄而强的沥青膜；面层应根据使用要求铺设抗滑耐磨、密实稳定的沥青层，可由 1~3 层组成
构造图示	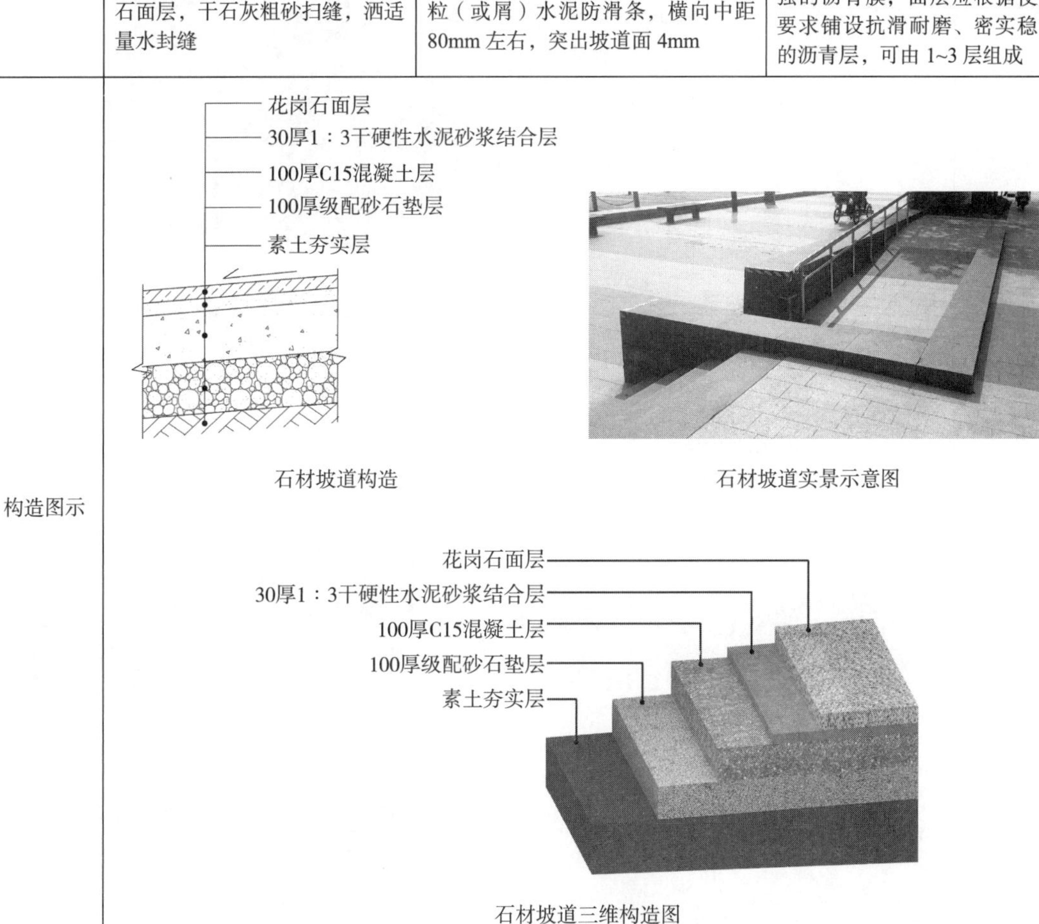		

石材坡道构造　　石材坡道实景示意图

石材坡道三维构造图

（续）

构造图示

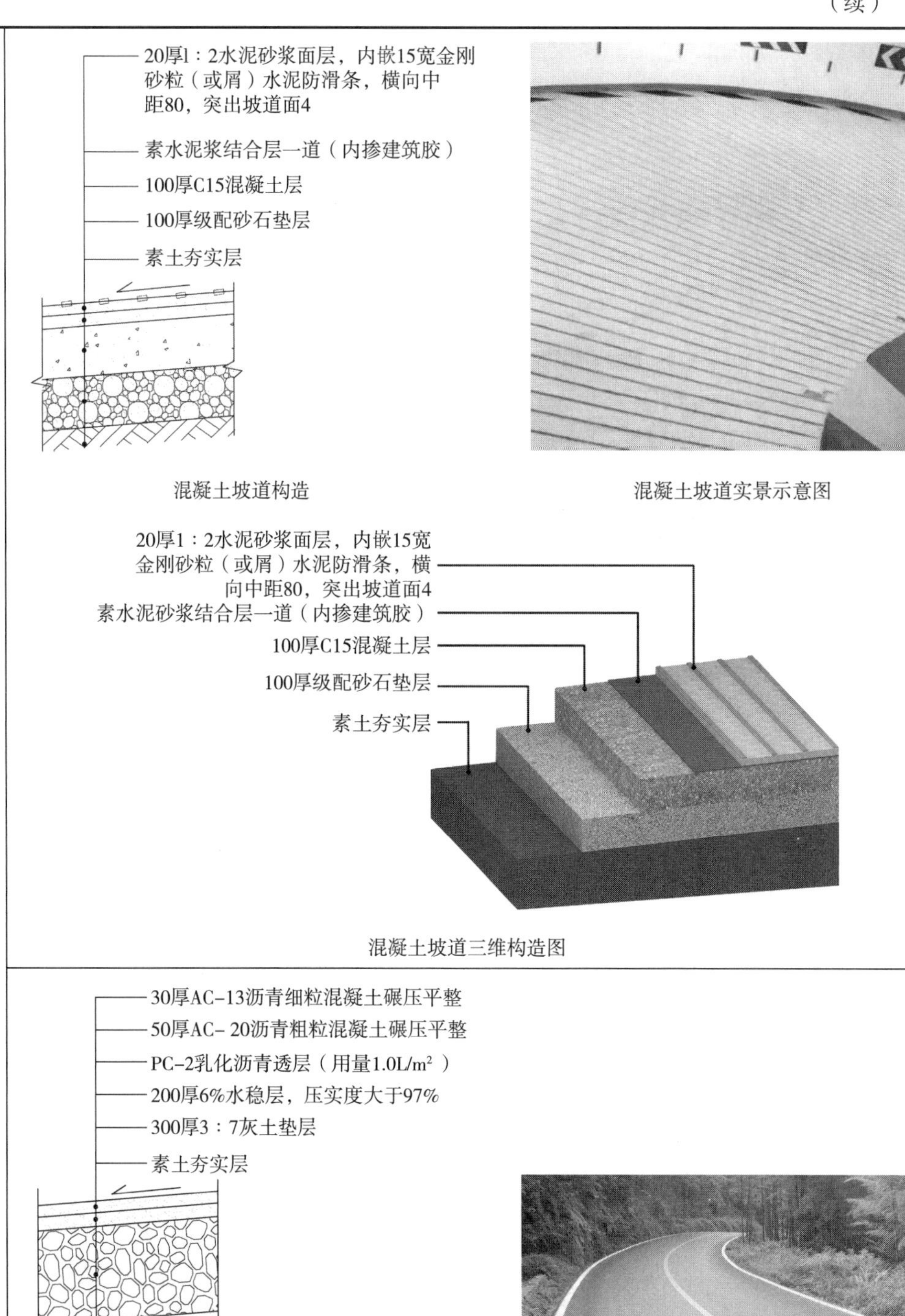

混凝土坡道构造

混凝土坡道实景示意图

混凝土坡道三维构造图

沥青坡道构造

沥青坡道实景示意图

（续）

构造图示

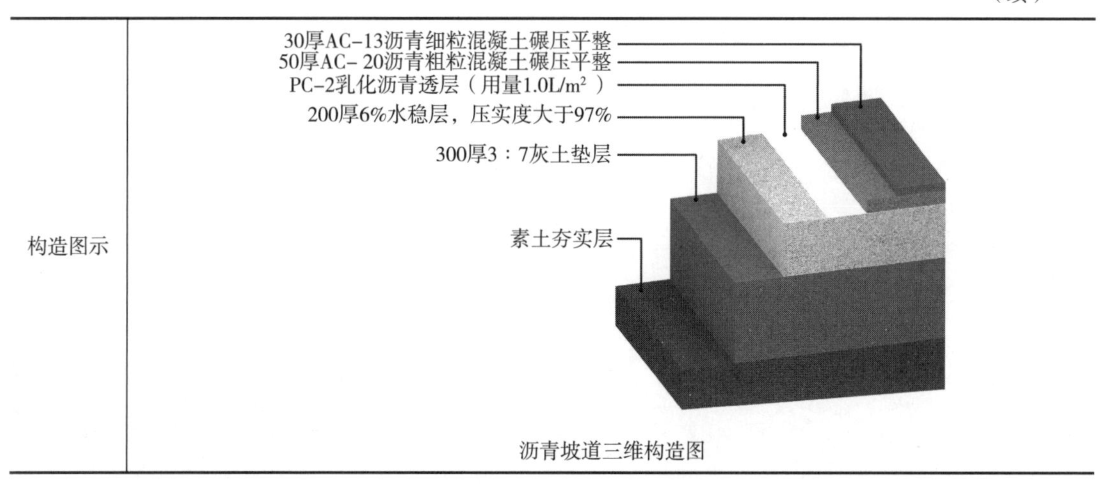

沥青坡道三维构造图

3.2.4　礓碴坡道

礓碴坡道是慢步道的一种，它不是用台阶解决高差，而是用砖、石等的棱角向上侧砌成类似搓衣板似的路，表面呈均匀整齐的锯齿形，锯齿高 10mm，宽 50~60mm，整体突出不高。这样的路面不但可以行人，也方便车辆通行。

现在常见的是水泥砂浆面层做礓碴坡道，其人行道主要构造做法是：在素土夯实层的基础上铺 150mm 厚的级配砂石垫层，压实后再铺 100mm 厚 C20 混凝土层，随打随抹平，在平整的基层上抹一道素水泥浆结合层，内掺建筑胶，面层做 30mm 厚 1：2 水泥砂浆面层，抹深锯齿形礓碴，锯齿高 10mm，宽 60mm 左右。

现在很多大型公共空间建筑出入口处、地下停车场出入口处因防滑需要也都会采用水泥砂浆礓碴坡道，车行道的构造做法是：在素土夯实层的基础上铺 200mm 厚的级配砂石垫层，压实后再铺 200mm 厚 C30 混凝土层，随打随抹平，在平整的基层上抹一道素水泥浆结合层，内掺建筑胶，面层做 30mm 厚 1：2 水泥砂浆面层，抹深锯齿形礓碴，锯齿高 10mm，宽 60mm 左右。

人行礓碴坡道构造如图 3-3 所示，车行礓碴坡道构造如图 3-4 所示，实景示意图如图 3-5 所示。

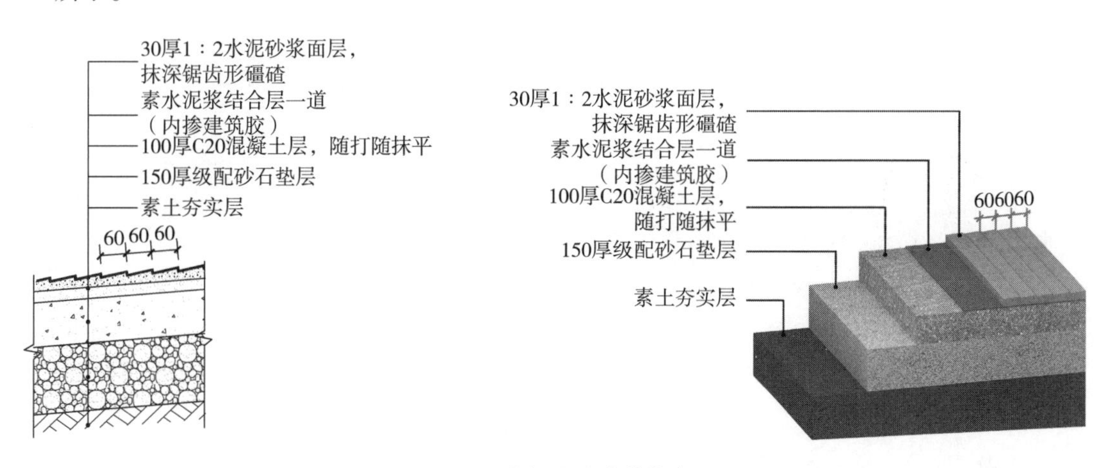

图 3-3　人行礓碴坡道构造

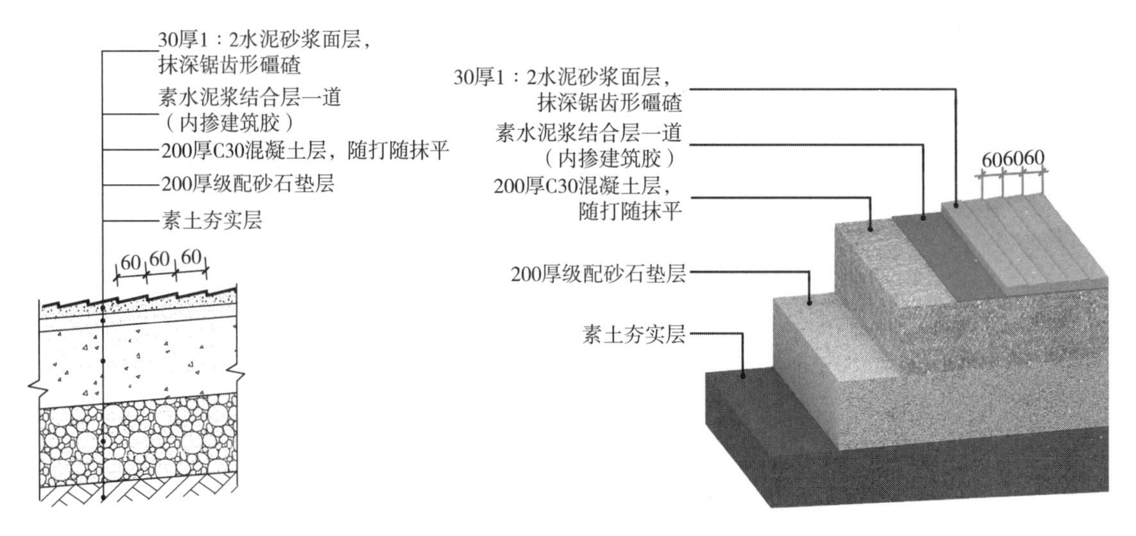

图 3-4　车行礓礤坡道构造

图 3-5　礓礤坡道实景示意图

第4章 风景园林建筑构造

风景园林建筑是指园林中一切人工建筑物与构筑物，利用各种类型的风景园林建筑可以组织室外空间，引导游览路线，丰富景观，并为人们提供休憩场所。风景园林建筑物主要包括亭、廊、厅堂、楼阁、榭、轩、舫等，园林构筑物主要包括灯具、栅栏、围墙、花池、园桥等。第 4 章主要介绍现代园林常见的两种建筑物。

4.1 亭

亭的高度一般为 2.4~3m，宽度一般为 2.4~3.6m，立柱间距为 3m 左右。亭的造型与体量和基地的平面、高差及环境有很大的关系，亭的材料与色彩也应和风格与形式相匹配，一般多选用地方性材料与结构做法。亭常见的结构形式有木结构亭、钢筋混凝土结构亭、钢结构亭、膜结构亭、砖（石）结构亭、竹亭及混合结构亭等。

亭的基本构造主要由基础、亭身、屋顶等组成。基础主要采用独立基础、柱下条形基础、墙下条形基础、桩基础或联合基础，基础材料主要选用混凝土、钢筋混凝土、砖石等材料；亭身可采用木、钢、钢筋混凝土、砖石、竹等材料；亭顶主要采用平屋顶或坡屋顶，多选用木、钢、钢筋混凝土、玻璃钢及膜等材料。

4.1.1 木结构亭

1. 传统木亭

传统木亭在现代园林中应用较少，但在传统或中式园林中却比较常见，传统木亭构造主要分为台基、亭的下架、亭的上架及角梁等。传统的木构件的连接主要用榫卯、齿、销、斗拱等方式。台基是建筑下的突出平台，最早是为了抬升防水，后来则是用于等级制度的需要，传统台基主要包括台明、月台、台阶、栏杆等结构。亭的下架主要由承重柱和檐枋形成整体框架结构，花梁头用以承接檐檩，花梁头之间放置檐垫板，再安装好座凳楣子及吊挂楣子，以形成下架结构。

檐檩本身及其以上部分为上架结构，檐檩搭交形成圈梁，檐檩上设置井字梁或抹角梁，并放置柁墩用以承接搭交金檩。檩木的交角处安置角梁，各角梁向上延伸形成由戗，由戗与雷公柱插接形成攒尖结构。传统木亭构造如图 4-1 所示。

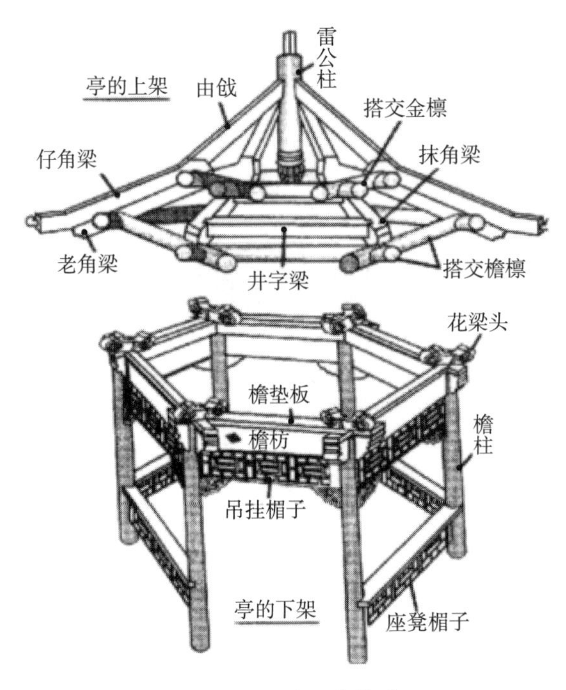

图 4-1 传统木亭构造

2. 现代木亭

现代木亭的构造主要包括基础、亭身、屋顶等。基础部分主要使用钢筋混凝土整板基础，由底板、梁等整体组成，适合软弱地基或承载力不均匀的地基，基础埋深较浅，整体性好，能很好地抵抗不均匀沉降；也可将条形基础或柱下独立基础全部用梁联系起来后，在下面再整体浇筑底板。地面面层材料常使用石材或地砖铺地；亭身木结构常用方木、圆木及木板等，连接方式主要用钉结、螺栓、榫接、齿板、钩挂等。屋顶的戗、脊等结构可采用螺栓、焊接等方式连接。现代木亭构造如图 4-2 所示。

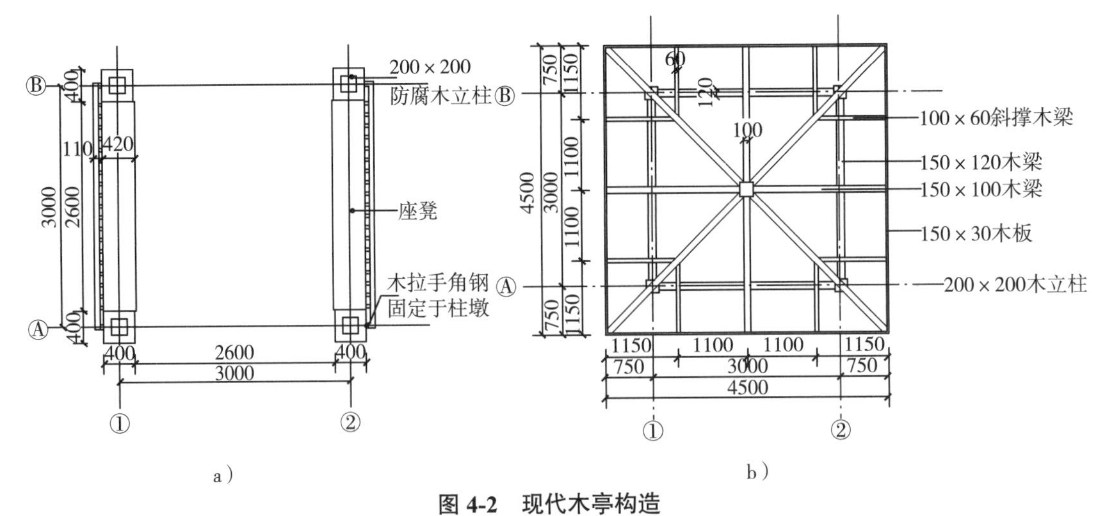

图 4-2 现代木亭构造

a）木亭平面图 b）木亭屋顶结构图

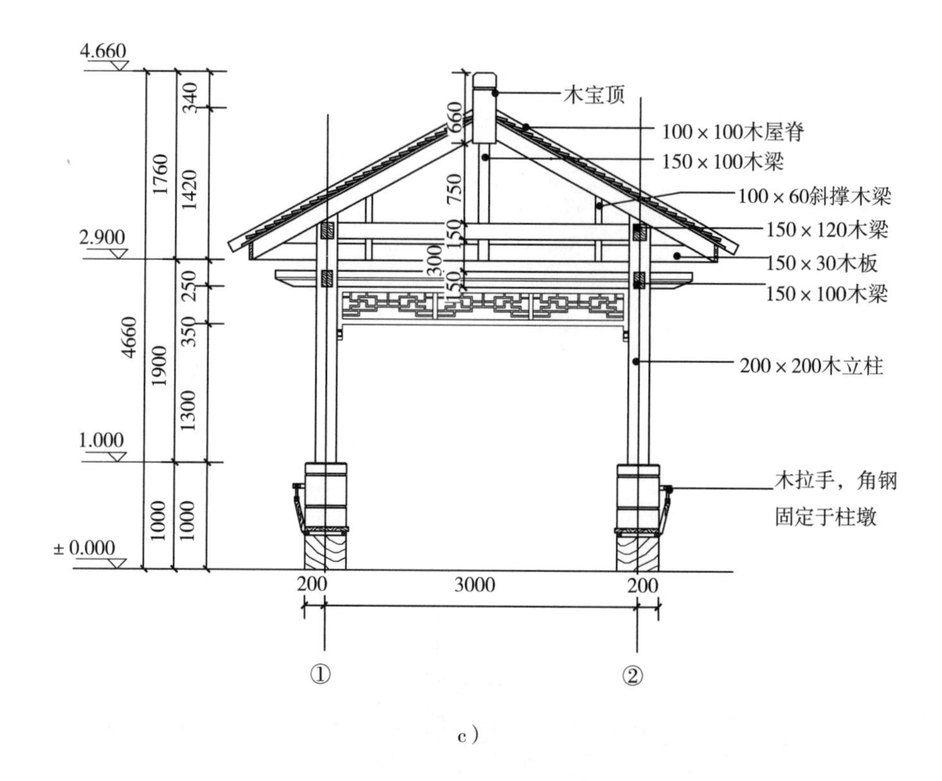

c）

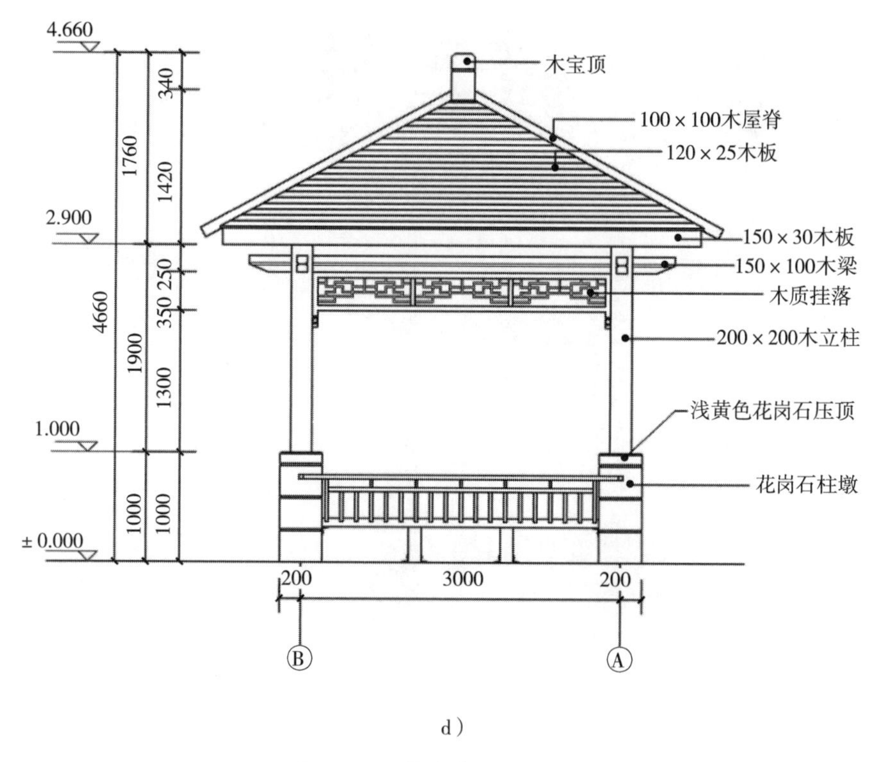

d）

图 4-2　现代木亭构造（续）

c）木亭剖面图　d）木亭立面图

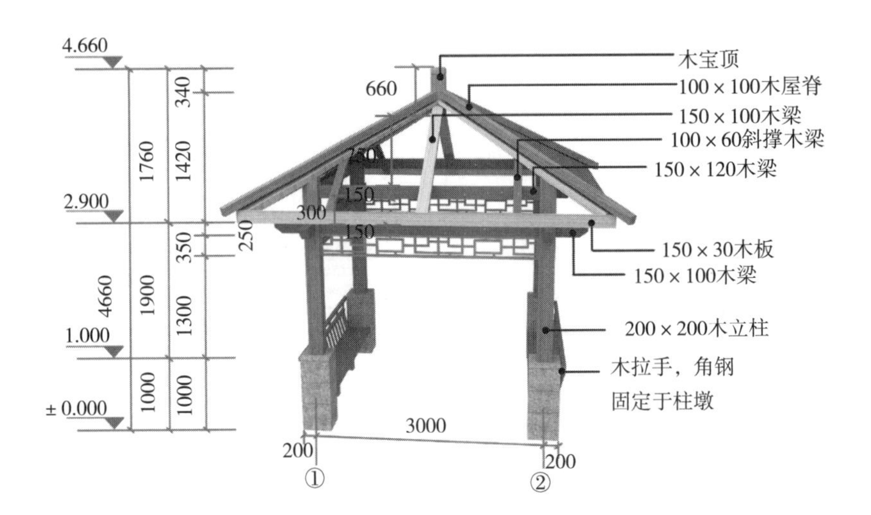

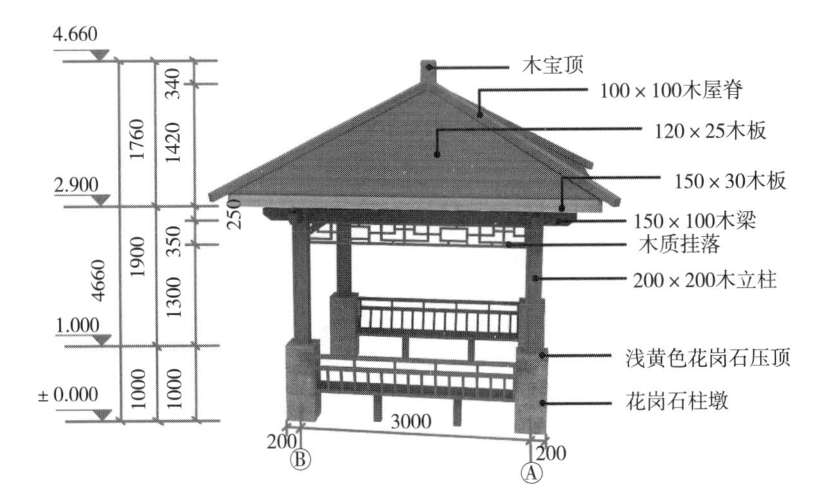

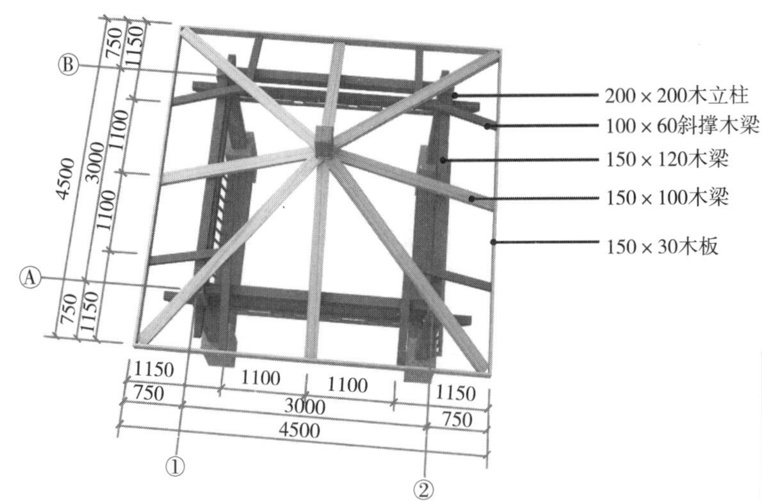

e）

木结构亭讲解

图 4-2　现代木亭构造（续）

e）木亭模型图

4.1.2　钢筋混凝土结构亭

钢筋混凝土结构亭的基础可选用独立基础、条形基础、桩基础或联合基础等形式；亭身主要由钢筋混凝土柱和梁组成承重结构，一般是采用绑扎钢筋、支模并浇筑混凝土等现场浇筑的方式。亭身面层可采用多种饰面装饰，如真石漆、外墙乳胶漆、石材、金属板材等；亭顶可做成各种材料，如金属亭顶、木质顶、瓦屋面等。钢筋混凝土结构亭构造如图 4-3 所示，实景示意图如图 4-4 所示。

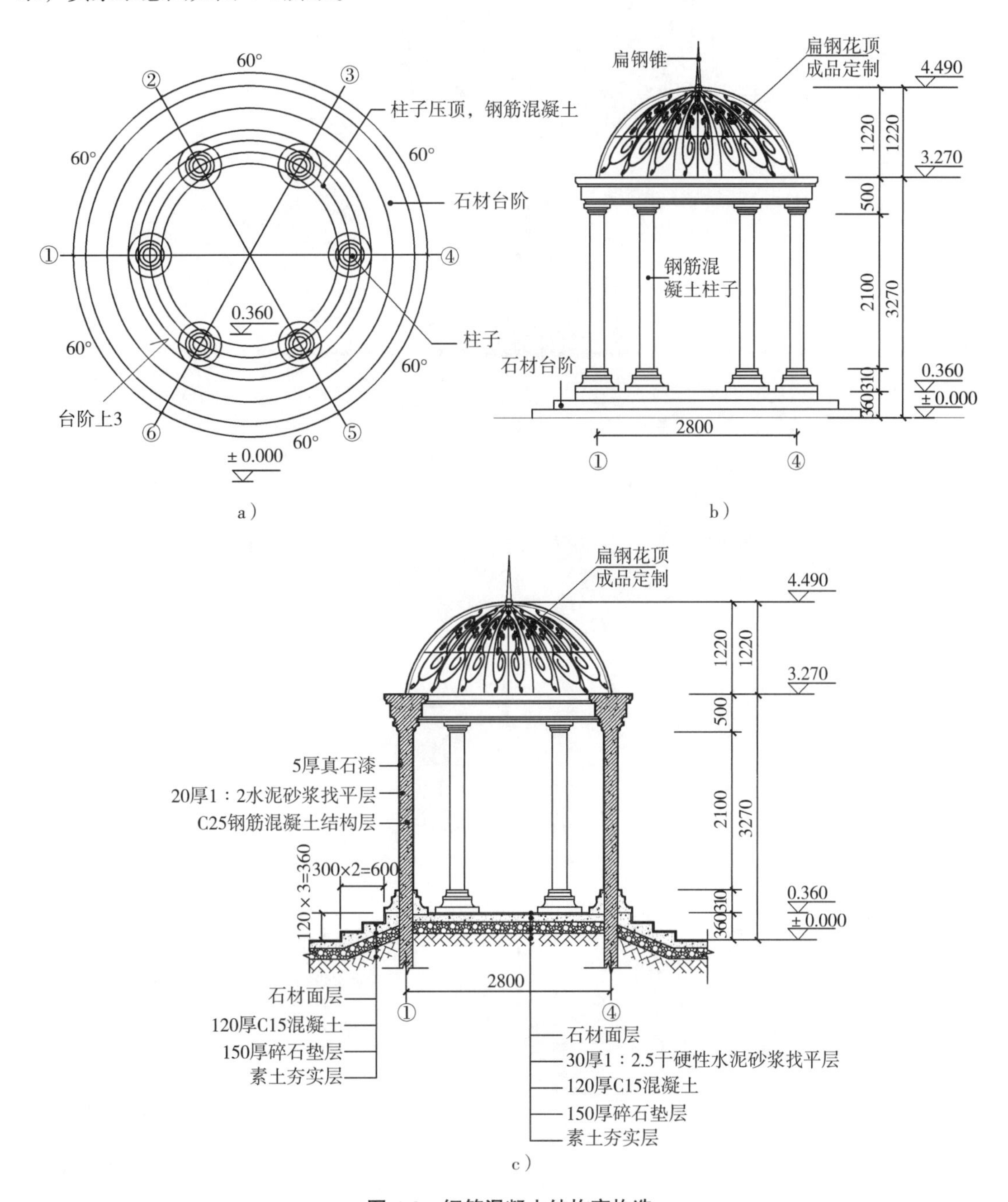

图 4-3　钢筋混凝土结构亭构造

a）钢筋混凝土结构亭平面图　b）钢筋混凝土结构亭立面图　c）钢筋混凝土结构亭①-④剖面图

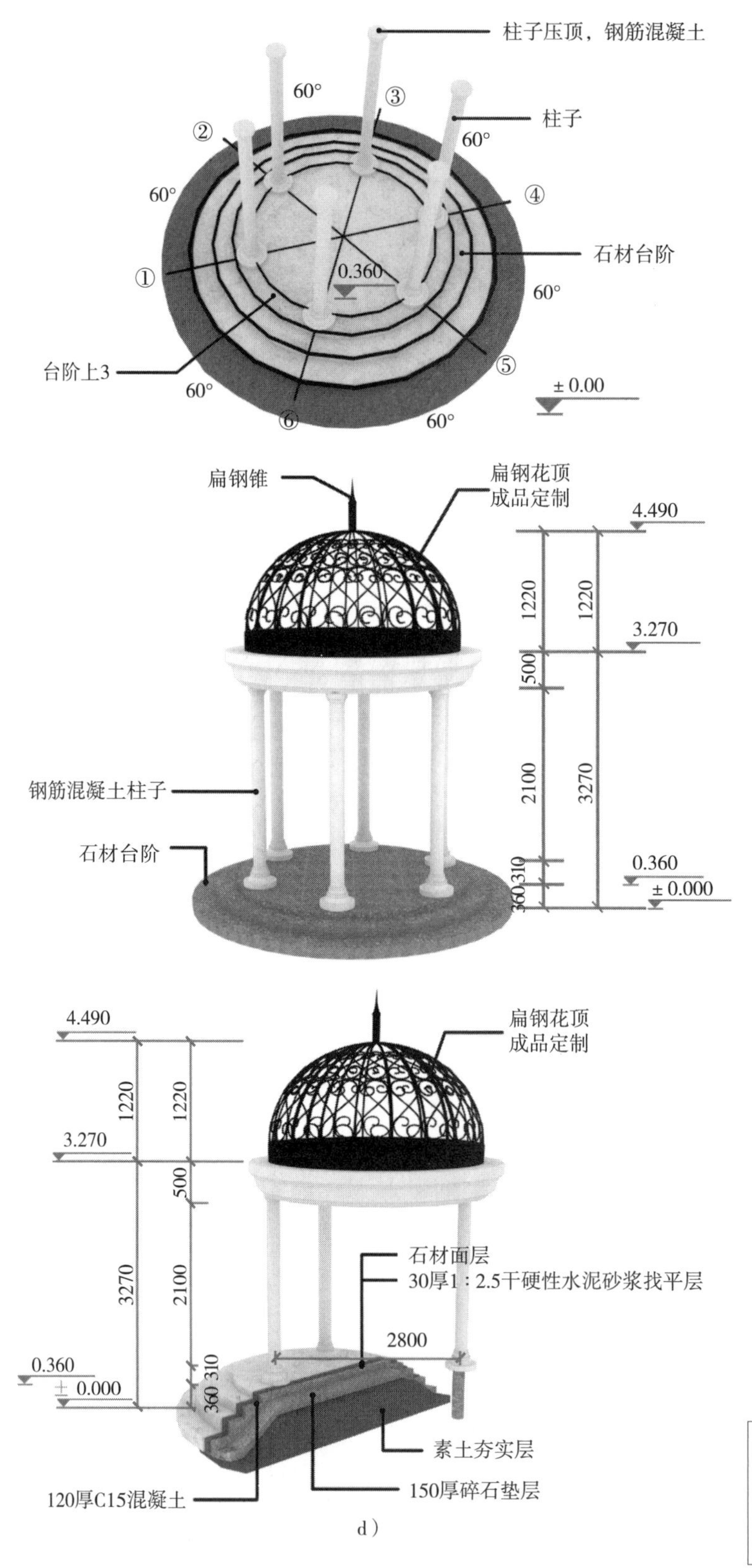

d）

图 4-3　钢筋混凝土结构亭构造（续）

d）钢筋混凝土亭模型图

钢筋混凝土结构亭讲解

图 4-4　钢筋混凝土结构亭实景示意图

4.1.3　钢结构亭

钢结构亭主要是指亭身或亭顶采用钢结构的亭子，钢结构采用的钢材主要有冷弯薄壁型钢、热轧型钢、钢板及钢管等。钢结构材料（不锈钢除外）极易产生锈蚀，因此应做好底层及面层防锈防腐处理。钢结构常见的防腐防锈处理方式有镀锌、镀铝等金属覆盖方式，以及刷漆、 涂料、搪瓷等非金属覆盖方式。

钢结构亭常用钢筋混凝土基础，亭身常采用方钢管，外包钢板、不锈钢板、石板等，亭顶大多选用钢结构或木板条等。亭身钢柱与钢筋混凝土基础连接在一起，连接方式主要有预埋件焊接、膨胀螺栓、锚固等；亭身方钢管连接主要采用焊接、套接、铆接等方式。亭顶若采用钢结构，做法同亭身，若采用木板条，则需要通过连接件与钢材相连，如螺栓、钢钉等。钢结构亭实景示意图如图 4-5 所示。

图 4-5　钢结构亭实景示意图

4.1.4 膜结构亭

膜结构又称为张拉膜、索膜或空间膜结构，是一种新兴的建筑材料，轻质、柔性且具有雕塑感，造型自由，具有透光、防紫外线功能、安全、安装快捷等优点，因此常被用在园林亭廊结构中。它利用高强度的柔性材料与支撑结构相结合，形成体态优美的具有一定刚度的稳定曲面，并能够承受一定的外部风雪荷载。常用的建筑膜材主要有聚四氟乙烯膜材（PTFE）、乙烯 - 四氟乙烯共聚物膜材（ETFE）、聚氯乙烯膜材（PVC）以及加面层的聚氯乙烯膜材等。简易的膜结构亭构造如图 4-6 所示，实景示意图如图 4-7 所示。

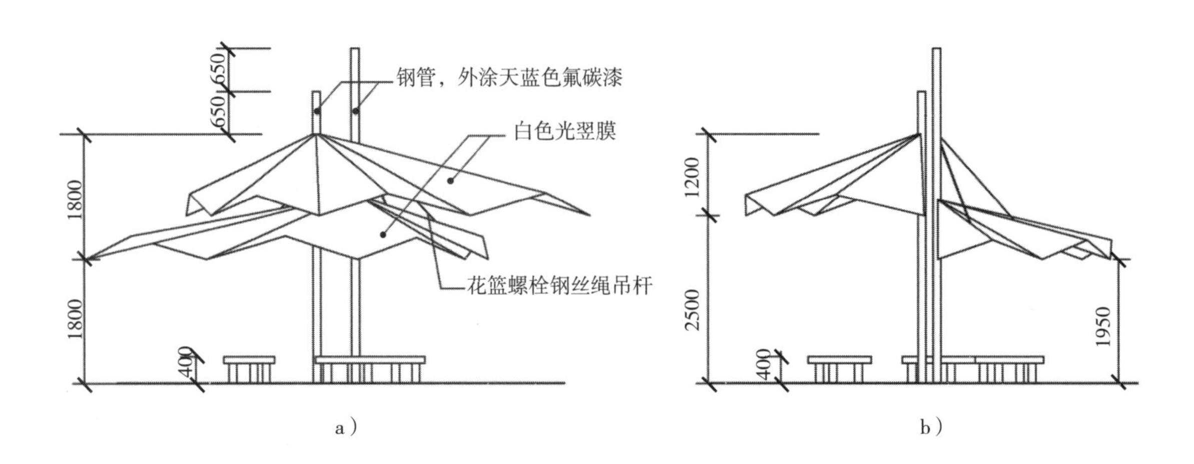

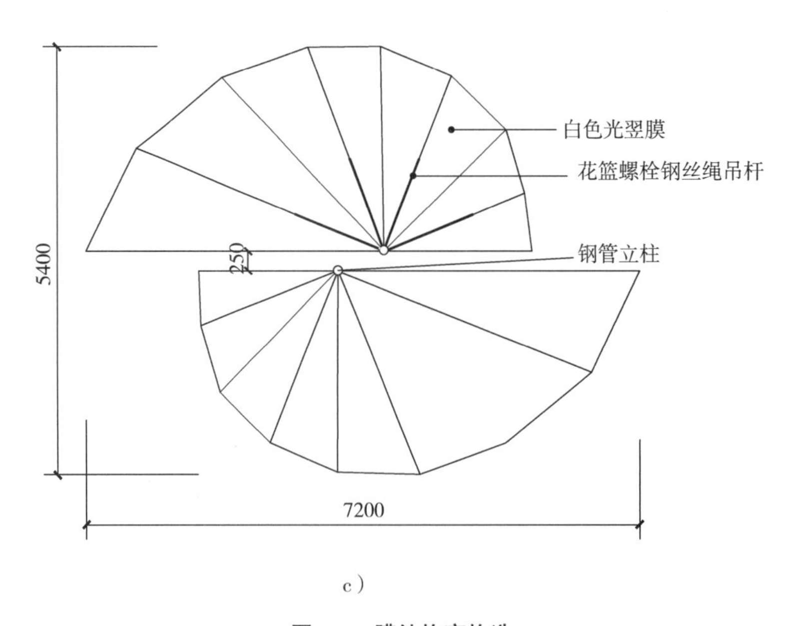

图 4-6 膜结构亭构造

a）膜结构亭正立面图 b）膜结构亭侧立面图 c）膜结构亭平面图

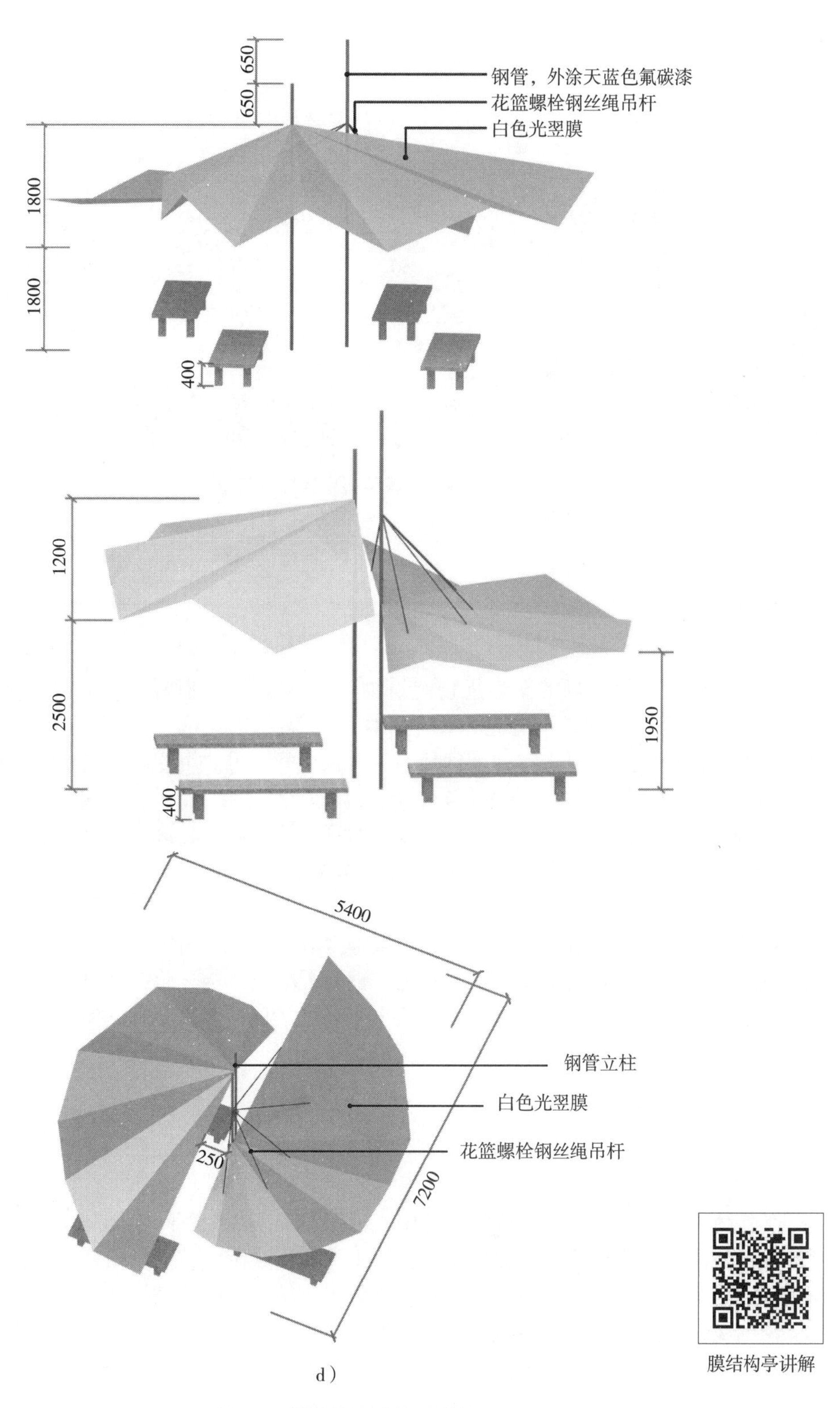

d）

图 4-6　膜结构亭构造（续）

d）膜结构亭模型图

图 4-7　膜结构亭实景示意图

4.2　廊

廊是供游人遮风挡雨的廊道篷顶建筑物，它不仅能起到遮风避雨、休息游憩、供植物攀爬等作用，还能起到联系交通、展开景观序列等组织作用，是园林建筑群体中不可或缺的重要组成部分，并适用于各种地理环境，可长可短、可曲可直。廊的基本单元为“间”，一般情况下，“间”的横向净宽为 1.8~4m，高度为 2.2~2.5m，长向柱距 3m 左右。廊的分类有多种，按平立面形式分为直廊、曲廊、回廊、抄手廊、叠落廊、单面空廊、双面空廊、双层廊、水廊、桥廊等；按其结构材料分为木结构廊、钢筋混凝土结构廊、钢结构廊、膜结构廊、竹结构廊等。

廊的基本构造主要由基础、廊身、廊顶等组成。基础可采用独立基础、条形基础、桩基础或联合基础，基础材料主要选用混凝土、钢筋混凝土、钢、砖石等材料；廊身可采用木、钢、钢筋混凝土、砖石、竹等材料；廊顶主要采用平顶，偶尔会有其他形式（如张拉膜），多选用木、钢、钢筋混凝土及玻璃钢等材料。

4.2.1　木结构廊

1. 传统木廊

传统木廊主要用在传统或中式园林中，依据屋顶形式的不同主要分为卷棚式木廊及尖山式木廊。以卷棚式木廊为例：卷棚式木廊的木构架主要由左右两排檐柱、檐枋和四架梁组成框架结构，架梁上放置由瓜柱、脊枋和月梁等组成的上层框架结构，檐檩和脊檩平衡放置在架梁和月梁之上，用以承接檐椽，檐椽向上延伸形成脑椽，脑椽微弯与檐檩连接，以此构成卷棚式木廊的完整木构架，再由上下楣子、座椅、屋顶等组成整体长廊结构。传统木廊构造如图 4-8 所示。

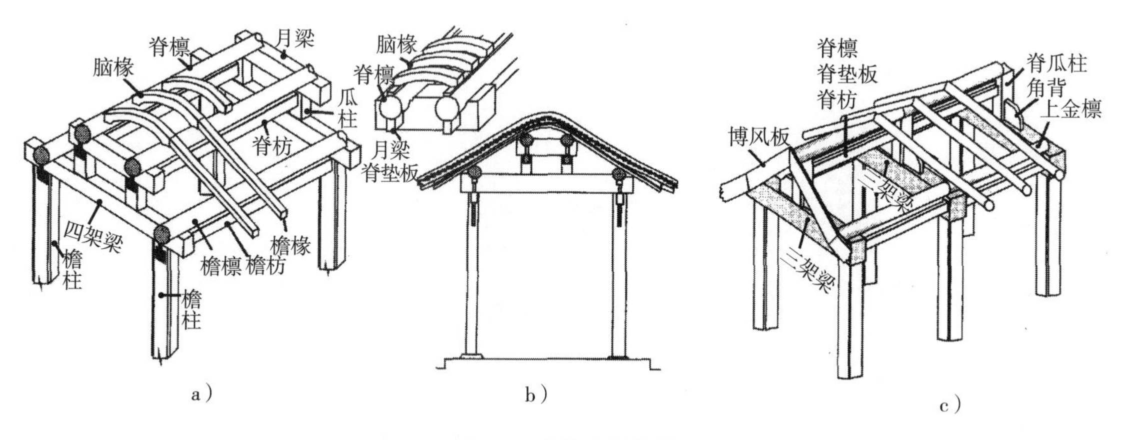

图 4-8　传统木廊构造

a）卷棚式木廊构造　b）卷棚式木廊立面图　c）尖山式木廊构造

2. 现代木廊

现代木廊常见的形式主要有双排柱廊、单排柱廊等。基础主要采用钢筋混凝土条形基础，廊柱和廊顶主梁及小梁多为木结构，木结构及构件均采用防腐木，做好防腐防虫蛀等处理。木构件表面需刷渗透性透明保护漆两道，打水砂一遍，再刷耐磨性透明保护漆两道，颜色按设计确定。木结构及构件连接方式主要用钉结、螺栓、榫接、齿板、钩挂等，木构件榫卯连接一般为带胶榫卯。现代木廊构造如图 4-9 所示，实景示意图如图 4-10 所示。

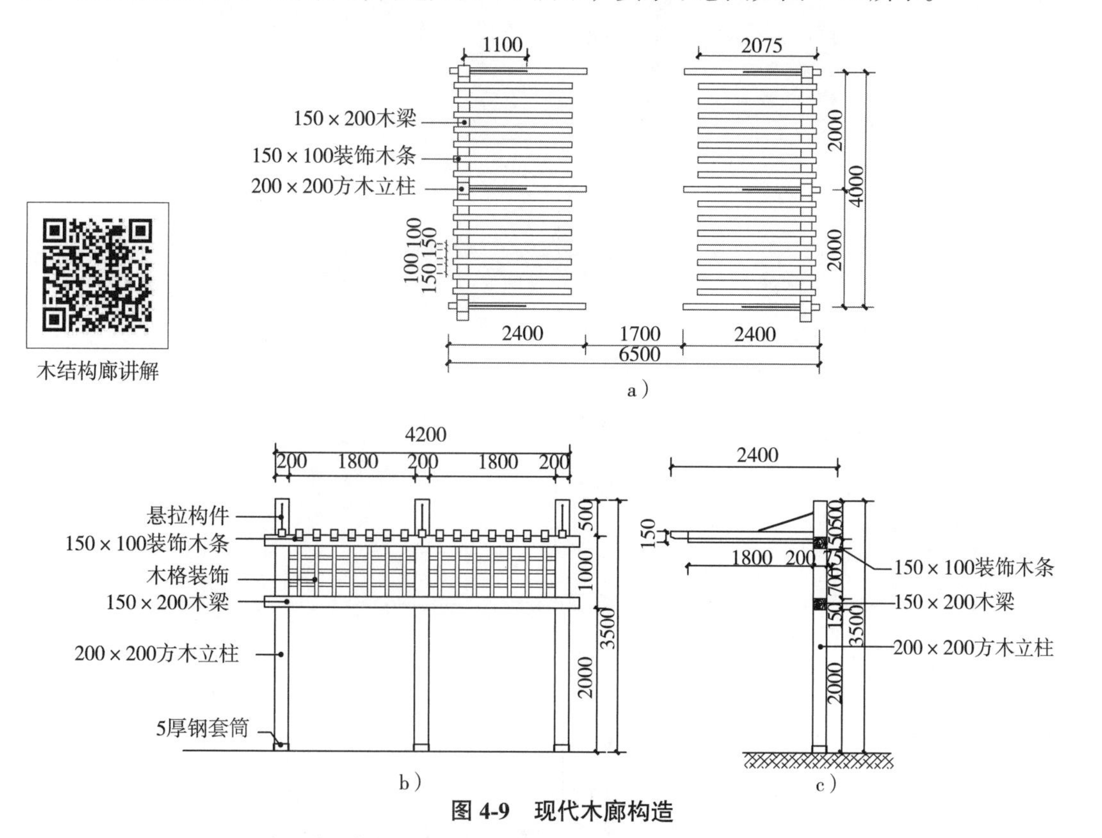

图 4-9　现代木廊构造

a）现代木廊俯视图　b）现代木廊正立面图　c）现代木廊侧立面图

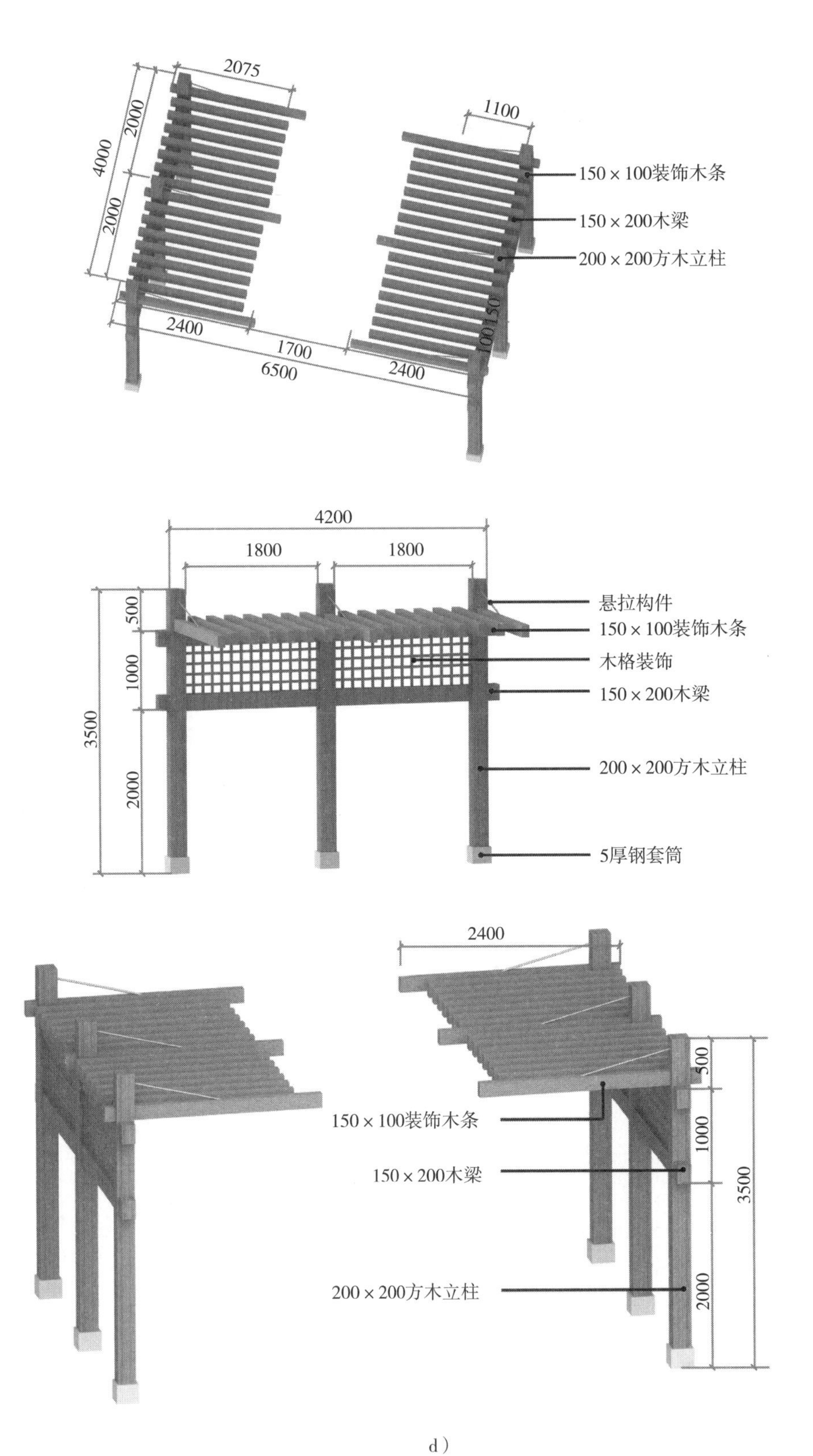

d)

图 4-9　现代木廊构造（续）

d）现代木廊模型图

图 4-10　现代木廊结构实景示意图

4.2.2　钢筋混凝土结构廊

钢筋混凝土结构廊的基础可选用独立基础、条形基础、桩基础或联合基础等形式。廊身主要由钢筋混凝土柱和梁组成承重结构，一般是采用绑扎钢筋、支模并浇筑混凝土等现场浇筑的方式。廊身面层可采用多种饰面，如真石漆、外墙乳胶漆、石材、金属板材等；廊顶可做成各种材料，如玻璃顶、木质顶、膜结构顶等。钢筋混凝土结构廊构造如图 4-11 所示，实景示意图如图 4-12 所示。

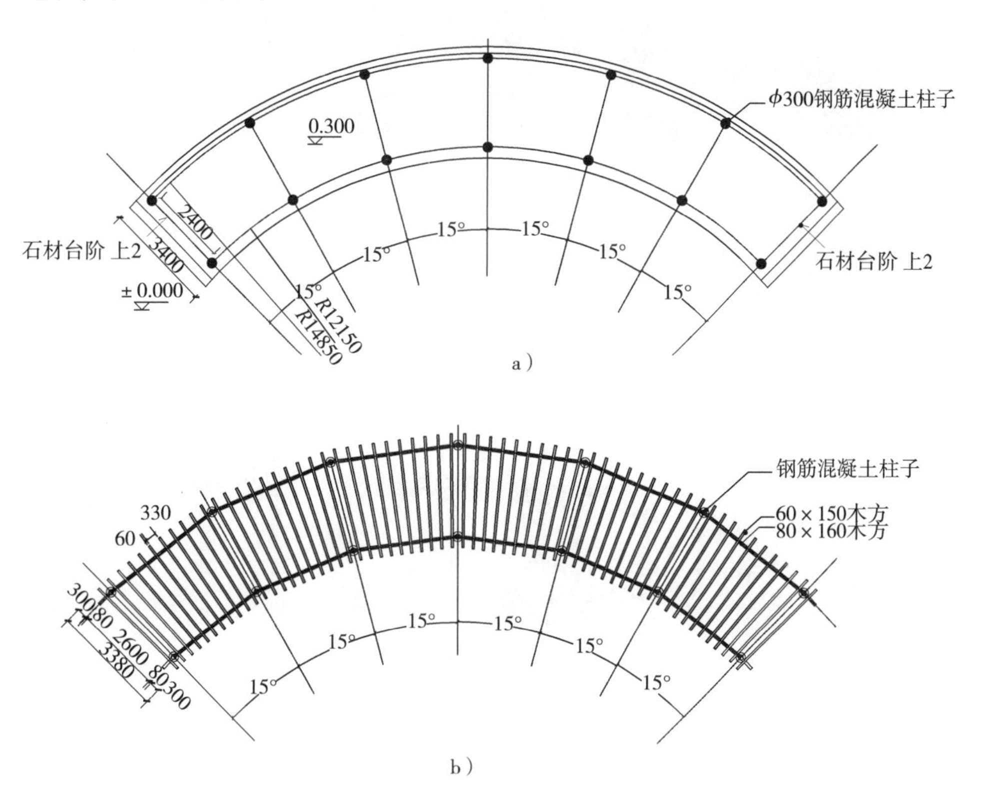

图 4-11　钢筋混凝土结构廊构造

a）钢筋混凝土结构廊平面图　b）钢筋混凝土结构廊顶视图

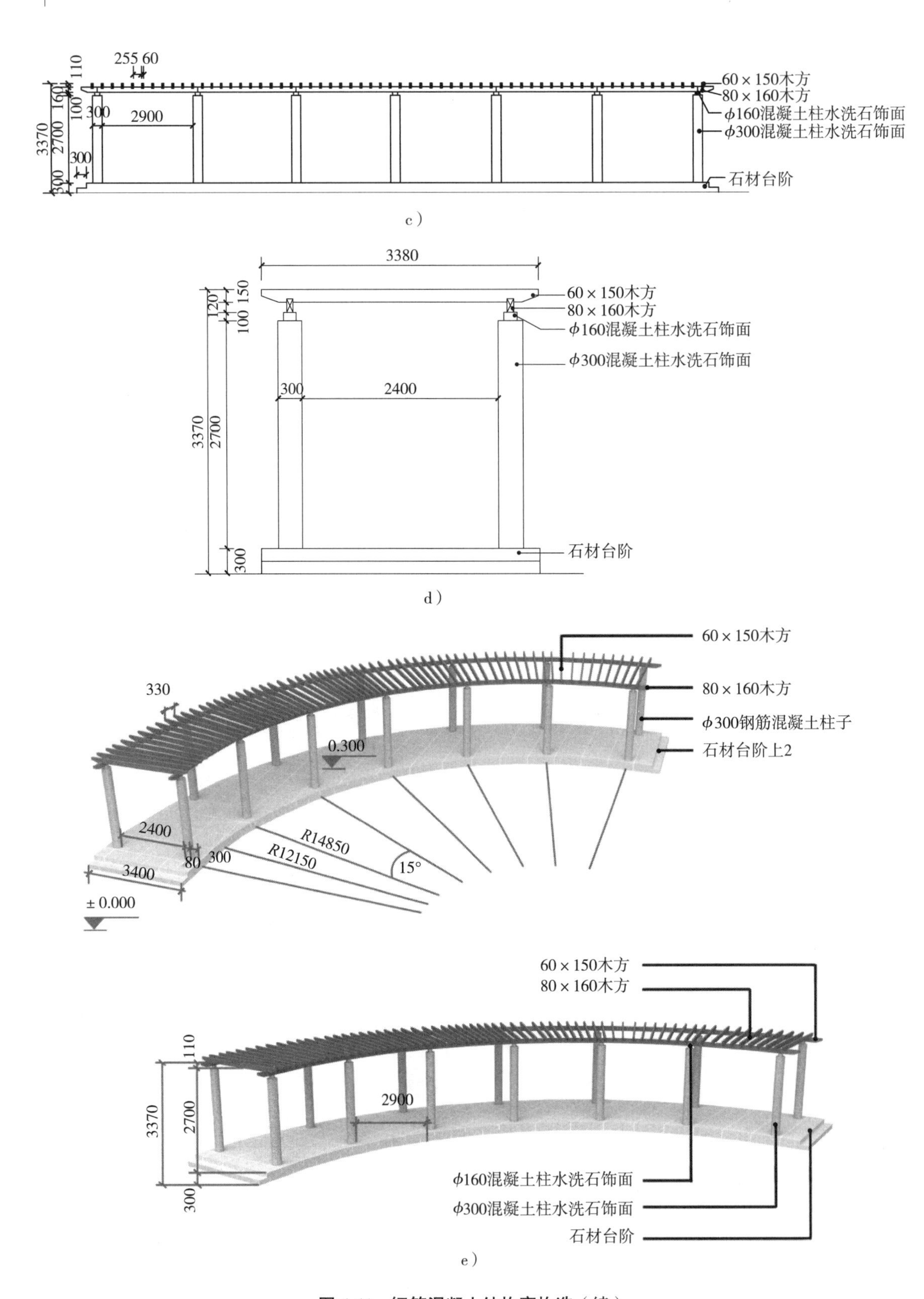

图 4-11　钢筋混凝土结构廊构造（续）

c）钢筋混凝土结构廊展开平面图　d）钢筋混凝土结构廊侧立面图　e）钢筋混凝土结构廊模型图

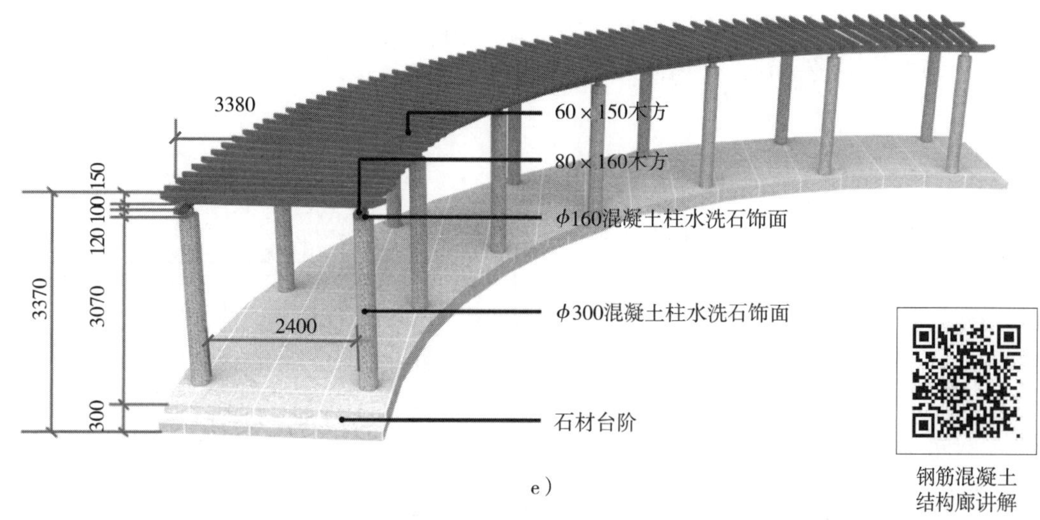

钢筋混凝土结构廊讲解

图 4-11　钢筋混凝土结构廊构造（续）

e）钢筋混凝土结构廊模型图（续）

图 4-12　钢筋混凝土结构廊实景示意图

4.2.3　钢结构廊

钢结构廊的基础常采用钢筋混凝土独立基础，独立基础之间通过基础梁进行联系；廊身常采用方钢管，外包钢板、不锈钢板等，廊顶大多选用钢结构或木板条等，也可选用有机玻璃、轻薄钢板等覆盖。

廊身钢柱与钢筋混凝土基础连接在一起，连接方式主要有预埋件焊接、膨胀螺栓、锚固等；廊身方钢管连接主要采用焊接、套接、铆接等方式。廊顶若采用钢结构，做法同廊身；

若采用木板条，则需要通过连接件与钢材相连，如螺栓、钢钉等；若使用玻璃或膜等其他材料，则需要专用的连接件相连。钢结构廊构造如图 4-13 所示，实景示意图如图 4-14 所示。

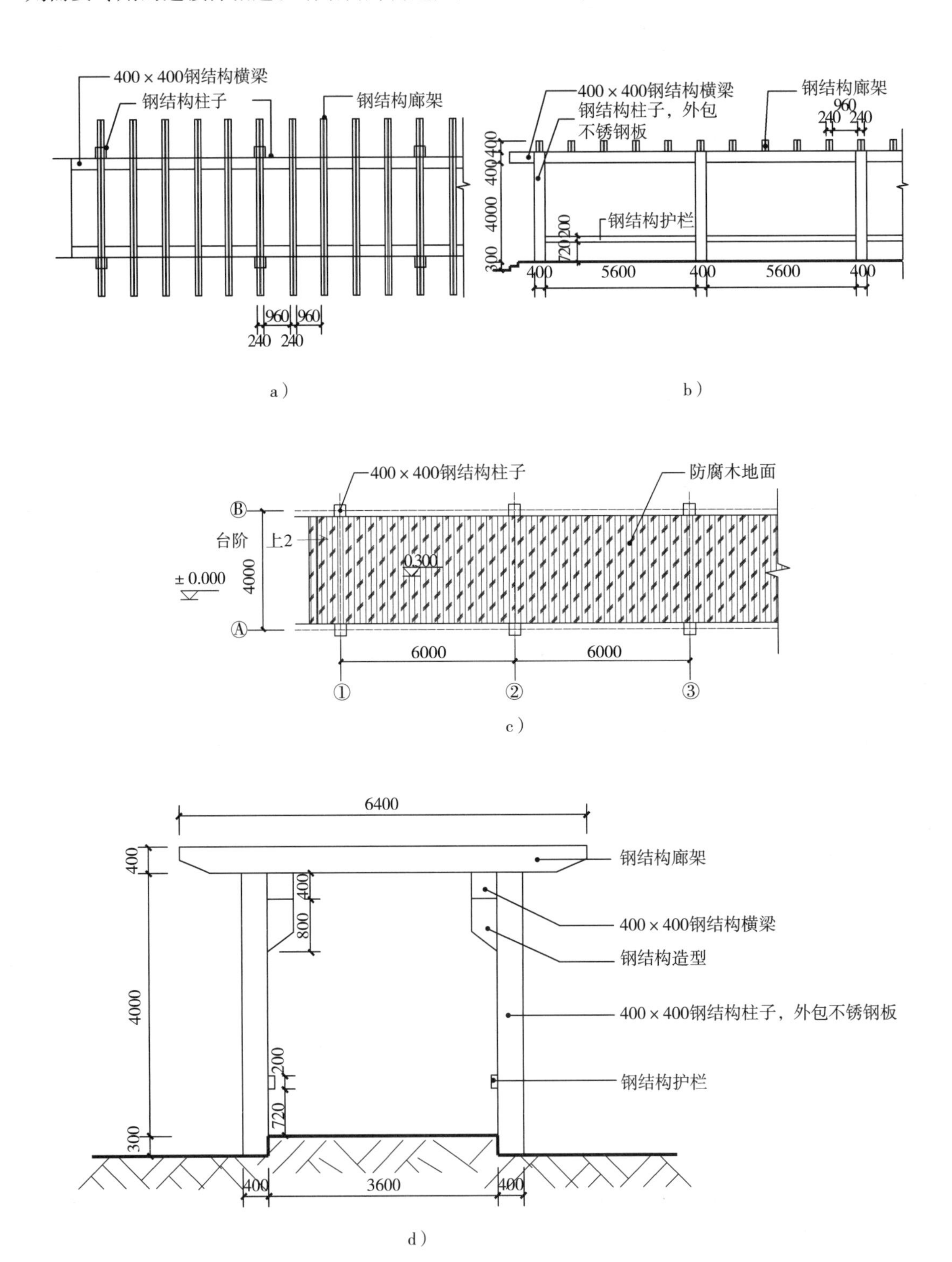

图 4-13 钢结构廊构造

a）钢结构廊顶视图 b）钢结构廊侧立面图 c）钢结构廊平面图 d）钢结构廊正立面图

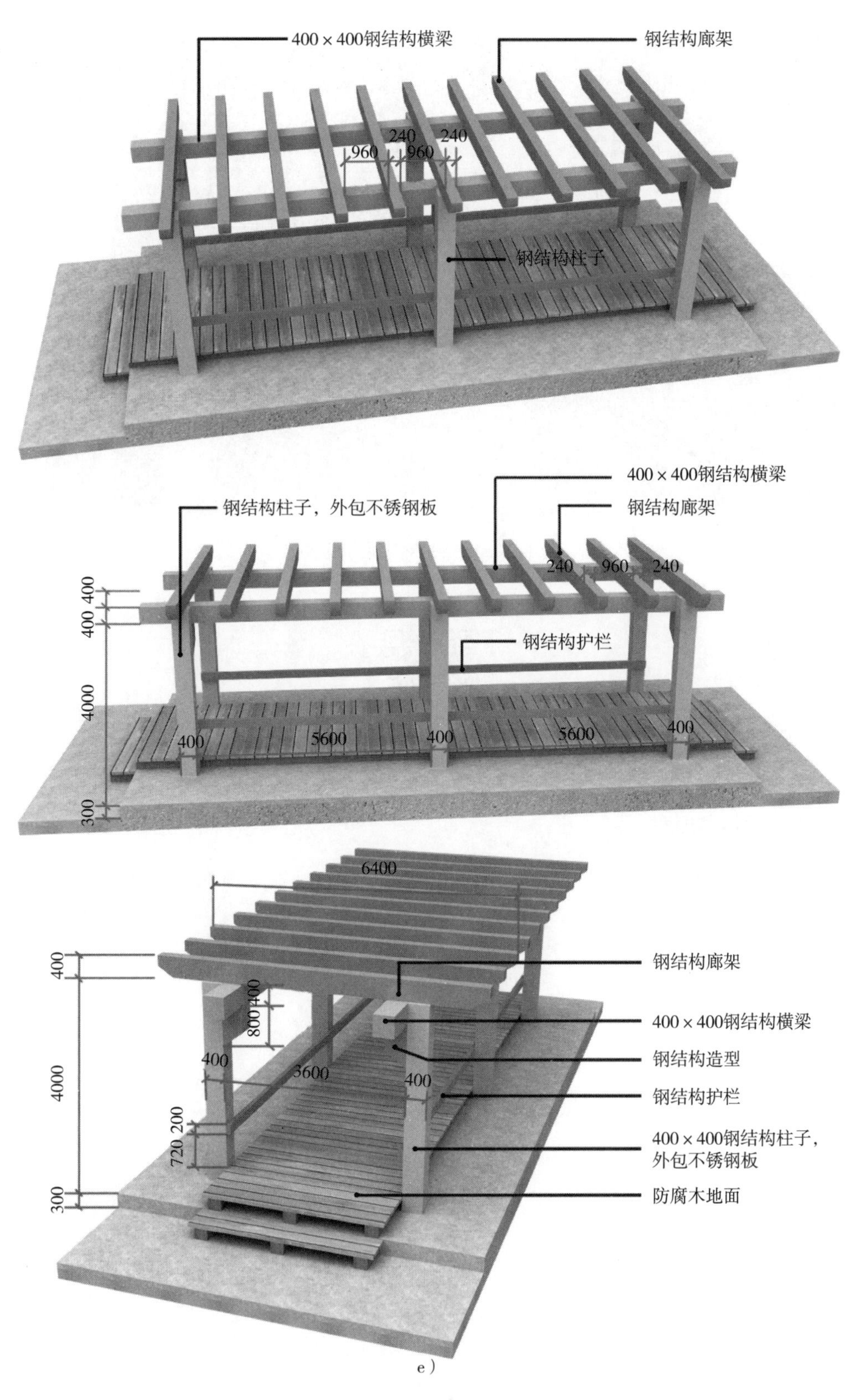

图 4-13　钢结构廊构造（续）

e）钢结构廊模型图

图 4-14　钢结构廊实景示意图

钢结构廊讲解

4.2.4　膜结构廊

膜结构廊的做法即为膜结构亭的组合，膜结构一般出现在廊顶部，廊身可采用钢筋混凝土结构、钢结构、砖石结构等。

第5章 景墙构造

5.1 概论

5.1.1 景墙的基础知识

景墙是室外划分空间、组织景色而布置的围墙，具有美观、通透、隔断的作用，能够分隔内部空间、划分内外范围、遮挡劣景，还能作为反映城市容貌和文化的载体，需要有足够的承载力与稳定性，并应满足防水防锈防蛀等要求。其高度高矮不一，大多会在 2m 以下，具体高度可根据设计要求布置，景墙常用厚度为 120mm、240mm、300mm。

5.1.2 景墙构造的组成

室外景墙常用到的构造方式主要有干挂、挂贴、湿贴、喷涂、钉嵌等。干挂法主要适用于干挂石材或水泥装饰板等板材；挂贴法主要适用于石材或人造文化石等板材。湿贴法是石材墙饰面最简捷的一种做法，除了较轻的石材，马赛克、外墙砖与玻化砖等同样适用于湿贴法。

喷涂法适用于涂料或真石漆等饰面；木质景墙或柱常使用钉嵌法等。

石材留缝通常为 5~8mm，如为密缝拼贴，缝宽 1~2mm；勾缝拼贴，缝宽 3~5mm，勾缝一般采用水泥砂浆勾凹缝；如为冰裂纹碎拼，缝宽一般为 3~5mm。饰面石材均需做六面防水防碱处理，防护剂也应选用渗透型，背涂防护剂应保证水泥黏接强度下降不大于 5%；贴面所用水泥应选用低碱水泥。当景墙长度超过 50m 时，需在砖垛部位设置伸缩缝，如果遇到高低错落的地形，也应设置变形缝。

1. 干挂

直接用金属连接件或不锈钢型材将石材支托并锚固在墙体基面上，而不采用灌浆湿作业的方法称为干挂法。当 6m> 景墙高或柱高 >2.5m，或者单块板材重量＞ 40kg，或板材单边长度＞ 600mm 时，均应采用干挂。干挂法构造要点是，在基层墙面上预埋 ϕ 8 镀锌钢筋，伸出墙面 50mm，横向中距 700mm 或者按板材尺寸，竖向中距为板材高度加上缝宽（也可使用镀锌钢板、镀锌膨胀螺栓固定），∟ 60 × 6 镀锌角钢横向龙骨与预埋钢筋或镀锌钢板焊接，将不锈钢干挂件用 M5 镀锌螺栓固定在横向龙骨上，最后安装石材面层，带胶固定，用室外耐候硅酮密封胶封缝。

不锈钢干挂件常用的规格为 4mm × 40mm × 50~100mm、5mm × 50mm × 50~100mm 或者 6mm × 60mm × 60~100mm 等。

2. 挂贴

挂贴法的基本构造层次分为：面层、浇筑层、基层，同时在饰面层和基层之间用挂件连接固定。这是一种“双保险”的构造法，能够确保当饰面板质量和尺寸较大、铺贴高度较高时面层与基层连接牢固。当景墙高或柱高≤ 2.5m，或者单块板材重量≤ 40kg，或板材单边长度≤ 600mm 时，均可采用挂贴法。挂贴法构造要点是：在基层墙面上钉 M8 × 90 镀锌膨胀螺栓（或镀锌水泥钉、预埋钢筋），横向中距 700mm 或按板材尺寸，竖向中距 600mm；浇筑层为 30mm 厚 1 : 2.5 水泥砂浆灌实石材与墙体之间的空隙层；面层 20mm 厚石材，板背面预留穿孔，用铜丝与镀锌膨胀螺栓绑扎固定。当挂贴面积≥ 25m² 或间距≥ 6m 时，面层设伸缩缝。

3. 湿贴

湿贴法是石材墙饰面最简捷的一种做法。当景墙高或柱高≤ 1.5m，且板材厚度≤ 30mm，或板材单边长度≤ 400mm 时，可采用湿贴法。粘贴时避免仰贴或悬空贴，所用粘贴砂浆或高强度专用胶黏剂均应符合强度要求。湿贴法构造要点是：在基层墙面上铺 20mm 厚 1 : 3 水泥砂浆找平层（毛石墙找平层至少为 30mm 厚）；在找平层基础上做 4~6mm 厚增强型水泥基石材胶黏剂结合层（或者掺 5% 建筑胶素水泥浆结合层）；面层贴 20mm 厚石材面板。当湿贴面积≥ 25m² 或间距≥ 6m 时，需设面层伸缩缝。

4. 喷涂

外墙涂料或真石漆等饰面均可采用喷涂法。其构造做法较简单，主要为：在基层墙面上铺 20mm 厚 1 : 3 水泥砂浆找平层（毛石墙找平层至少为 30mm 厚）；面层刷或喷外墙涂料饰面或真石漆饰面，颜色按设计确定。当喷涂面积≥ 25m² 或间距≥ 6m 时，需设面层伸缩缝。

景墙主要构造方式做法、材料及示意图见表 5-1。

表 5-1　景墙主要构造方式、材料及示意图

（续）

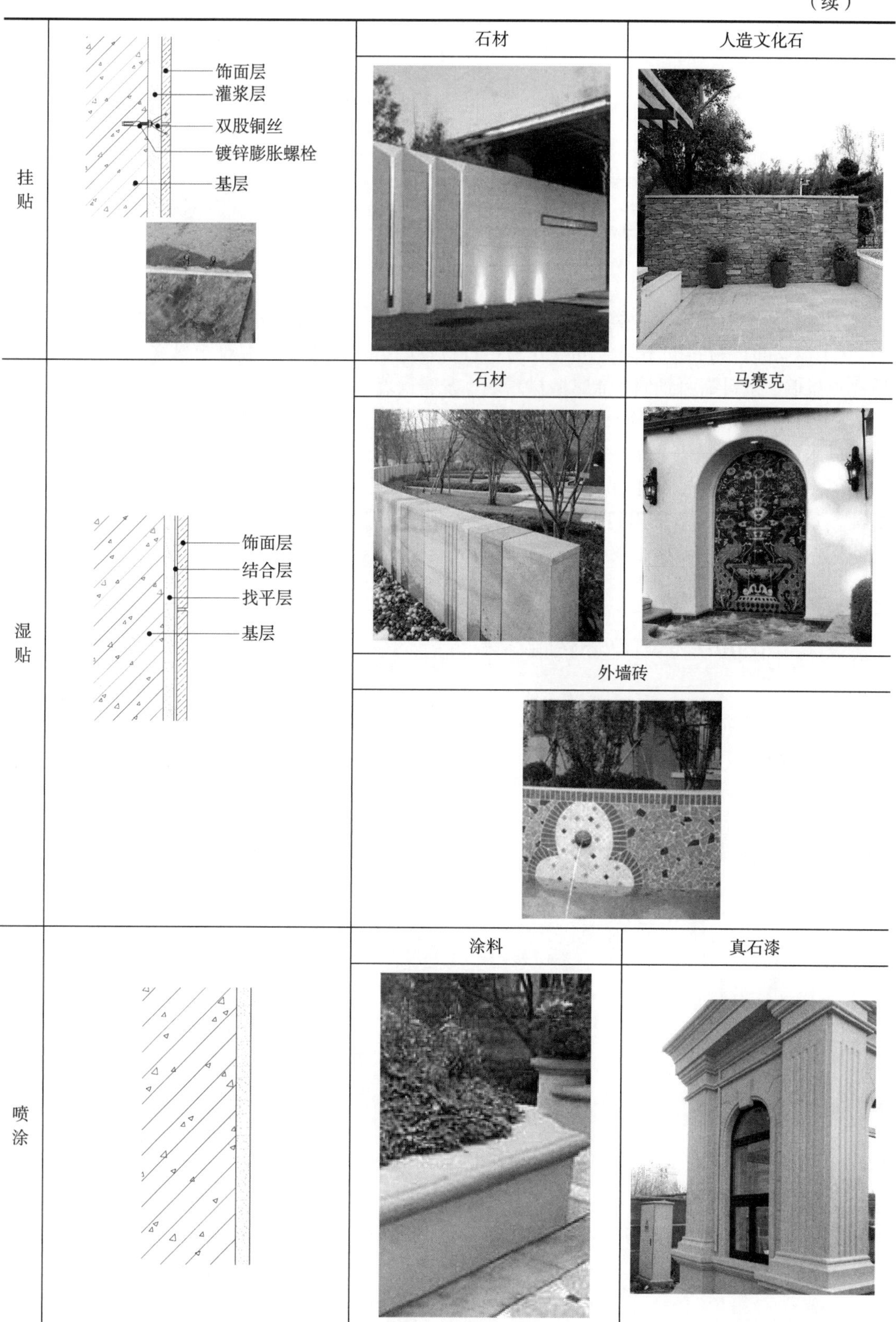
挂贴
饰面层
灌浆层
双股铜丝
镀锌膨胀螺栓
基层
石材
人造文化石
湿贴
饰面层
结合层
找平层
基层
石材
马赛克
外墙砖
喷涂
涂料
真石漆

（续）

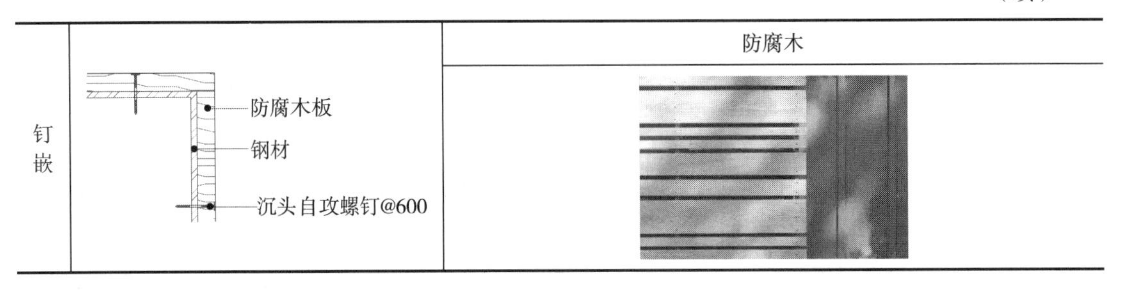

5.1.3 景墙的类型

景墙的种类有很多，分类方法主要有两种：按面层材料分类和按基层结构分类。

1）根据面层材料的不同，可以分为：石材景墙、木质景墙、混凝土景墙、外墙砖景墙、马赛克景墙、涂料饰面景墙、金属型材景墙、玻璃景墙、卵石（水洗石）景墙、装饰板景墙等。

2）根据基层结构的不同，可以分为：钢筋混凝土结构景墙、砖砌结构景墙、轻钢结构景墙、木质景墙、玻璃景墙、石砌景墙、喷水景墙等。

很多现代的景墙也会把几种材料综合起来运用，以一种材料为主，添加其他材料增强丰富性。景墙的基础大多采用条形基础或者独立基础，常用混凝土、砖或者毛石，特殊情况也会使用钢筋混凝土。

5.2 钢筋混凝土结构景墙

钢筋混凝土结构景墙适宜高度为 6m 以下，构造方式可根据设计面层及构造要点选择，一般适合面层材料较厚，高度偏高的景墙。其基本构造由面层、结合层、基层等组成：基层即为钢筋混凝土结构层，在平整的基层上铺 30mm 厚的 1∶3 干硬性水泥砂浆结合层，赶平压实后铺设面层材料。当钢筋混凝土结构景墙间隔 20~30m 时应设置伸缩缝。钢筋混凝土结构景墙构造如图 5-1 所示。

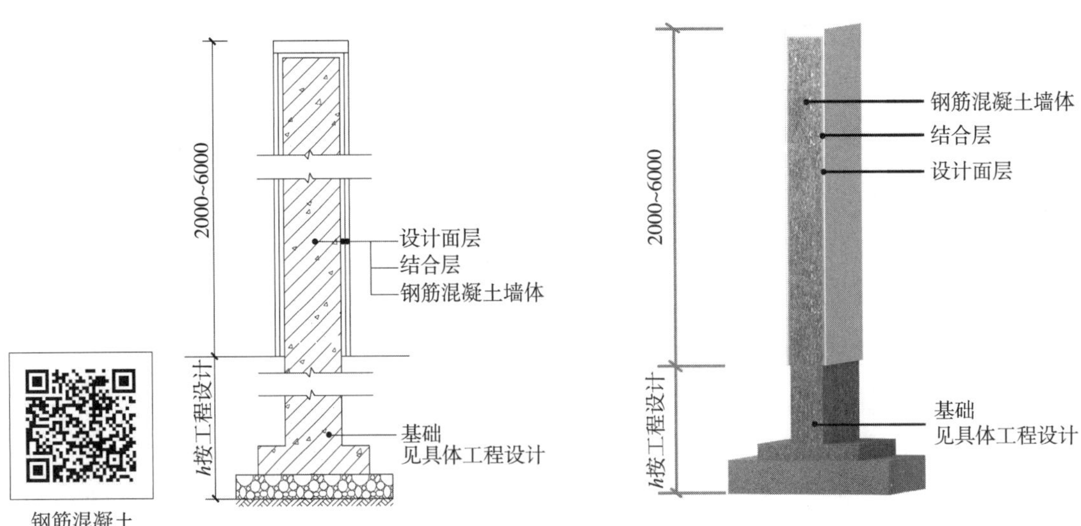

图 5-1 钢筋混凝土结构景墙构造

5.3　砖砌结构景墙

砖砌结构景墙讲解

砖砌结构景墙适宜高度为 2.5m 以下，砖砌景墙的尺寸要符合砖的模数，其厚度有 120mm、240mm、370mm、490mm 等。常用的材料有普通砖、炉渣砖、水泥砖等。砖砌墙体每隔 4m 应设构造柱，当景墙高于室外地坪 1.2m 时，应在砖砌结构的顶部做至少 80mm 厚 C20 混凝土压顶，以确保结构安全。

砖砌结构景墙基本构造由面层、结合层、基层等组成：基层即为砖砌结构层（常用宽度为 240mm 厚墙和 370mm 厚墙），在平整的基层上铺 30mm 厚的 1∶3 干硬性水泥砂浆结合层，赶平压实后铺设面层材料。景墙砖砌体的强度等级大于 MU10，水泥砂浆的强度等级为 M2.5。当砖砌结构景墙间隔 15~20m 时应设置伸缩缝，缝宽 20~30mm，基础及墙体完全断开，缝内填充沥青麻丝或橡胶条等。砖砌结构景墙构造如图 5-2 所示。

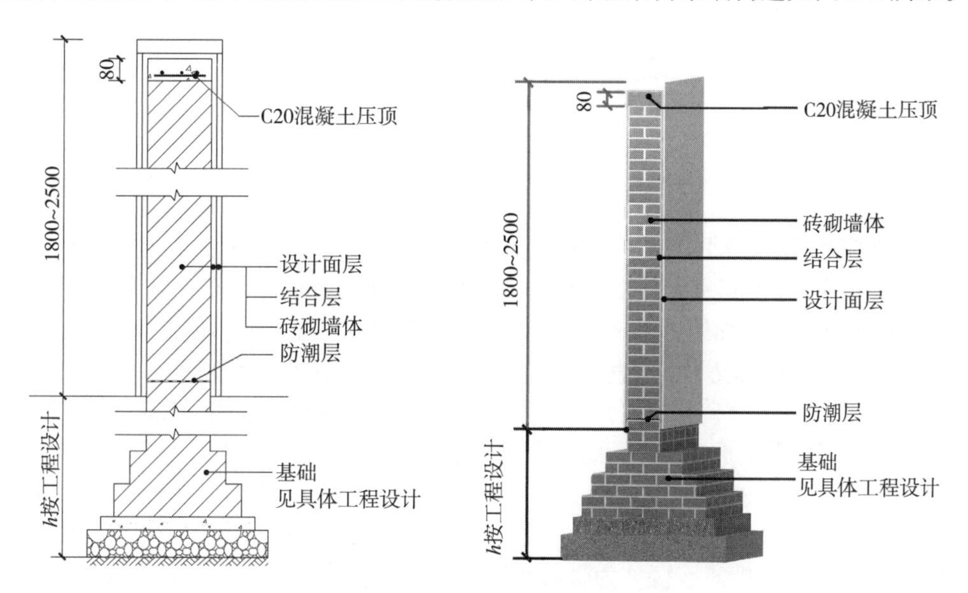

图 5-2　砖砌结构景墙构造

轻钢结构景墙讲解

5.4　轻钢结构景墙

轻钢结构景墙适宜高度为 4m 以下，轻钢结构具有材料强度高、自身重量轻、韧性强、塑性好、结构可靠性高等优点，但其耐腐蚀性和耐火性较差，因此钢构件（不锈钢除外）要做防腐防火处理。轻钢结构一般使用方钢、工字钢、槽钢、L 型钢、H 型钢及角钢等，一般采用焊接或钉结的方式，免于湿作业，施工快捷简单。金属构件连接采用焊接时焊接部位满焊，露明部分焊缝均应锉平，焊缝宽度≥ 4mm，并不小于焊接处钢构件最小壁厚，钢与不锈钢焊接采用不锈钢焊条。

轻钢结构的面层一般使用金属薄板饰面板，是由一些轻金属，如钢、不锈钢、铝、铜等加工制作而成，薄板上可进行烤漆、镀锌、搪瓷等处理手法。工程中常用的有铝合金饰面板、不锈钢板、铝塑板、钛金板等。轻钢结构景墙构造如图 5-3 所示。

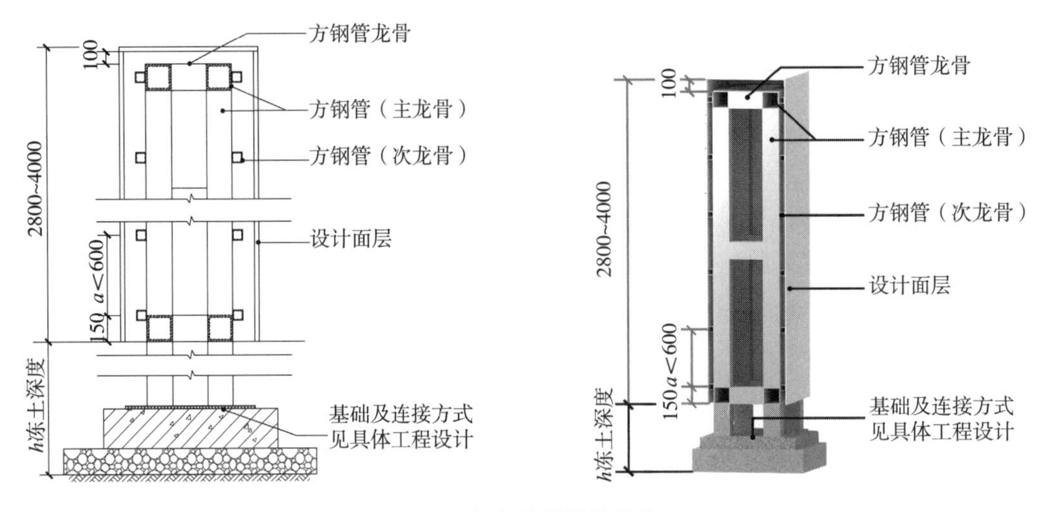

图 5-3　轻钢结构景墙构造

5.5　木质景墙

木质景墙具有轻质、高强度、装饰效果丰富、色彩多样、易加工、耐久性能好、湿作业量少，施工安装方便等优点，但其耐火性及耐腐蚀性较差，易虫蛀，因此应做防火防腐及防虫蛀处理。

木质景墙基本构造由面层、找平层、基层等组成。基层常见的有钢筋混凝土基层与钢结构基层等，钢结构基层面层较平坦可直接与面层相钉结；若为钢筋混凝土基层，需要在基层基础上做 20mm 厚的 1∶3 水泥砂浆找平层，然后把防腐木龙骨与镀锌角钢用自攻螺钉固定，镀锌角钢用镀锌膨胀螺栓固定于基层上，面层常采用原木、原条、枕木、板方材等防腐木板，采用自攻螺钉固定于防腐木龙骨上，面层及龙骨等规格、预埋方式、固定方式等依据设计项目确定。

木构件表面需刷渗透性透明保护漆两道，打水砂一遍，再刷耐磨性透明保护漆两道，颜色按设计确定。木构件榫卯连接均为带胶榫卯。木质柱构造如图 5-4 所示，木质景墙构造效果示意图如图 5-5 所示。

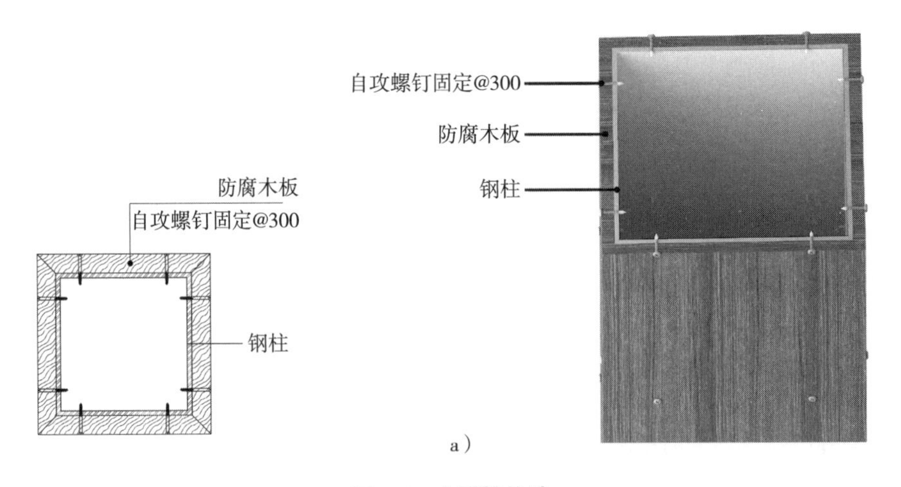

a）

图 5-4　木质柱构造

a）钢结构基础木质柱

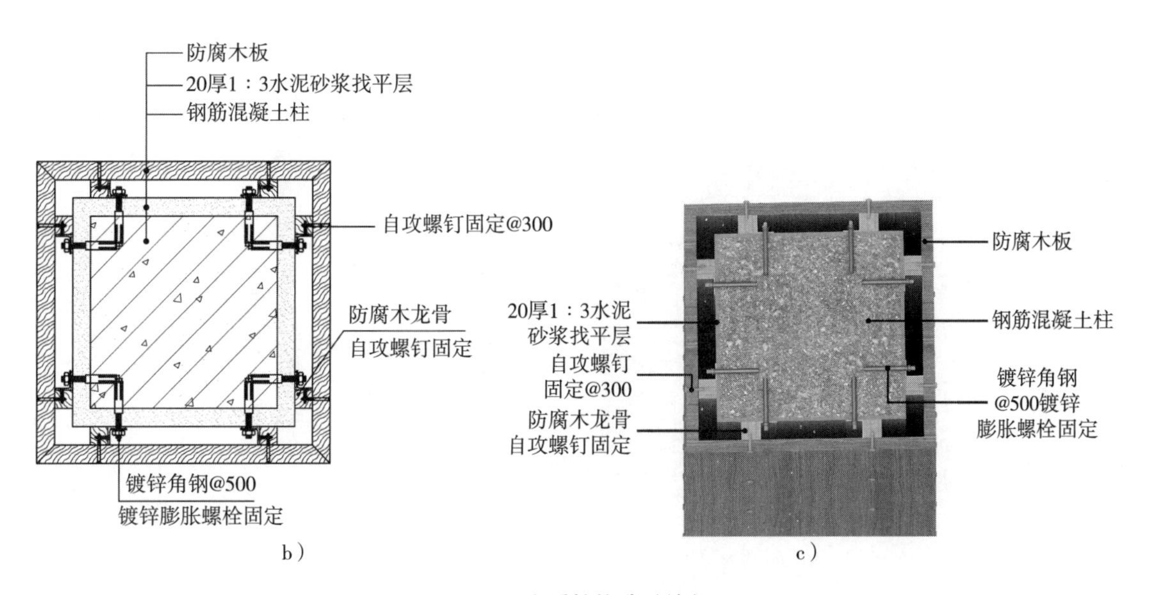

图 5-4　木质柱构造（续）

b）钢筋混凝土基础木质柱　c）木质柱构造模型图

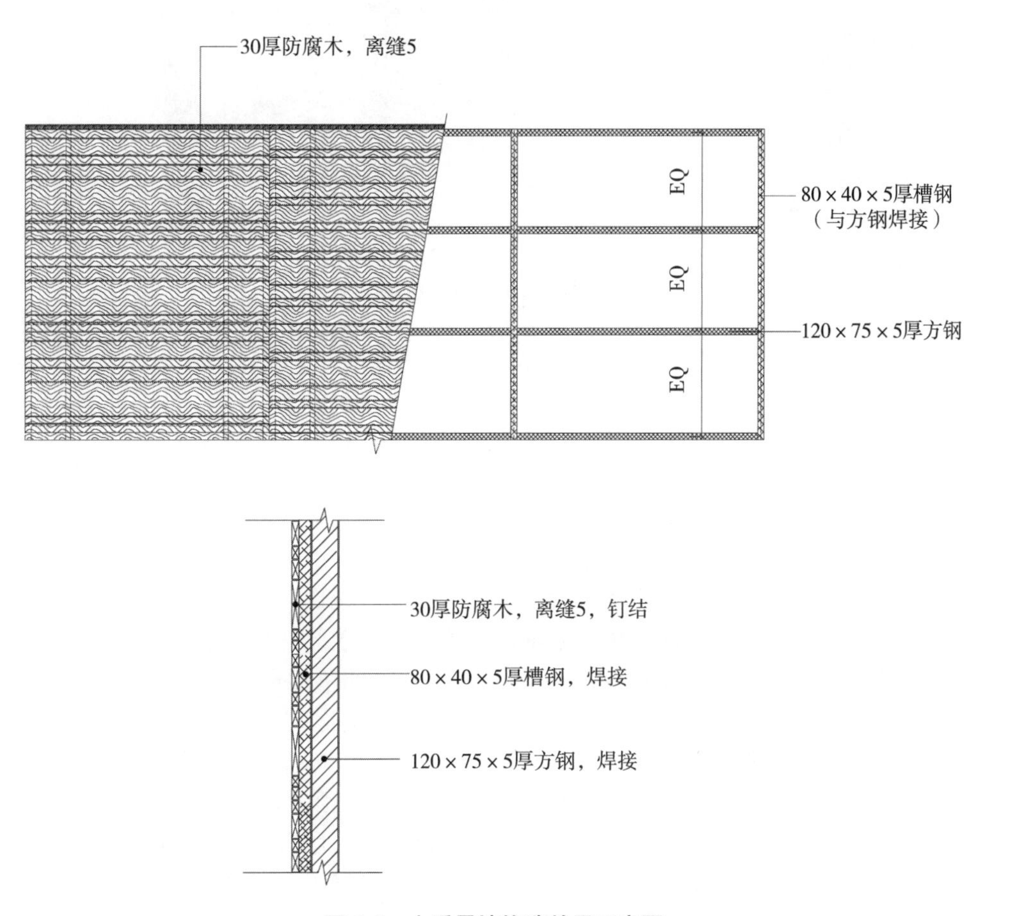

图 5-5　木质景墙构造效果示意图

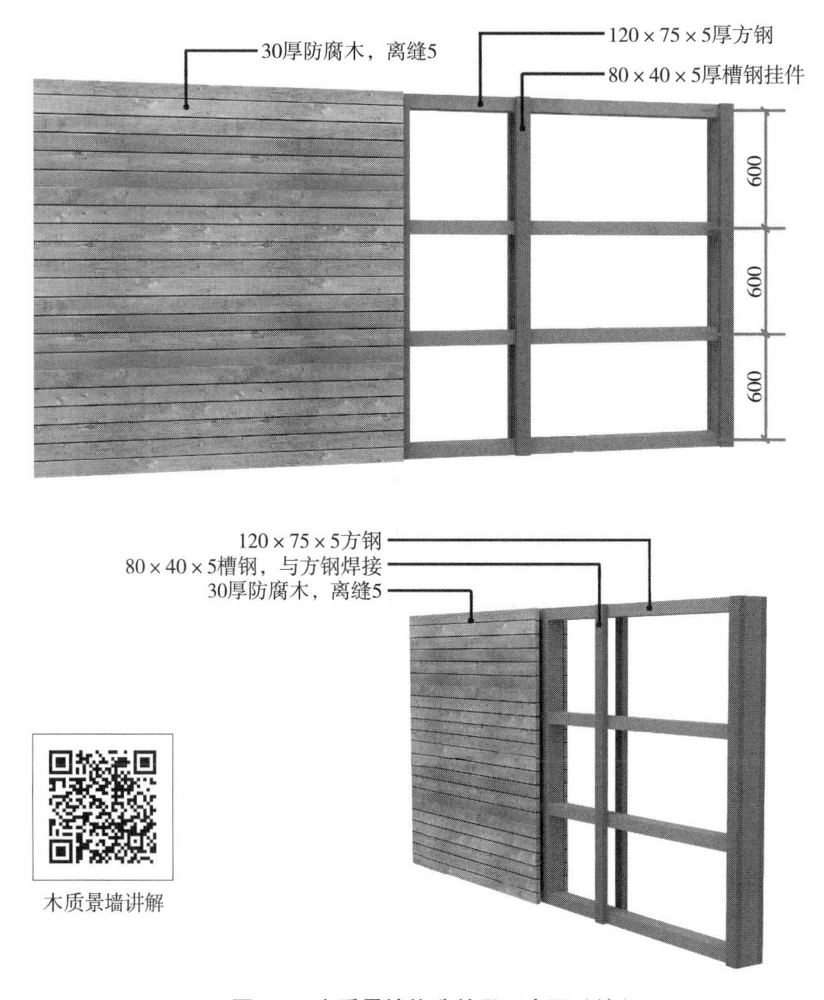

图 5-5　木质景墙构造效果示意图（续）

5.6　玻璃景墙

玻璃景墙具有多种分类，常见的有安全玻璃景墙、装饰玻璃景墙等，安全玻璃主要包括钢化玻璃、夹丝玻璃、夹层玻璃等，具有机械强度高、热稳定性好、弹性好、不易发生自爆、碎片不易伤人等优点。装饰玻璃主要包括彩色平板玻璃、釉面玻璃、压花玻璃、刻花玻璃、冰花玻璃等，具有良好的装饰性和化学稳定性。不透明玻璃通常采用磨砂玻璃和乳化玻璃。

用于景墙的普通玻璃最小厚度一般为 6mm，夹胶玻璃单片最小厚度 6mm，胶片厚度宜大于 0.76mm，人员密集或顶面处玻璃宜采用钢化玻璃或钢化夹胶玻璃等安全玻璃。

玻璃景墙一般都是线性设计，因此基础主要采用条形基础，在素土夯实层的基础上做 150mm 厚碎石垫层，碾实后做 100mm 厚 C20 混凝土层，预埋钢板及钢筋预埋件，将不锈钢玻璃固定件固定在基层上，中间采用磨砂夹胶钢化玻璃，用室外耐候硅酮胶密封。特殊情况下玻璃饰面需要设立钢结构龙骨，通过玻璃连接件（驳接爪）或者玻璃胶固定。玻璃景墙构造如图 5-6 所示，玻璃景墙实景示意图如图 5-7 所示。

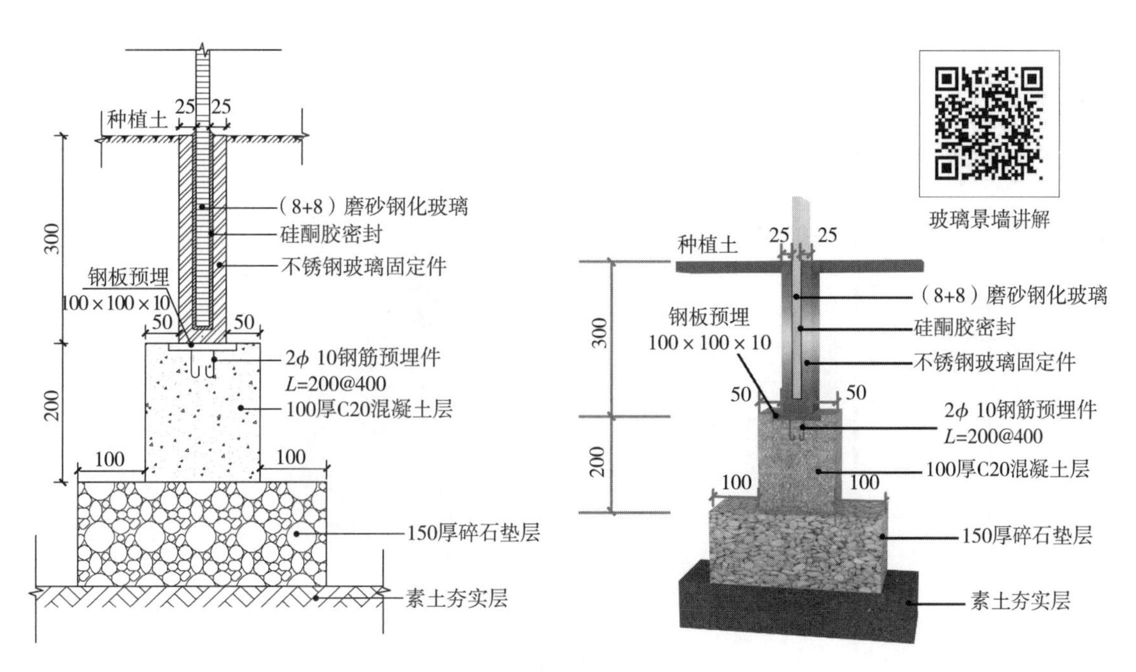

图 5-6　玻璃景墙构造

图 5-7　玻璃景墙实景示意图

5.7　水景墙

水景墙是指有水帘小瀑布流出的景墙，景墙饰面材质多采用规则石板块材，也可采用粗糙文化石、玻璃、木质等，出水口多采用长条形或片状薄水幕，水景下方一般有水池承接水体，水池上面多铺鹅卵石。水景墙是一种集视觉和声觉于一体的景墙设计。

水景墙做法较其他景墙要复杂得多，泵坑的型号、管道大小等依据水景的高度及水流量设计，具体详见水施工；出水口的位置依据景墙设计需要。水景墙出水口构造如图 5-8 所示，水景墙效果示意图如图 5-9 所示。

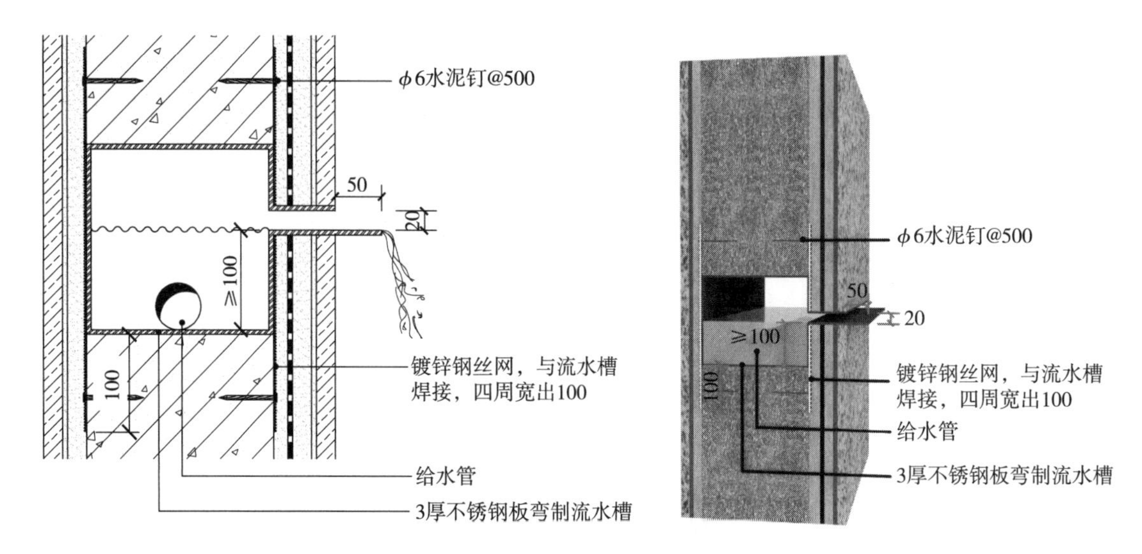

图 5-8 水景墙出水口构造

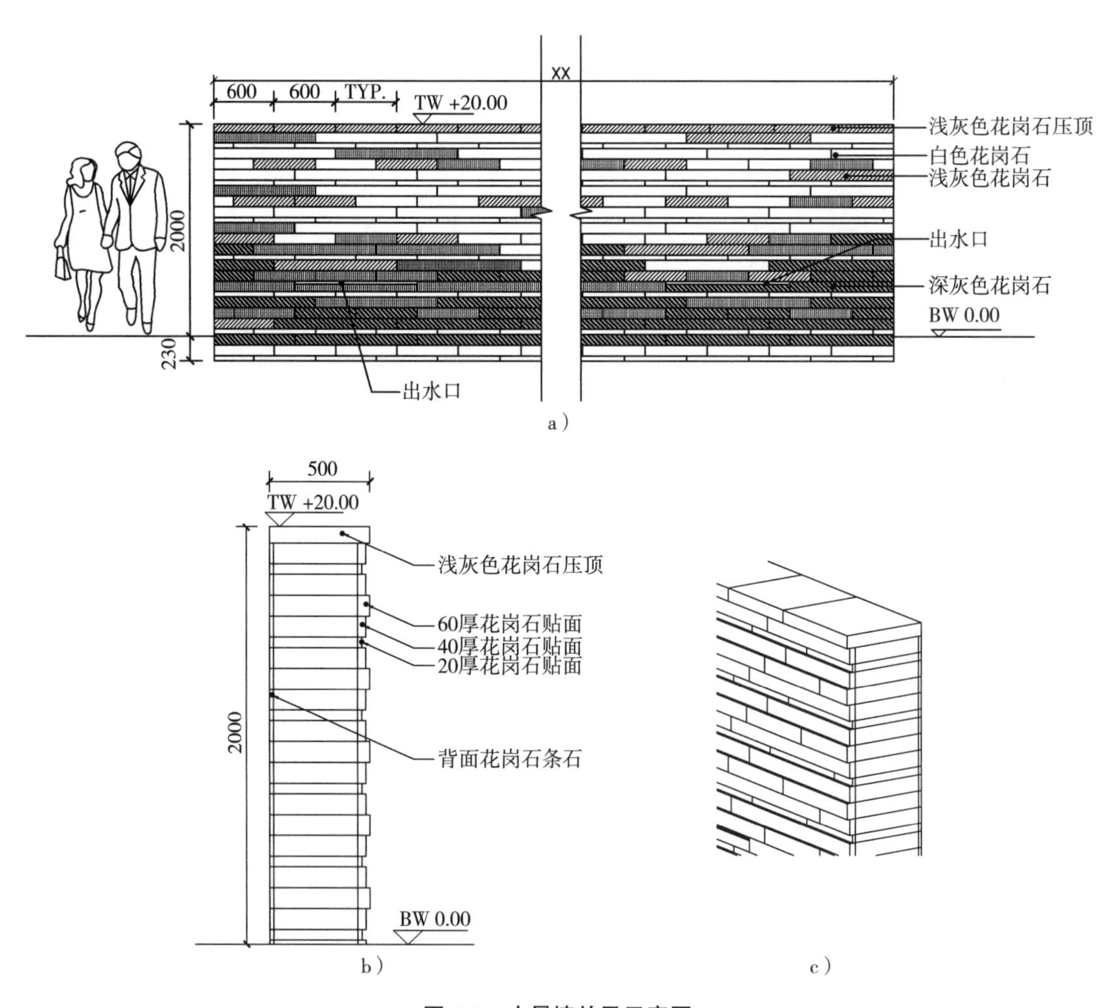

图 5-9 水景墙效果示意图

a）水景墙正立面图 b）水景墙侧立面图 c）水景墙轴测图

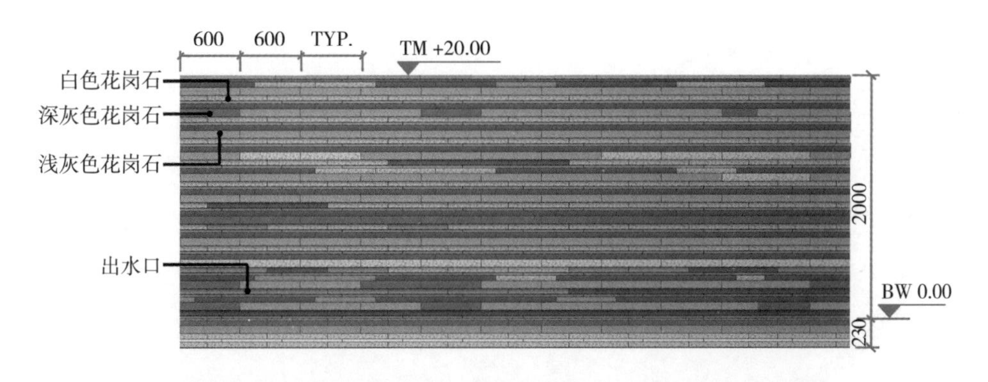

d）

图 5-9　水景墙效果示意图（续）

d）水景墙模型图

水景墙讲解

第6章 水景构造

6.1 概论

6.1.1 水景的基础知识

园林水景是园林中各种观赏性水体的总称，它是园林水景观和给水、排水系统的有机结合，具有改善环境，调节气候，控制噪声的作用。水景防水是其非常重要的部分，最基本的要求即防水与抗裂。水景在园林景观中的比重越来越大，成为非常重要的造景要素。水景按照水体形态分为：镜面水池、跌水、溪流、瀑布、沼泽、喷泉、水景墙等多种形式。

6.1.2 水景构造的组成

水景的构造可以分为基础、池底、池壁、池顶、溢水口、进水口、排水口、防水等构造；人工水池的地基与基础主要有混凝土地基、灰土地基、砂石地基等。

水景水池根据构造做法的不同可分为刚性结构水池与柔性结构水池，刚性结构水池主要是指钢筋混凝土结构的水池，而柔性结构水池主要是指夹层使用不渗水的柔性高分子防水材料的水池。

水景的池壁是围护结构，分为内壁和外壁，要求做防水构造（常叫作内防水或外防水）。池壁主要分为垂直式池壁和自然式池壁，垂直式池壁一般是采用钢筋混凝土结构或砖石砌筑，饰面可采用石材饰面、马赛克饰面、玻化砖饰面、瓷砖饰面等。自然式池壁多为不规则的形状，常采用乱石或卵石铺筑。

池顶在池壁的顶面，也叫作顶石，可采用石板、石块、砖材、水泥预制板等材料。顶石可以与地面齐平，也可以高出地面。

池壁上的溢水口和出水口必须做装饰格栅美化处理，自然式水景驳岸的溢水口和出水口必须隐蔽地布置在景石的缝隙中。水景内所有的排水管道应尽量设置管沟，并且应暗敷，以方便后期维修。常见的水景构造组成示意图如图 6-1 所示。

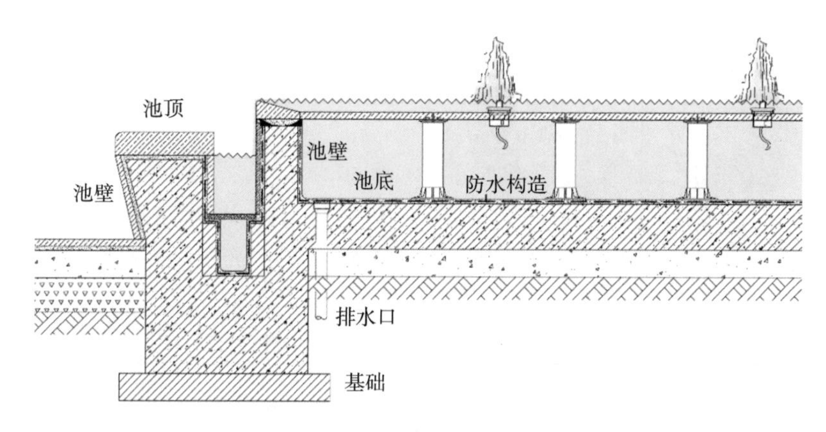

图 6-1　水景构造组成示意图

6.1.3　水景防水构造

水景防水构造可以有效地防止水的渗漏，在整个构造中起着至关重要的作用。防水构造种类根据使用的防水材料的不同可以分为柔性防水及刚性防水。

刚性防水材料主要包含防水砂浆、防水混凝土等。刚性防水适合应用于体量较小的住宅庭院景观等，但由于温差的改变易开裂渗水。

柔性防水材料主要包含 SBS 改性沥青防水卷材、三元乙丙橡胶防水卷材（EPDM）、聚乙烯丙纶复合防水卷材、高密度聚乙烯土工膜防水卷材（HDPE）、钠基膨润土防水毯（GCL）、热塑性聚烯烃防水卷材（TPO）、JS 聚合物水泥防水涂料（一布四涂）等。柔性防水做法不会出现明显的伸缩问题，但对防水材料的质量、做法及施工技术的要求较高，比较适合场地不规则、体量较大的人工湖等景观。

防水构造的种类及厚度选择主要依据水景的水池构造等，一般刚性防水，适用于钢筋混凝土结构水池；而柔性防水既适用于刚性水池也适用于柔性水池，通常情况下，柔性水池选用三元乙丙橡胶防水卷材或钠基膨润土防水毯，内防水选用聚乙烯丙纶复合防水卷材，外防水选用 SBS 改性沥青防水卷材或热塑性聚烯烃防水卷材。刚性防水与柔性防水分类、施工方式及适应性见表 6-1；常见柔性防水材料种类及性能见表 6-2。

表 6-1　刚性防水与柔性防水分类、施工方式及适应性

种类		厚度	施工方式	搭接宽度	适用性
刚性防水	防水砂浆	≥ 20mm	抹灰		刚性结构水池
	防水混凝土	250mm	浇筑		
柔性防水	SBS 改性沥青防水卷材	单层≥ 4.0mm 双层≥ 3+3mm	热熔法	≥ 100mm	刚性结构水池
	三元乙丙橡胶防水卷材（EPDM）	≥ 1.5mm	胶黏剂冷粘法	胶粘≥ 100mm 搭接带≥ 60mm	刚性、柔性结构水池
	高密度聚乙烯土工膜防水卷材（HDPE）	≥ 1.5mm	热风焊接法	≥ 100mm	刚性、柔性结构水池
	热塑性聚烯烃防水卷材（TPO）	≥ 1.5mm	胶黏剂冷粘法或热风焊接法	≥ 100mm	刚性、柔性结构水池

（续）

种类		厚度	施工方式	搭接宽度	适用性
柔性防水	聚乙烯丙纶复合防水卷材	≥ 2.0mm（0.7mm 厚卷材 +1.3mm 厚黏接料）	黏接法	≥ 100mm	刚性结构水池
	JS 聚合物水泥防水涂料（一布四涂）	双层≥ 1.5+1.5mm	涂刷法	≥ 100mm	刚性结构水池
	钠基膨润土防水毯（GCL）	≥ 6mm	空铺法	≥ 100mm	刚性、柔性结构水池

表 6-2　常见柔性防水材料、种类及性能

防水材料种类	防水材料图示	防水性能
SBS 改性沥青防水卷材		SBS 改性沥青防水卷材有很好的耐高温性能，伸长率、耐穿刺能力、耐疲劳性和耐撕裂能力都很好，施工简便
三元乙丙橡胶防水卷材（EPDM）		三元乙丙橡胶防水卷材耐老化、抗腐蚀、耐高温及拉伸性能都很好，使用寿命长，能较好地适应基层开裂或伸缩变形的需求；质量较轻
聚乙烯丙纶复合防水卷材		聚乙烯丙纶复合防水卷材综合性能好，可以与多种材料黏合，抗拉抗渗性能好，可在 -40~60℃范围内长期稳定存在，低温柔性好
高密度聚乙烯土工膜防水卷材（HDPE）		高密度聚乙烯土工膜防水卷材耐老化性、耐腐蚀性能及抗戳穿性能较好，柔软且强韧，非常适合地下工程及复杂地形工程
热塑性聚烯烃防水卷材（TPO）		热塑性聚烯烃防水卷材集合了 PVC 和 EPDM 两者的优点，加工性能和力学性能良好，低温柔性、耐候性及伸长率都很好，并具有较强的焊接性能
钠基膨润土防水毯（GCL）		钠基膨润土防水毯是将天然钠基膨润土颗粒和外加剂混合后，经针刺工艺将颗粒固定于土工布和塑料布之间的新型毯状卷材，防渗漏功能优异

6.1.4　水景基本构造

水景按照水池结构及水景形式的不同主要分为钢筋混凝土结构水景、自然式水景、跌水水景、镜面水景、喷水水景、水中汀步及旱喷水景等。水景基本构造主要由面层、结合层、防水层、找平层、结构层、基层、垫层、素土夯实层等组成。

6.2　钢筋混凝土结构水景

6.2.1　基础知识

钢筋混凝土结构水景是指以钢筋混凝土材料为主要结构的水景。

6.2.2　基本构造

钢筋混凝土结构水景构造由面层、结合层、防水层、找平层、结构层、基层、垫层、素土夯实层等组成。以内防水为例，常见的构造做法是：在素土夯实层的基础上铺 150mm 厚的 3∶7 灰土垫层，压实后再铺 100mm 厚 C15 混凝土层，池底做 150mm 厚 C30 防水抗渗钢筋混凝土结构层，然后在其上做 20mm 厚的 1∶3 水泥砂浆找平层，压光，表面铺一层防水层，然后再做 20mm 厚的 1∶3 水泥砂浆保护层，并贴饰面层。池壁材料及做法一般同池底，池顶处可做石材板压顶。如果使用在水中的面层材料为石材，宜选取抛光面饰面，与下层水泥砂浆结合时应采用增强型水泥基石材专用胶黏剂结合，并采用室外耐候硅酮密封胶封缝；防水层多采用 0.7mm 厚聚乙烯丙纶复合防水卷材（400g/ m²），并用 1.3mm 厚配套聚合物水泥黏结，一般转角处加铺一道；内防水池底及池壁厚度需≥ 150mm，如为外防水的话，池底及池壁厚度≥ 120mm 即可，如果池底及池壁中需要埋设管道，厚度需要≥ 200mm；钢筋混凝土结构水景构造如图 6-2 所示，效果示意图如图 6-3 所示。

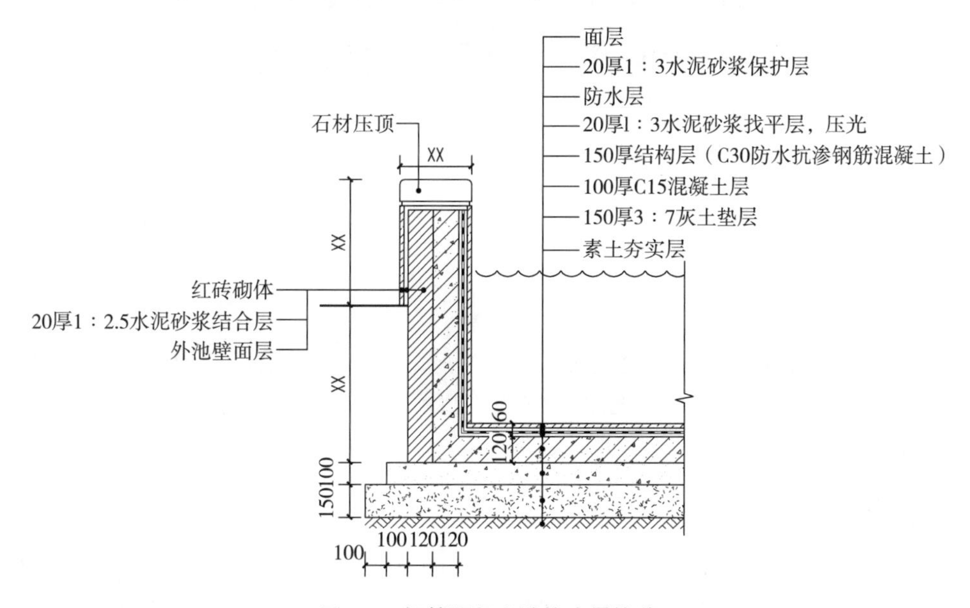

图 6-2　钢筋混凝土结构水景构造

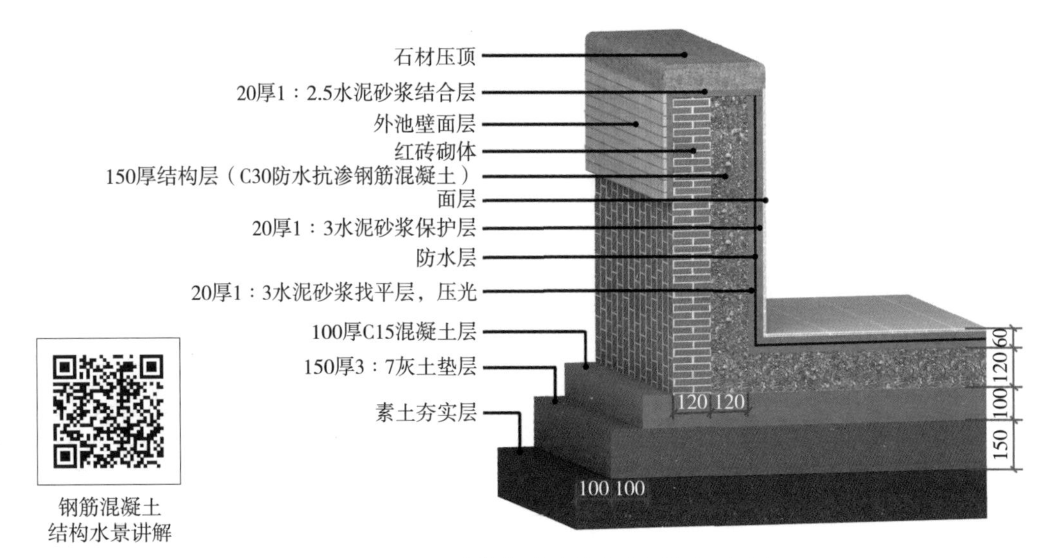

图 6-2　钢筋混凝土结构水景构造（续）

图 6-3　钢筋混凝土结构水景实景示意图

6.3　自然式水景

6.3.1　基础知识

自然式水景的边缘形式一般会呈现多样化状态，比如水景边缘采取自然式草坪、自然式景石驳岸、块石、垂直式石质池壁等做法。自然式水景一般近岸处宜浅，水深一般为0.40~0.60m，池底坡度宜缓，一般为1/3~1/5。

6.3.2　基本构造

以常见的自然式草坪入水构造为例，常见的做法是：在素土夯实层的基础上回填200mm厚3：7灰土，做斜坡，压实后做防水层，一般采用柔性防水材料，如三元乙丙橡胶防水卷材或高密度聚乙烯土工膜防水卷材等，搭接缝内撒厚度为 3~5mm 厚防水粉，防水卷材的上下分别做一道聚酯无纺布（200g/ m²），无纺布的主要作用是防滑和保护防水层（如果池底无坡或坡度小于 10%，或者有其他的防滑措施，防水层底部的无纺布则可取消），其上做 200mm 厚砂土，面层可撒 100mm 厚 ϕ 30~50 鹅卵石散置。自然式草坪入水构造如图 6-4 所示，自然式景石驳岸构造如图 6-5 所示，实景示意图如图 6-6 所示。

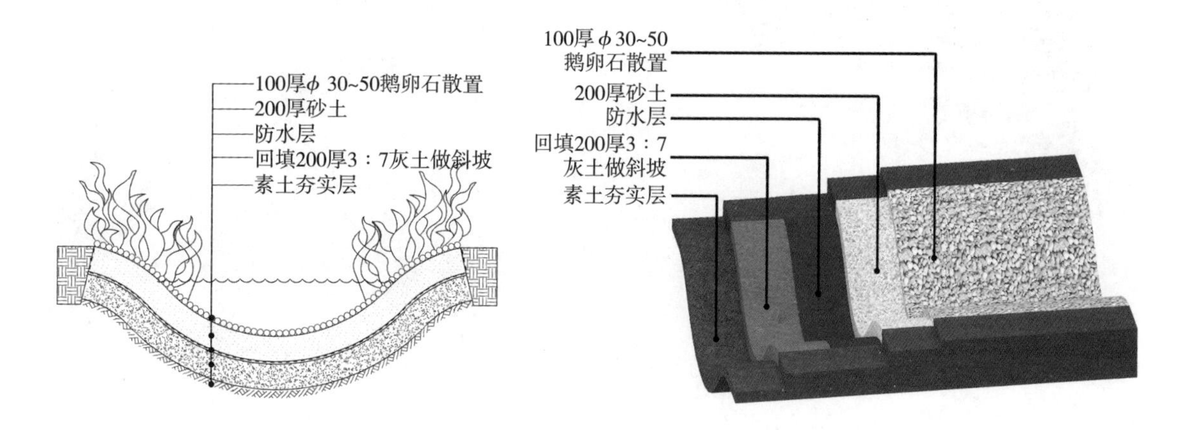

图 6-4　自然式草坪入水构造

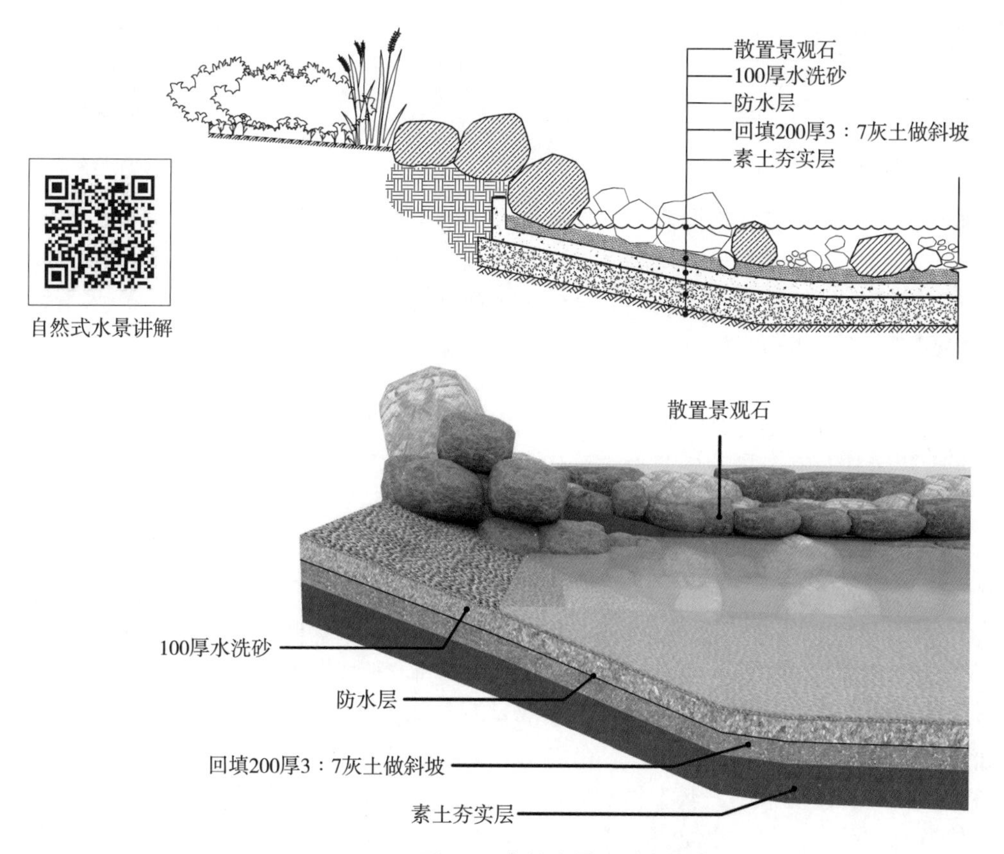

图 6-5　自然式景石驳岸构造

图 6-6　自然式景石驳岸实景示意图

6.4　跌水水景

跌水水景讲解

6.4.1　基础知识

跌水水景可做一级或多级跌水层次，跌水高度和宽度可根据溪流平面调整，一般跌水下游水池在水流方向的宽度通常大于跌水高度的一半，以防止水流溅出水池。一般情况下，跌水处底部及竖向挡墙需做钢筋混凝土结构，其他水平面下部做常规柔性结构即可，跌水下钢筋混凝土基础范围线要多出跌水处一定距离。

跌水的形态主要有两种：自然形态的跌水景观与规则形态的跌水景观。自然形态的跌水景观多与溪流山石等结合，更适合于自然山水园林；而规则形态的跌水景观因其规则错落的形态更适合于现代园林及城市景观中，也被称作“叠水”。

6.4.2　基本构造

以自然形态的跌水景观为例，其跌水处刚性结构构造做法是：在素土夯实层的基础上铺 200mm 厚级配砂石垫层，压实后上铺 20mm 厚的细砂找平，其上为防水层，然后做 200mm 厚 C25 钢筋混凝土结构层及挡墙，用细石混凝土灌缝稳固，要求做到混凝土结构不外露，然后用景石堆砌跌水，用 M5 水泥砂浆砌筑，顶部景石宜部分露出水面。跌水处刚性结构以外的水平面底部做法同柔性结构底部做法，在素土夯实层的基础上回填 200mm 厚 3∶7 灰土，驳岸处做斜坡，压实后做防水层，其上做 200mm 厚黏土层，夯实后面层可散置 ϕ30~50mm 鹅卵石。自然形态的跌水水景构造如图 6-7 所示，实景示意图如图 6-8 所示；规则形态的跌水水景实景示意图如图 6-9 所示。

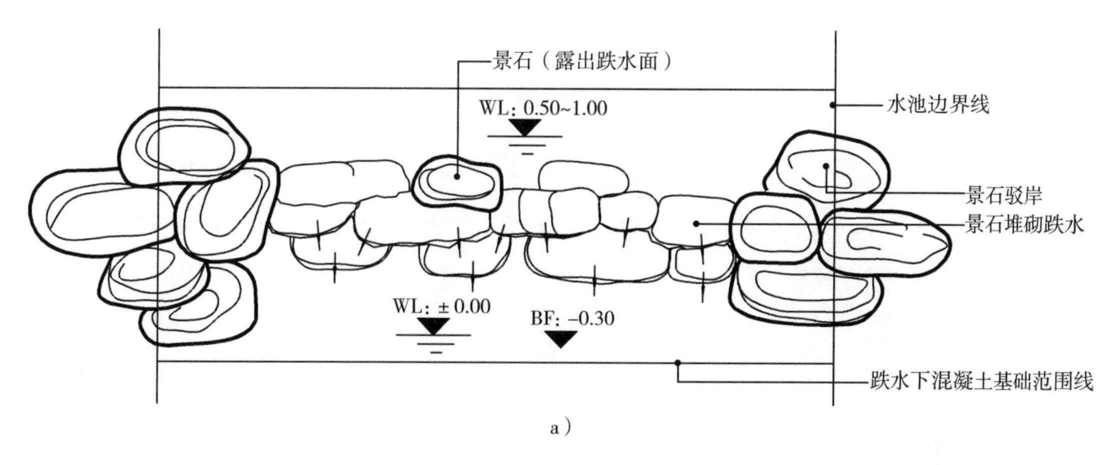

a）

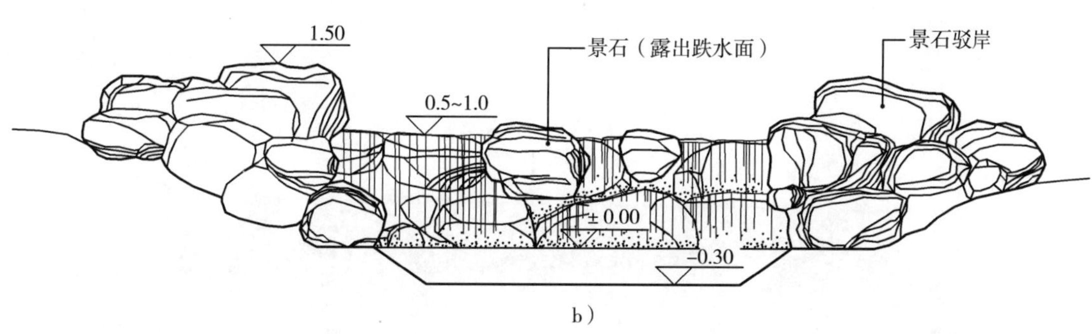

b）

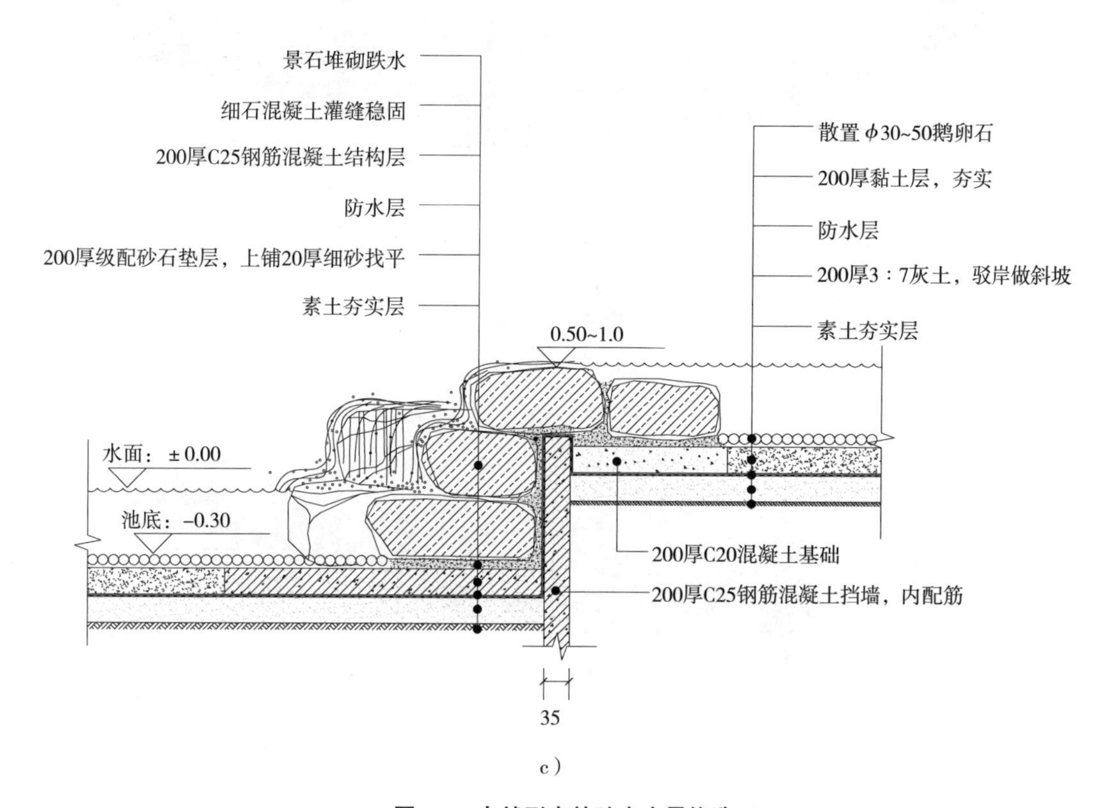

c）

图 6-7　自然形态的跌水水景构造

a）跌水水景平面图　b）跌水水景立面图　c）跌水水景剖面图

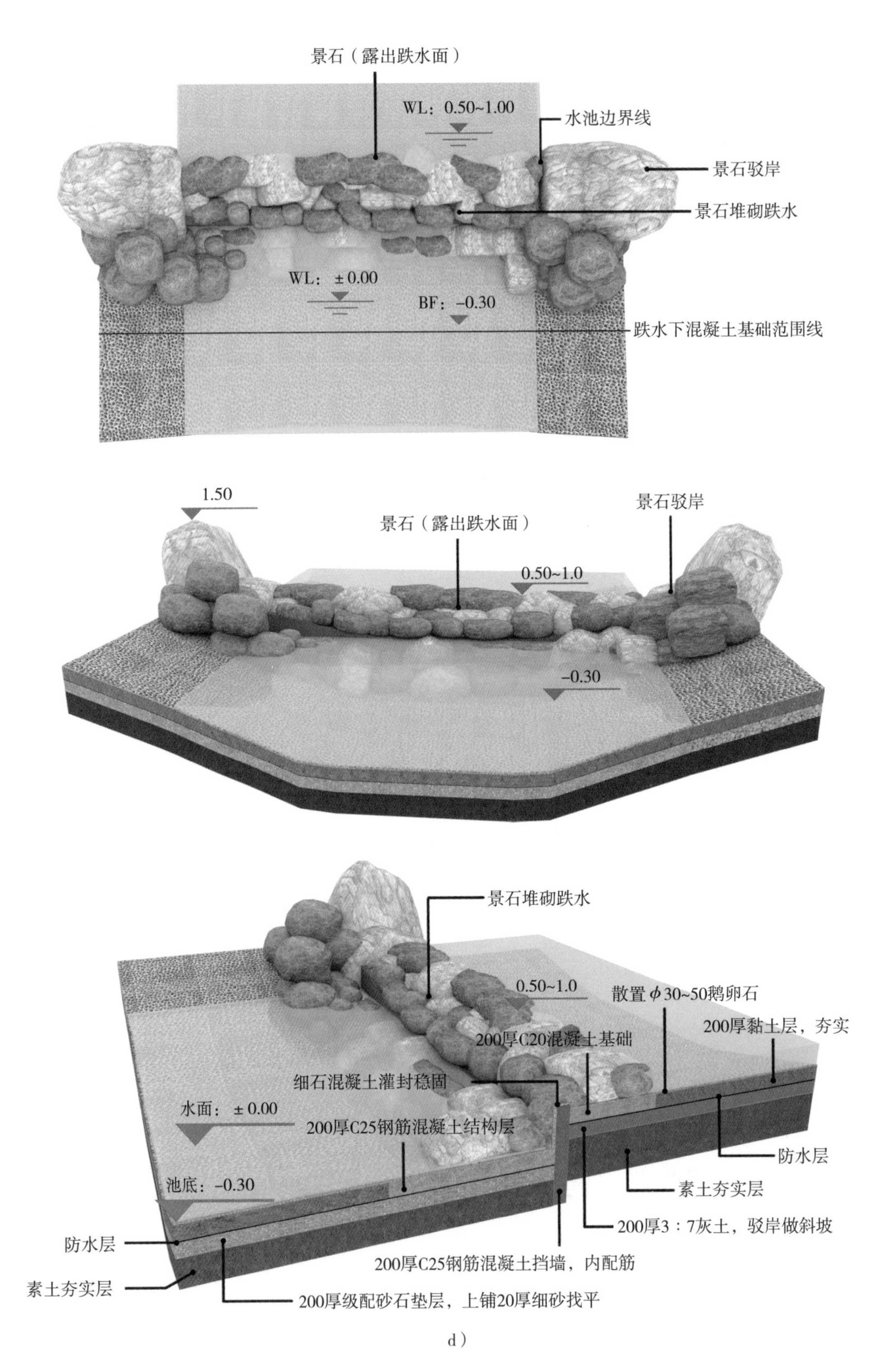

d）

图 6-7　自然形态的跌水水景构造（续）

d）跌水水景模型图

图 6-8　自然形态的跌水水景实景示意图

图 6-9　规则形态的跌水水景实景示意图

6.5　镜面水景

镜面水景讲解

6.5.1　基础知识

镜面水景是一种意境感强的极简主义水景景观，稳重大气，极具宁静之美，因水池收边很薄，因此也称为无边水池。镜面水景的主体部分会相对地面抬高，内部架空用以储水、放置设备等。水池顶面做石材盖板，通过对边缘压顶石的异形切割，把水位边界向外拉，溢出的水沿外壁似水幕般流下，形成镜子的效果。顶面石材与边缘压顶石的竖向距离要小，太深会产生水的折射，进而影响镜面效果。顶面石材一般选用光面花岗石。

水池的周边会设置溢流槽，溢流槽内可设置不锈钢箅子或卵石散置。溢出的水通过回收又重新回到水池内，可以实现水的循环利用，减少浪费。镜面水池可单独存在，会形成镜面水膜，清晰地映射环境景观；也可配合涌泉形成动静结合的景观，涌泉一般会居中布置。

6.5.2 基本构造

镜面水景既可设置在场地中央，形成大面积镜面水景观，也可作为引导性景观在道路侧边条形设置。镜面水景一般采用钢筋混凝土池底，其构造主要由：面层石材盖板层、架空层、找平层、防水层、结构层、基层、素土夯实层等组成。

1. 水景

以大面积镜面水景观为例，其常见的构造做法为：在素土夯实层的基础上铺 100mm 厚 C15 混凝土层，池底做 200mm 厚 C30 防水抗渗钢筋混凝土结构层，压实后再做 20mm 厚 1∶3 水泥砂浆找平层；为防止渗漏，在其上铺一层 0.7 厚聚乙烯丙纶复合防水卷材（400g/ m²），选用 1.3mm 厚配套聚合物水泥粘结，并且应在转角处加铺一道；防水卷材上面再做一层 50mm 厚 C15 细石混凝土层，用以连接支撑钢骨架；池底结构与石材面层之间要预留满足回水要求高度的架空层，内部储水、放置灯具、水泵等，同时也方便维修。架空层结构可选用砖砌结构、钢筋混凝土结构、钢骨架、万能支撑器等，因砖砌结构无法满足防水要求，构造较复杂，因此后几种使用更多。

架空层结构若为支撑钢骨架，则需镀锌处理，并刷防锈漆两道，高度依据水池的高度确定，底部通过 M8 膨胀螺栓将钢骨架与结构层连接，在钢骨架顶部将承托钢板与 5mm 厚十字形钢板焊接，以承接面层石材盖板；最边缘处的石材一端架在钢骨架上，另一端搁置在池壁上方，用角钢承接以防止石材泛碱，角钢用 ϕ 8 钢筋焊接固定于两侧池壁结构层上，然后与压顶石相接；压顶石做异形切割，外侧高内侧低，水便会沿边界向外溢出，流向溢水槽。镜面水景构造如图 6-10 所示，实景示意图如图 6-11 所示。

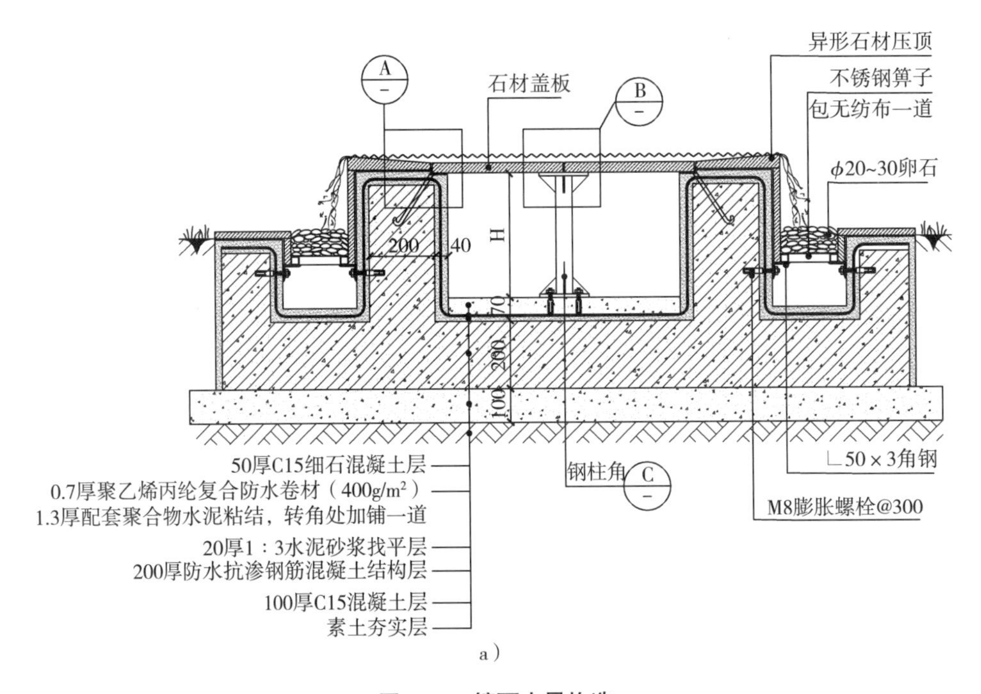

图 6-10 镜面水景构造

a）镜面水景剖面图

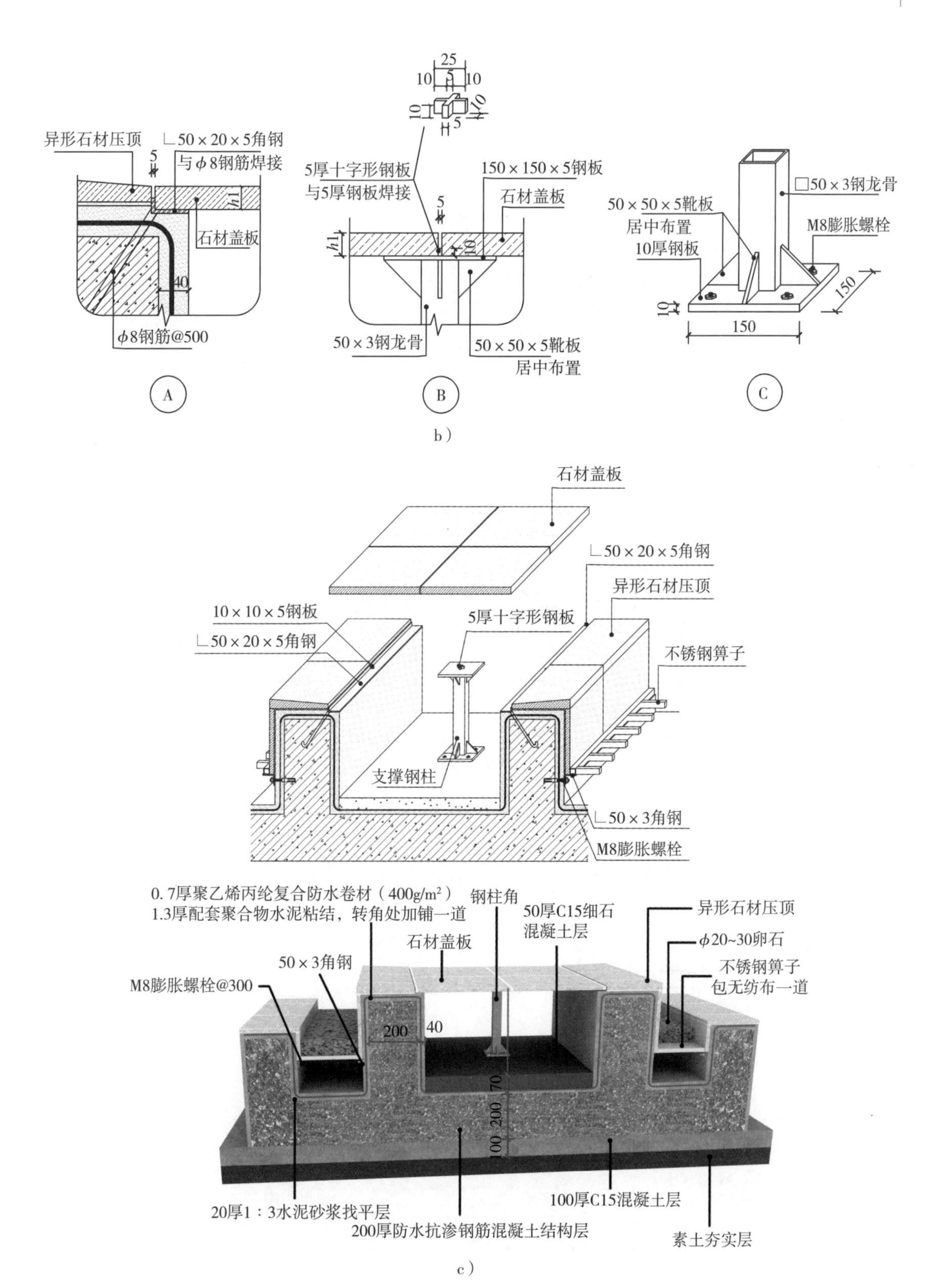

图 6-10　镜面水景构造（续）

b）镜面水景详图　c）镜面水景模型图

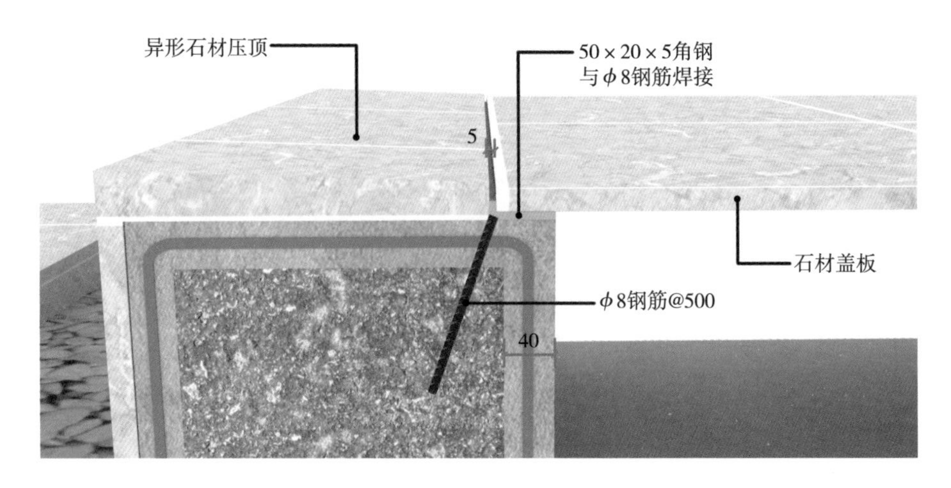

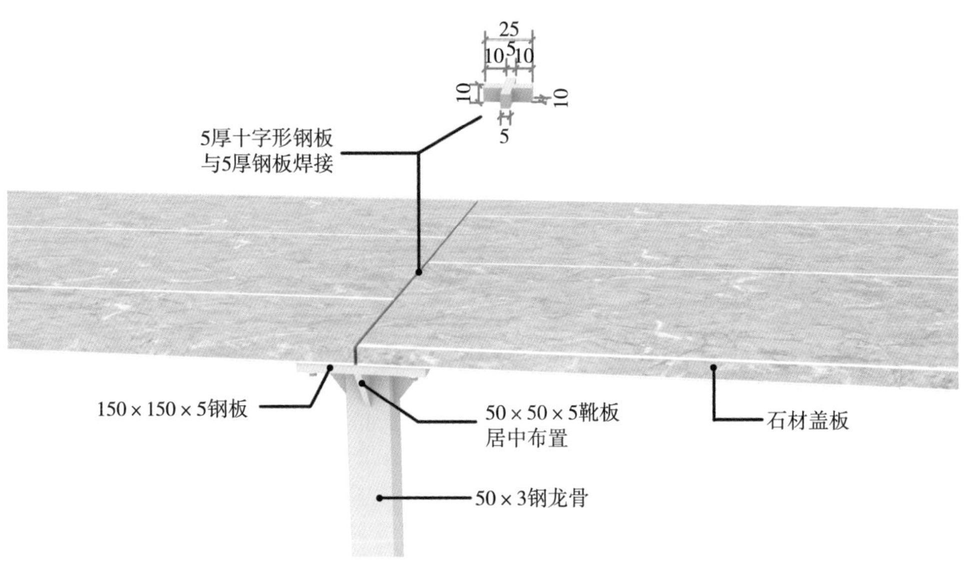

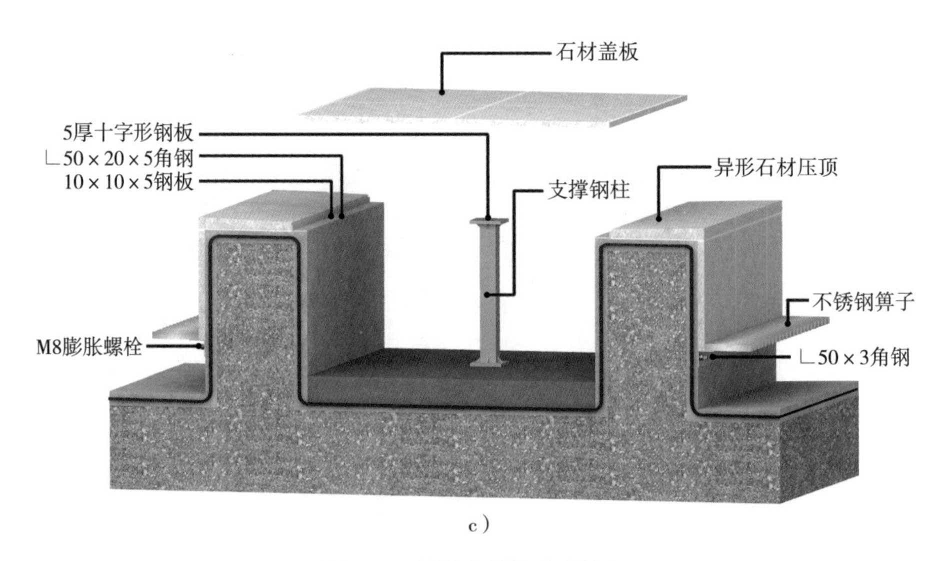

c）

图 6-10　镜面水景构造（续）

c）镜面水景模型图（续）

图 6-11　镜面水景实景示意图

2. 小型镜面水景

小型镜面水景的内部供水、排水系统设施则相对简单，因宽度较小，可不用设置架空层，水质也不容易受到外部环境的影响。小型镜面水景一般中心区域设计通长补水槽，以方便溢水，面层石材边缘处高出补水槽，向溢水缝找坡以形成壁流，壁流下方设置边沟，边沟下凹，以便储水和排水，边沟上方可散置卵石，直径宜为 20~30mm 之间。

小型镜面水景构造做法是：在素土夯实层的基础上铺 150mm 厚 3∶7 灰土垫层，压实后再铺 100mm 厚 C15 混凝土层，池底做 200mm 厚防水抗渗钢筋混凝土结构层，然后在其上做防水层及防水保护层，再根据设计倾斜度做 1∶3 水泥砂浆找平层，赶平压实后铺饰面层。小型镜面水景构造如图 6-12 所示，实景示意图如图 6-13 所示。

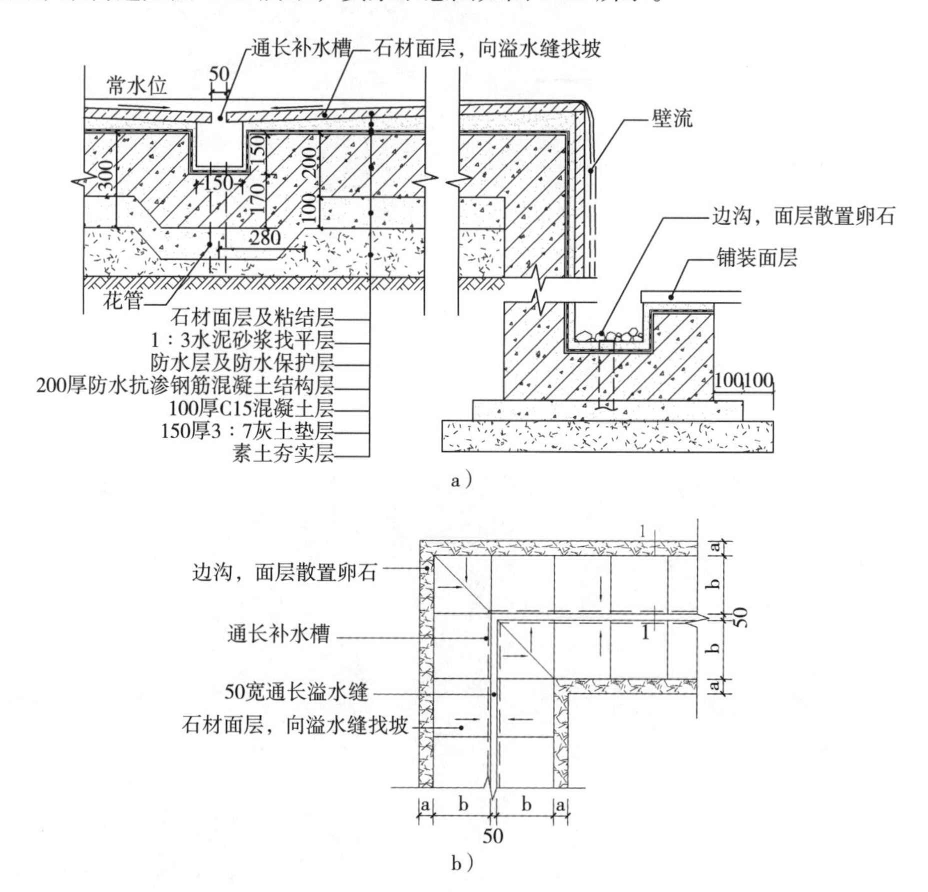

图 6-12　小型镜面水景构造

a）小型镜面水景剖面图　b）小型镜面水景平面图

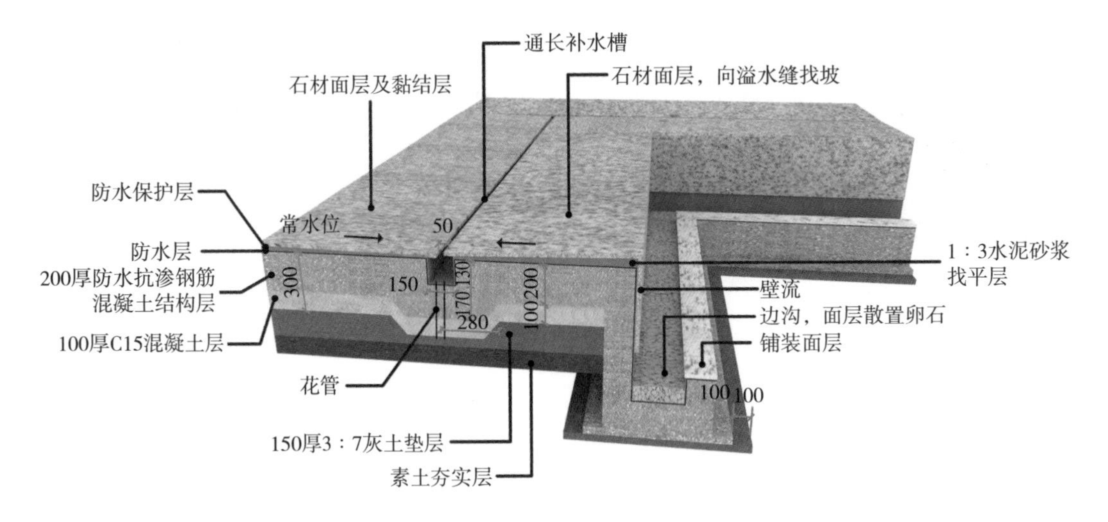

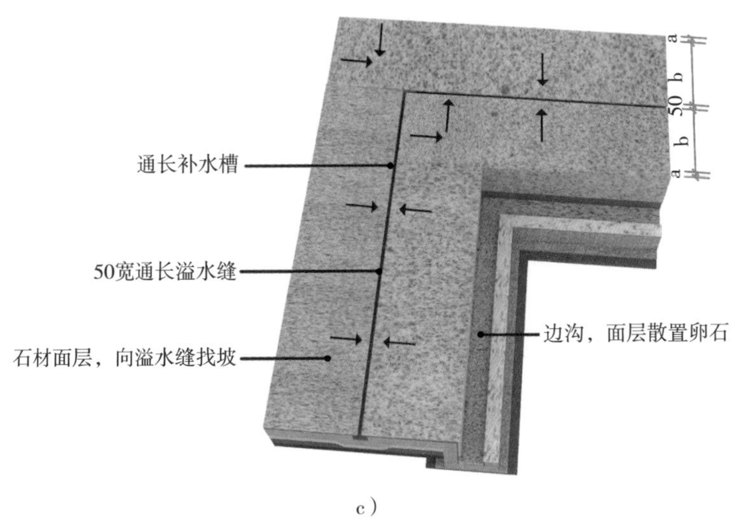

c）

图 6-12　小型镜面水景构造（续）

c）小型镜面水景模型图

图 6-13　小型镜面水景实景示意图

6.6　水中汀步

6.6.1　基础知识

汀步是步石的一种类型，设置在水上的汀步称为水中汀步，一般设置在浅水中，按人行走的间距安排石板或石块。水中汀步的表面不宜光滑，面积一般为 0.25~0.35m²。汀步常规尺寸为 800×400mm，汀步间的间距一般不大于 0.15m。相邻汀步之间的高差应小于 0.25m，顶面距水面的常水位应大于 0.15m，汀步的中心间距一般为 0.5~0.6m。

6.6.2　基本构造

水中汀步常采用钢筋混凝土池底结构，其构造做法也类同钢筋混凝土水景构造：（以石板材为例）在素土夯实层的基础上铺 200mm 厚的天然级配砂石垫层，压实后再铺 100mm 厚 C15 混凝土层，在平整的基层上做 20mm 厚的 1：3 水泥砂浆找平层，压光，表面铺一层防水层，然后再做 20mm 厚的 1：3 水泥砂浆保护层，池底做 150mm 厚 C30 防水抗渗钢筋混凝土结构层，汀步以外的水面部位可直接做石材饰面及其结合层；汀步部位则要在结构层的基础上做混凝土砌块砌筑，砌筑高度可根据常水位计算，在其上做 20mm 厚的 1：2.5 水泥砂浆找平层，面层铺汀步。水中汀步构造如图 6-14 所示，实景示意图如图 6-15 所示。

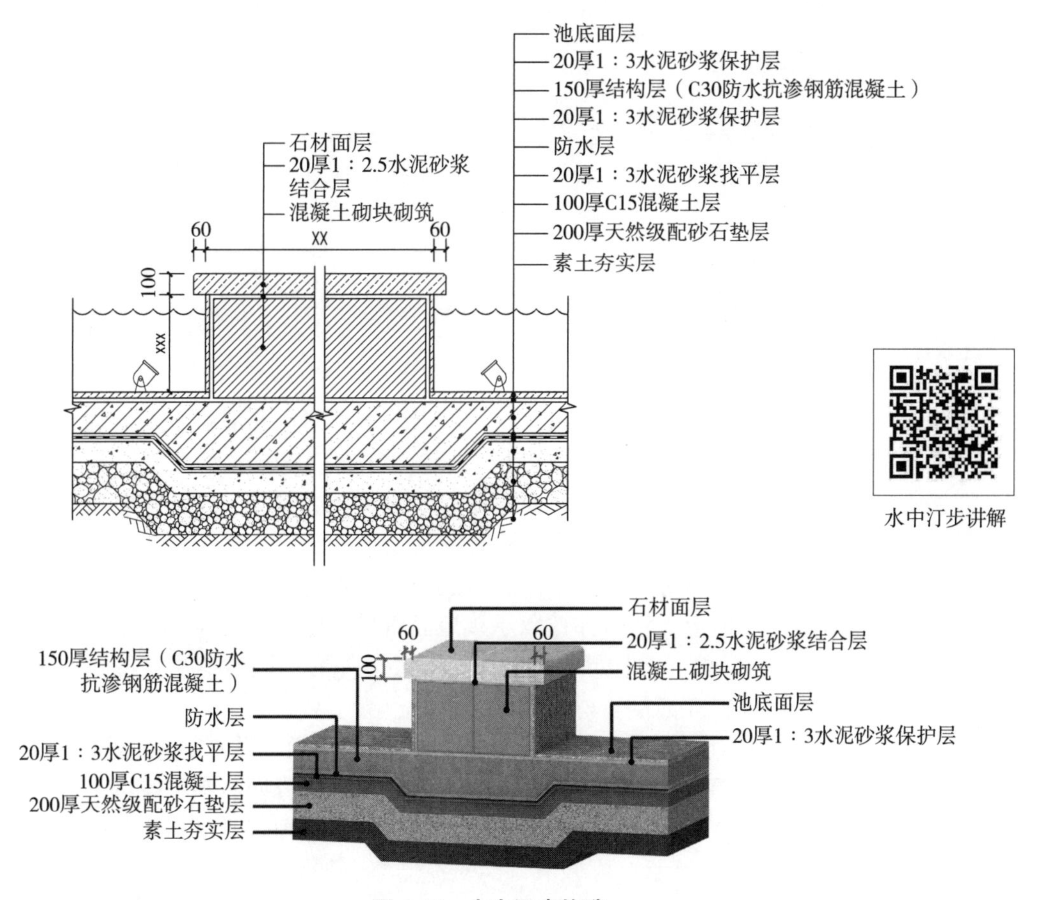

图 6-14　水中汀步构造

图 6-15　水中汀步实景示意图

6.7　旱喷水景

6.7.1　基础知识

旱地喷泉，简称旱喷，它是指将喷泉设施、灯光设施及喷头等设置在地面网状盖板以下，在喷水时，通过花岗石铺装孔或地面盖板孔等喷出水柱的水景形式。在不喷水时，行人则可自由通行，喷头、水池、灯光等均隐藏在地面铺装下方，不会阻碍交通。地面铺装也可以根据环境的风格设计成各种造型和图案，非常适合于广场、商业景观、公园、步行街等街景小区。

6.7.2　基本构造

旱喷水景常采用钢筋混凝土池底结构，其构造做法也类同钢筋混凝土水景构造：在素土夯实层的基础上铺 150mm 厚的 3∶7 灰土垫层，压实后再铺 100mm 厚 C20 混凝土层，在平整的基层上铺一层无纺布（200g/ m²），压实后表面铺一层防水层，然后再做 20mm 厚的防水保护层，池底做 100mm 厚 C30 防水抗渗钢筋混凝土结构层，在其上做 20mm 厚的 1∶2.5 水泥砂浆找平层；池底结构做好后按照地面石材的间距布置可调节支撑基座，可依据架空高度来调节基座的高度，基座上方留有卯口以承接地面石材；地面铺装应尽量平整，石材六面做防泛碱处理，石材与石材之间设置回水缝，缝宽 5mm 左右，同时应注意排水坡度，确保排水顺畅；涌泉口尽量设置在面层石材的正中央。

以可调节万能支撑器为例，其主要材质为 PP 高密度聚丙烯，具有很好的高频绝缘性能、承重力强且不受温度高低湿度大小的影响，安装及维修都比较方便。水泵既可设置于水池内部，也可布置在水池结构之外。涌泉及灯具的选样需谨慎，地埋灯具应选用防眩光设计。

旱喷水景构造如图 6-16 所示，可调节万能支撑器节点如图 6-17 所示，旱喷水景实景示意图如图 6-18 所示。

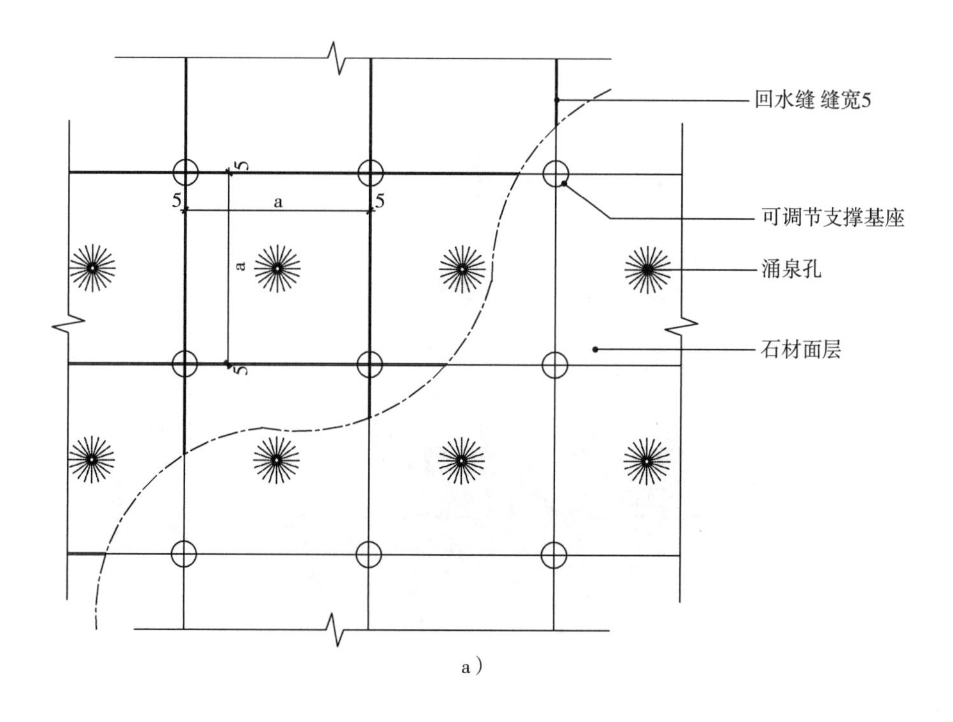

a）

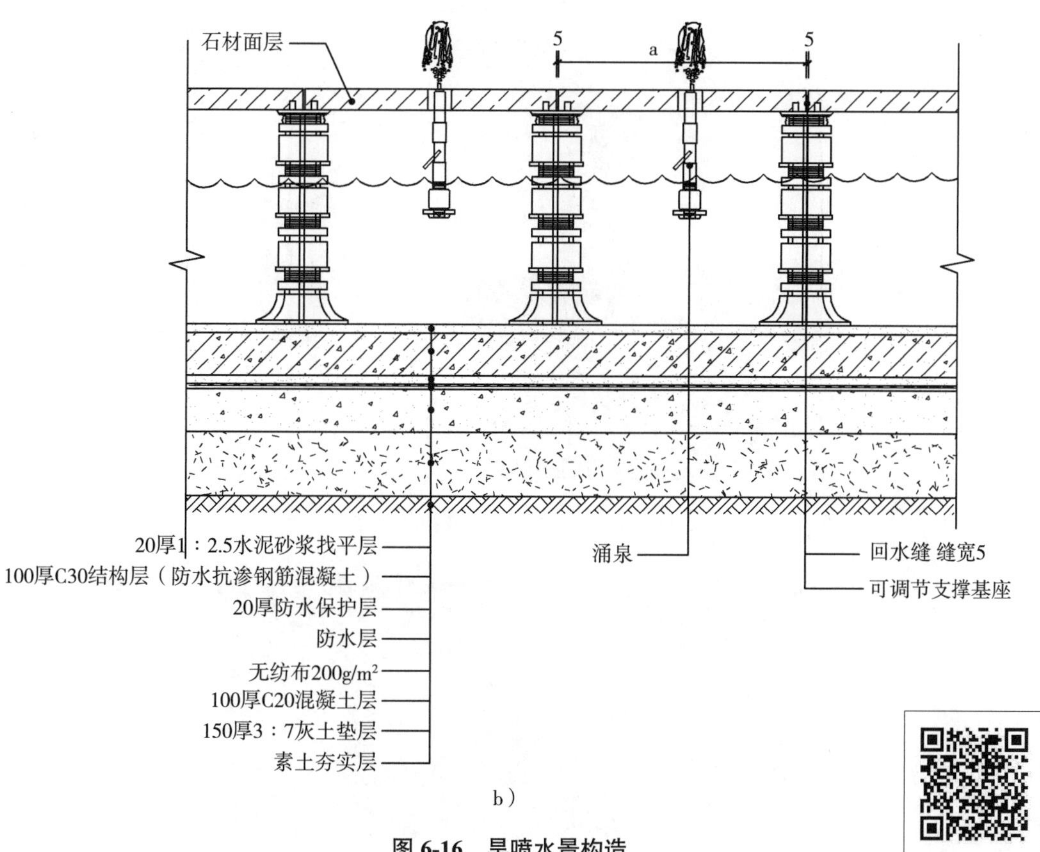

b）

图 6-16　旱喷水景构造

a）旱喷水景平面图　b）旱喷水景剖面图

旱喷水景讲解

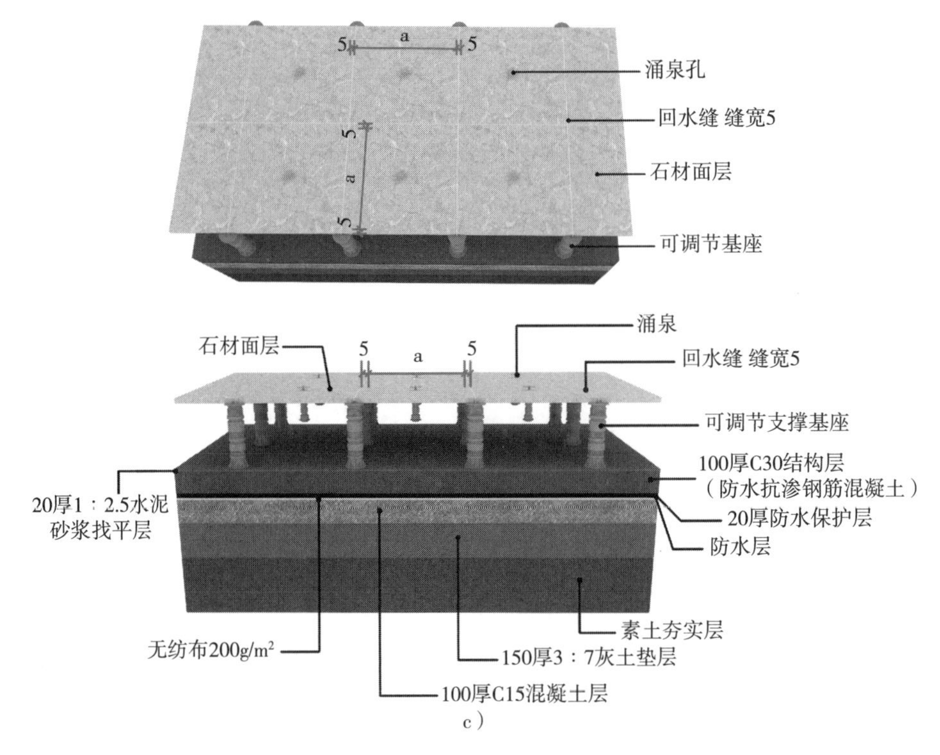

图 6-16　旱喷水景构造（续）

c）旱喷水景模型图

图 6-17　可调节万能支撑器节点

图 6-18　旱喷水景实景示意图

第7章 其他构造

7.1 种植池（花池、花坛、树池）

种植池是种植植物的人工构筑物，是城市道路、广场等硬质景观环境中植物生长所需的最基本空间。种植池的细部构造设计要兼顾形态美学要求与植物生长规律。常见的种植池包括花池、花坛、树池等。

7.1.1 种植池的基础知识

1. 形式

种植池的形式依据其功能可分为两种：普通种植池与多功能种植池。其中，普通种植池仅作为种植植物的人工构筑物，不兼作他用。多功能种植池可兼备座凳的功能，供游人在花间树下就座歇脚；按照种植池的形状来划分，可划分为：方形种植池、圆形种植池、弧形种植池、椭圆形种植池、带状种植池等；按种植池的使用环境可以分为：行道树种植池、座凳种植池、临水种植池、水中种植池、跌水种植池、台阶种植池等。

2. 尺度

普通种植池的尺寸由造型设计主题与植被高、胸径、冠幅、根茎大小、根系水平等因素共同决定。

普通树池： 树池边沿常用尺寸为120mm、240mm，树池压顶常用尺寸为300mm、480mm，正方形树池内部尺寸以1.5m×1.5m较为合适，最小不要小于1m×1m；长方形树池内部尺寸以1.2m×2m为宜，圆形树池内部直径则不小于1.5m。方形种植池种植灌木时，种植池内部最窄边尺寸不宜小于0.3m；圆形种植池种植灌木时，种植池内部直径尺寸不宜小于0.6m。

普通花池： 花池边沿常用尺寸为120mm ，花池压顶宽度不宜大于种植池内部尺寸的1/2，常用尺寸为240mm、300mm。

多功能种植池： 其尺寸应通过调整种植池边沿的面层材质与种植池高度，使其符合植物生长规律与人体工程学原则。兼具座凳功能的种植池压顶要宽于池身，一般凳面宽度在300~500mm，凳面离地面400~440mm；种植池池身做成向内侧倾斜、底脚做成内凹，座面倾斜角 0° ~5° 以便于舒适就座。

7.1.2 种植池构造的设计要点

1）种植池有压顶的，压顶可选用整石、木质或混凝土浇筑，并且需要预留滴水槽。

2）池体内侧设置回填土绿化的种植池，池壁内侧需要做防水处理，并预留变形缝。

3）平牙种植池可放置树池箅子，消除安全隐患的同时保护树木水土流失；高于地面的树池可以取消树池箅子，树基底覆盖地被、灌木或碎木屑、卵石等；高于地面的平地树池可结合座椅设计，形成树池与座椅相结合的休憩景观。

7.1.3 种植池构造的组成

种植池的池壁构造一般由面层、结合层、基层、垫层、素土夯实层等组成。种植池面层一般根据景观环境整体风格、地域气候、使用功能定位等因素，采用耐久性、抗冻性及舒适度较好的材料，常用的面层材料有：混凝土、石材、料石、木质、砖等。面层外边缘最好做倒圆角处理，避免使用者绊脚、摔伤。除混凝土、石笼池壁种植池外，其他种植池一般都有结合层，一般选用 20~30mm 厚的 1：3 水泥砂浆，兼做找平的作用；种植池基础一般选用砖砌结构或钢筋混凝土结构；基础按景观工程设计做法根据当地冻土深度及基础埋深要求进行深化设计。

7.1.4 种植池构造的类型

低矮种植池一般选用砖砌结构，较高种植池可选用砖砌结构或钢筋混凝土结构。种植池依据池体高度可以分为：平牙种植池、250~400mm 高种植池、450~900mm 高砖砌种植池、450~900mm 高钢筋混凝土种植池等。

1. 平牙种植池

平牙种植池面层铺装材料、构造做法及实景示意图见表 7-1。

表 7-1 平牙种植池

面层铺装材料	石材、混凝土、料石、木质、砖等
构造做法	在素土夯实层的基础上铺 150mm 厚的级配碎石垫层，压实后，铺 100mm 厚 C15 素混凝土层，在平整的基层上做 30mm 厚的 1：3 干硬性水泥砂浆结合层，面层收边处石材可与常规地面齐平，也可高于常规地面，接缝处一般做切角处理
石材收边 面层铺装 30厚1：3水泥砂浆结合层 100厚C15素混凝土层 150厚级配碎石垫层 素土夯实层 平牙种植池构造	 平牙种植池实景示意图

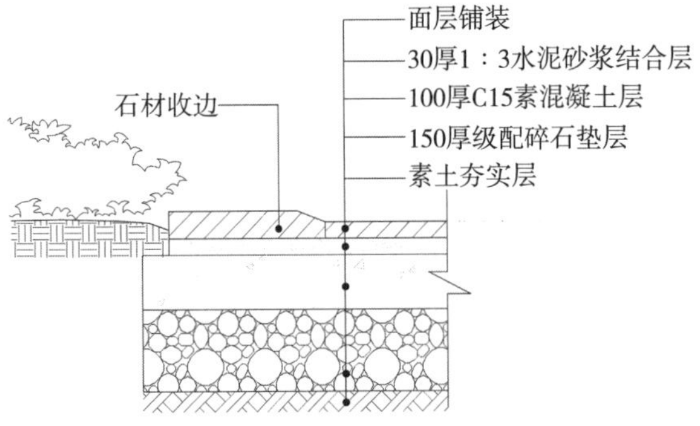

2. 250~400mm 高种植池

250~400mm 高种植池面层材料、构造做法及实景示意图见表 7-2。

表 7-2　250~400mm 高种植池

面层材料	石材、混凝土、料石、木质、砖等
构造做法	在素土夯实层的基础上铺 150mm 厚的级配碎石垫层，压实后，铺 100mm 厚 C15 素混凝土层，种植池池壁部分基础为砖砌结构，砖砌块的强度等级大于 MU7.5，水泥砂浆的强度等级为 M5，结合层为 20mm 厚的 1∶3 水泥砂浆，内掺 3% 防水粉，用于防水防潮，再根据设计需求铺砌面层材料

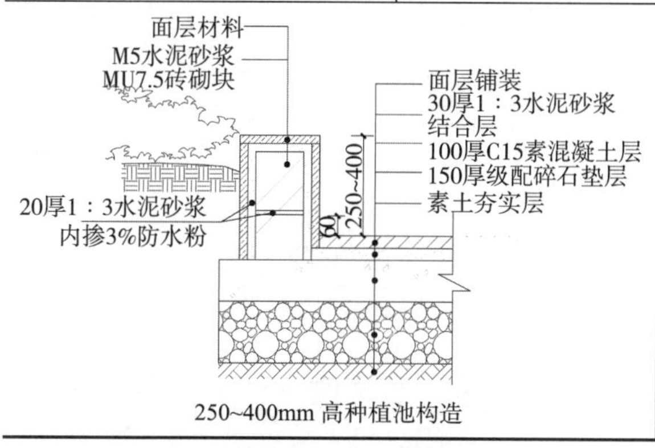

250~400mm 高种植池构造

250~400mm 高种植池实景示意图

3. 450~900mm 高砖砌种植池

450~900mm 高砖砌种植池面层材料、构造做法及实景示意图见表 7-3。

表 7-3　450~900mm 高砖砌种植池

面层材料	石材、混凝土、料石、木质、砖等
构造做法	池壁部分基本构造由面层、结合层、基层等组成：基层即为砖砌结构层，在平整的基层上铺 20mm 厚的 1∶3 干硬性水泥砂浆找平层，内掺 3% 防水粉，赶平压实后铺设计面层材料。砖砌块的强度等级大于 MU7.5，水泥砂浆的强度等级为 M5，砖砌结构的顶部做 50~100mm 厚 C20 混凝土压顶（横向 3ϕ6，纵向 ϕ6@200），以防止结构因砌筑砂浆风化或外力振动碰撞而松动脱落，确保结构安全；基础按景观工程设计做法根据当地冻土深度及基础埋深要求进行深化设计

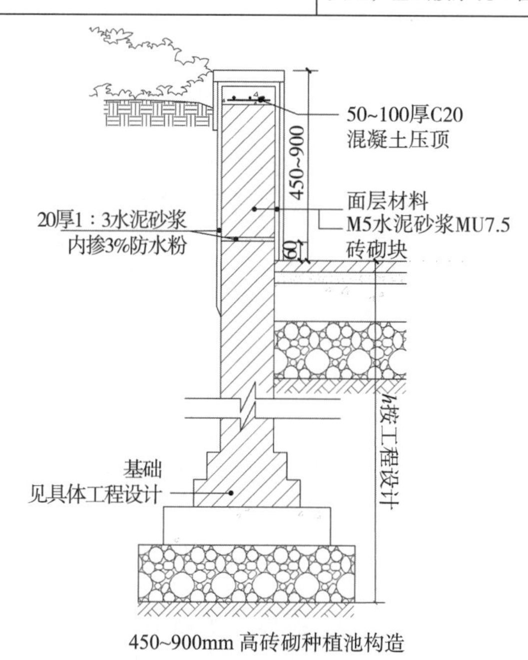

450~900mm 高砖砌种植池构造

450~900mm 高砖砌种植池实景示意图

4. 450~900mm 高钢筋混凝土种植池

450~900mm 高钢筋混凝土种植池面层材料、构造做法及实景示意图见表 7-4。

表 7-4　450~900mm 高钢筋混凝土种植池

面层材料	石材、混凝土、料石、木质、砖等
构造做法	池壁部分基本构造由面层、结合层、基层等组成：基层为现浇 C25 混凝土结构，内配 ϕ6@200 双向钢筋；在平整的基层上铺 20mm 厚的 1∶3 干硬性水泥砂浆找平层，内掺 3% 防水粉，赶平压实后铺设计面层材料；基础按景观工程设计做法根据当地冻土深度及基础埋深要求进行深化设计

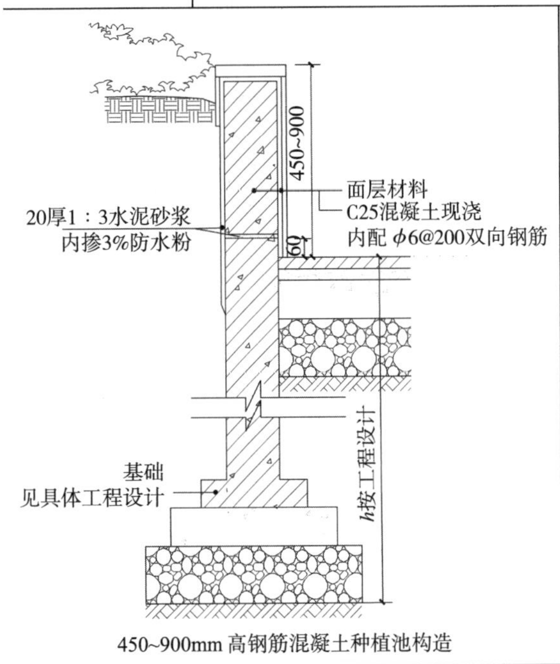

450~900mm 高钢筋混凝土种植池构造

450~900mm 高钢筋混凝土种植池实景示意图

7.2　排水沟

排水沟主要是指边沟、截水沟等，在景观园路与绿化之间设计排水槽，收集绿化带与园路上的雨水，以及其他来源的水流，并排至雨水口内，利用排水槽有效阻隔绿化带内的泥水对路面的污染。

7.2.1　排水沟的基础知识

1. 尺度

排水沟盖板规格设计模数一般与地面铺装材料的尺度相同，便于施工设计时能做到精确的磨砖对缝，金属箅子格栅宽度一般为 0.25~0.3m。排水沟沟体深度、宽度需按水专业要求设计。

2. 形式

按照排水沟的位置和功能分类可以分为地面排水沟（主沟、辅沟）与屋面排水沟（主沟、辅沟）；按照线条形式可以分为点式排水沟与线式排水沟。点式排水沟是雨水口收集地面雨水，引入雨水管道排放的系统；线式排水沟在样式类型上主要分为明沟和暗沟两类（图 7-1、图 7-2），起排除污水、积水之用。明沟又称阳沟，是由集水井、进水口、横撑、竖撑板、排水沟组成，明沟排水常用于地表水和雨水的排除以及农业绿化的灌溉，造型比较简单。暗沟又称盲沟，是藏于地下的排水沟，面层设计常会选用一些外观精美与周边设计相匹配的铁艺、石艺等遮盖来美化暗沟，常用在对排水有较高要求的景观地点。

图 7-1　明沟

图 7-2　暗沟

7.2.2　排水沟构造的组成

明沟顶面大多裸露，构造基层常用的做法有混凝土排水沟、钢筋混凝土排水沟、块石和自然石排水沟、非黏土烧结砖排水沟等；暗沟顶面常用的做法主要有：石板材排水沟、不锈钢箅子和铸铁箅子排水沟、卵石排水沟（不锈钢箅子）、细缝式排水沟、缘石侧排排水沟等，暗沟构造基层常用的做法有混凝土排水沟、钢筋混凝土排水沟、非黏土烧结砖排水沟等。

现在采用成品树脂排水沟的做法也比较常见，主要包括 L 形缝盖板、U 形缝盖板等形式。成品树脂排水沟材质为树脂混凝土、重量轻、表面光滑、易于清理和维护、抗老化抗冻抗腐蚀性强、易于施工、安装快捷；现场施工的时候可以根据设计及现场需要直接组合。

7.2.3　排水沟构造的类型（暗沟）

1. 板材排水沟（石材）

板材排水沟盖板形式、构造做法及实景示意图见表 7-5。

表 7-5　板材排水沟（石材）

盖板形式	U 形集水口盖板、隐蔽式盖板、图案式盖板、凹槽式盖板
构造做法	在素土夯实层的基础上铺 C15 混凝土垫层，池壁为 C20 钢筋混凝土结构（配筋 ϕ10@150 双向），也可选用实心砖墙砌筑（厚度至少为 240mm），外刷 20mm 厚 1∶2.5 水泥砂浆（掺 5% 防水剂）；面层为单边长度不大于 600mm 的石板材箅子盖板（厚度至少为 50mm），盖板周圈放置∟ 50×3mm 规格镀锌角钢，与结构层预埋钢筋焊接，排水沟结构可与路基混凝土整体浇筑，钢筋直接伸入路基内；钢筋直径为 8mm，间距 500mm；现场浇筑 U 形结构池壁池宽 B 与高 H 可根据流水量确定

（续）

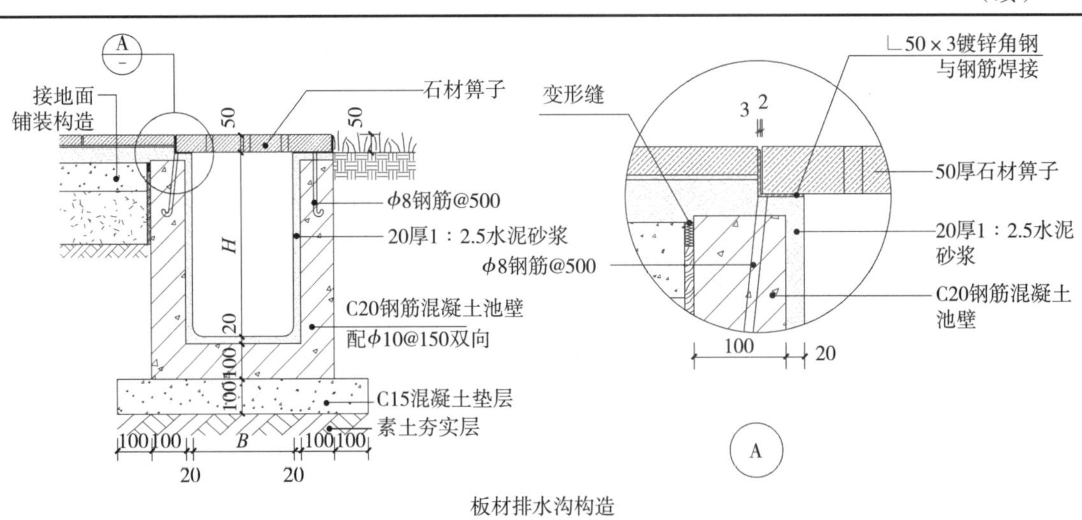

板材排水沟构造

U形集水口盖板

隐蔽式盖板

图案式盖板

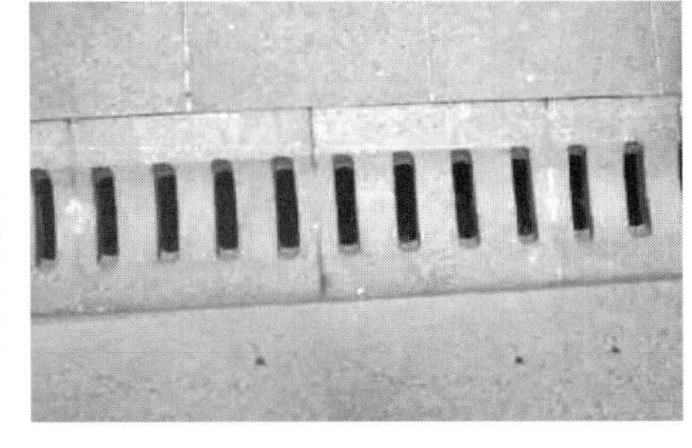

凹槽式盖板

2. 金属排水沟（不锈钢箅子、铸铁箅子）

金属排水沟材料、构造做法及实景示意图见表 7-6。

表 7-6 金属排水沟

材料	不锈钢、铸铁
构造做法	在素土夯实层的基础上铺 C15 混凝土垫层，池壁为 C20 钢筋混凝土结构（配筋 ϕ10@150 双向），也可选用实心砖墙砌筑（厚度至少为 240mm），外刷 20mm 厚 1∶2.5 水泥砂浆（掺 5% 防水剂）；面层为至少 30mm 厚不锈钢箅子盖板（车行道厚度至少为 50mm），若为铸铁箅子盖板，厚度至少为 20mm（车行道厚度至少为 30mm）；盖板周围放置 50mm×30mm×3mm 规格镀锌角钢，与结构层预埋钢筋焊接；排水沟结构可与路基混凝土整体浇筑，钢筋直接伸入路基内；盖板下方可设置滤网，能有效阻隔垃圾，不易堵塞

（续）

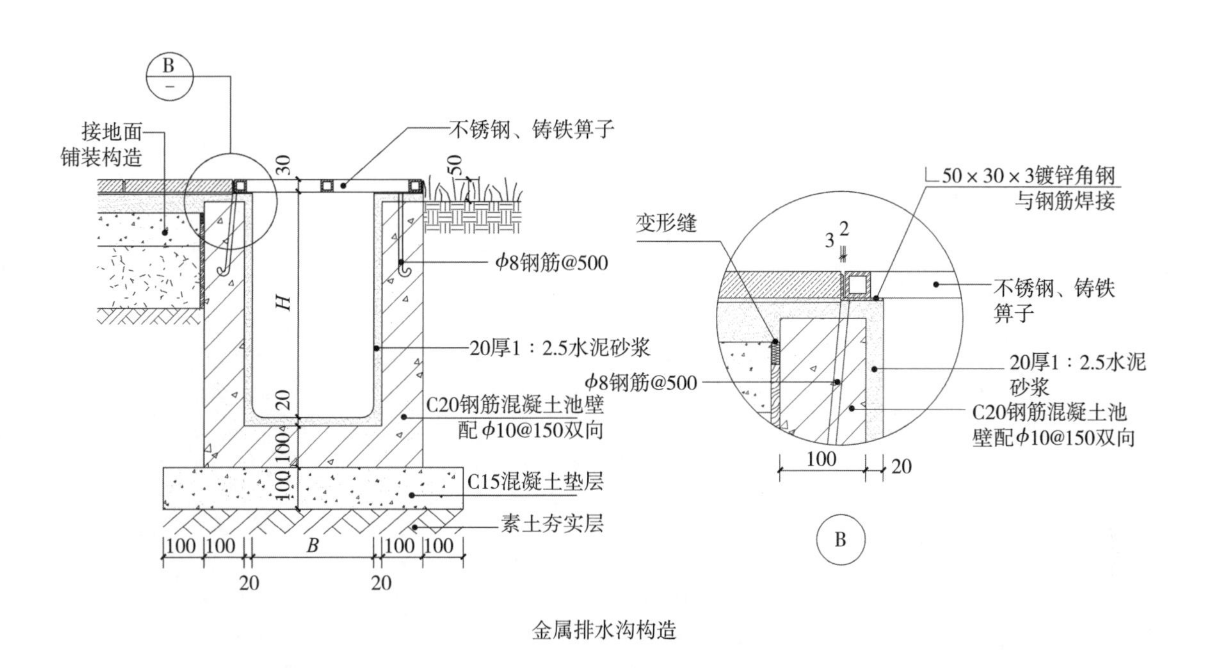

金属排水沟构造

金属排水沟实景示意图

3. 卵石、砾石排水沟

卵石、砾石排水沟材料、构造做法及实景示意图见表 7-7。

表 7-7　卵石、砾石排水沟

材料	覆盖物材料：卵石、砾石等；盖板材料：金属箅子
构造做法	金属箅子上放置至少两层卵石或砾石等装饰性石料，从排水槽的上方看为一条石料装饰带，能起到美化环境、隐蔽排水沟作用；金属箅子应外包一道无纺布，以阻隔垃圾物；排水沟其他构造与金属排水沟构造基本相同。卵石面高度一般要等高或低于周边地面，以便于排水

（续）

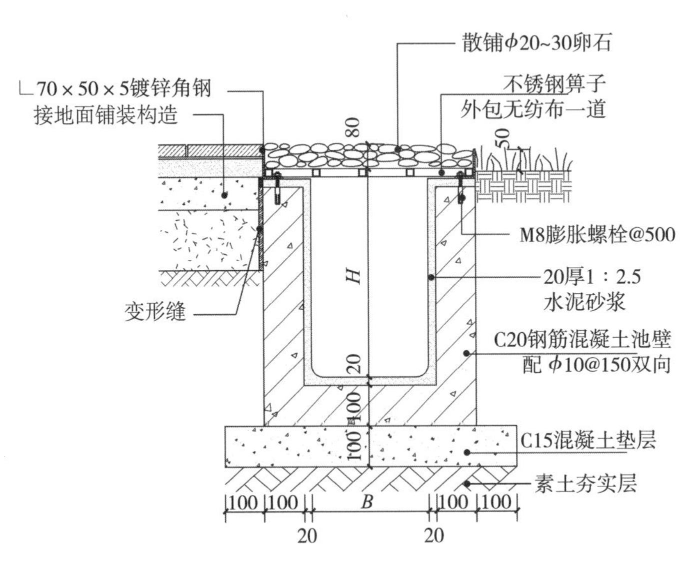

注：排水沟尺寸B、H根据水专业确定，卵石粒径按设计确定。

卵石排水沟构造

卵石排水沟实景示意图

卵石排水沟实景示意图

4. 细缝式排水沟

细缝式排水沟盖板形式、构造做法及实景示意图见表 7-8。

表 7-8　细缝式排水沟

盖板形式	U 形缝、L 形缝两种
构造做法	细缝式排水沟从面层看只有一条很细的条形收水缝，缝隙宽度至少为 15mm，基层结构做法类同于石板材排水沟，面层结构用 5mm 厚不锈钢板弯制底板，底部焊接不锈钢管，搁置于池壁结构上，两端用M8 膨胀螺栓与结构池壁旋紧固定。不锈钢板的上方，直接做地面铺装（同周边路面），注意不锈钢板应与周边地面齐平，以防绊脚

（续）

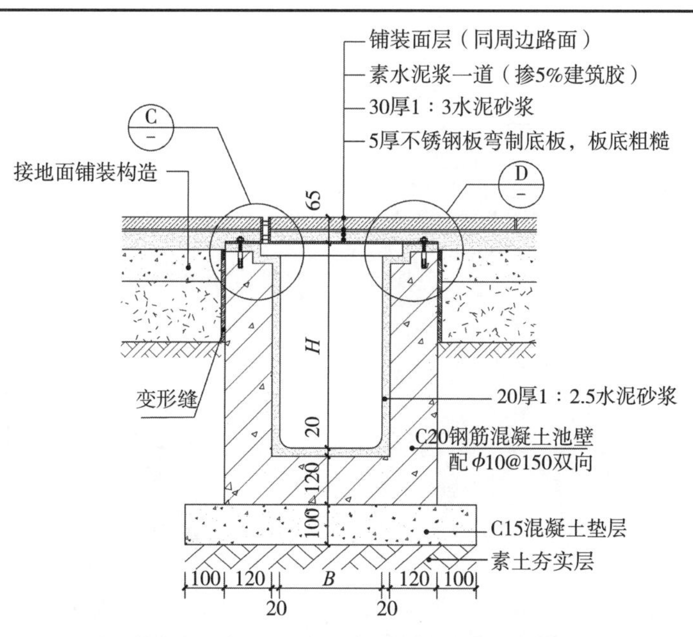

注：排水沟尺寸B、H根据水专业确定；收水缝宽度最小15mm。

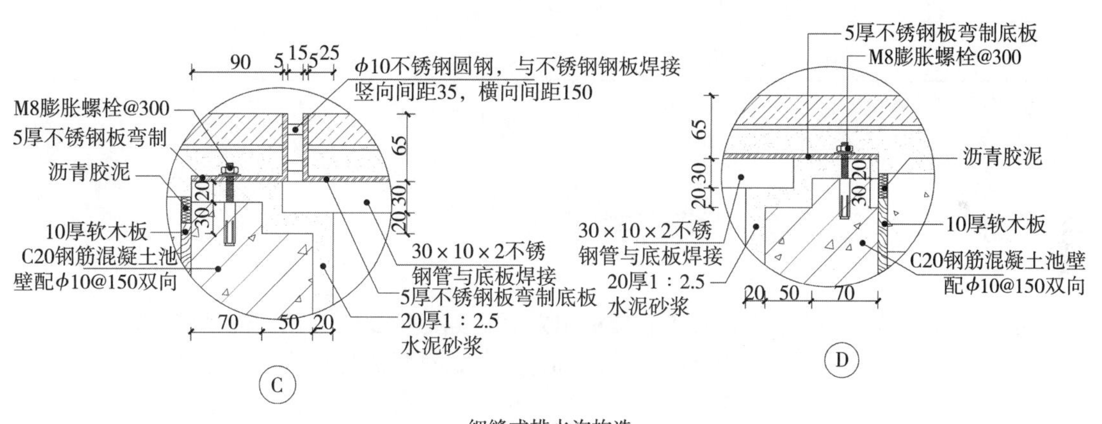

细缝式排水沟构造

细缝式排水沟实景示意图

5. 成品排水沟

成品排水沟材料、构造做法及三维示意图见表 7-9。

表 7-9　成品排水沟

材料	预制成品树脂排水沟、成品不锈钢细缝截水沟盖板
构造做法	在素土夯实层的基础上铺 C15 混凝土垫层，池壁为 C20 钢筋混凝土（配筋 ϕ10@150 双向）；成品排水沟底座一般选用树脂混凝土，搁置固定在池壁内，池壁的高度 H 与内宽 B 依据成品树脂排水沟的尺寸确定；底座顶部为不锈钢细缝截水沟盖板（常规有 U 形缝、L 形缝两种形式），收水缝处宽度至少为 15mm，与周边地面铺装连接处填耐候硅酮密封胶固定

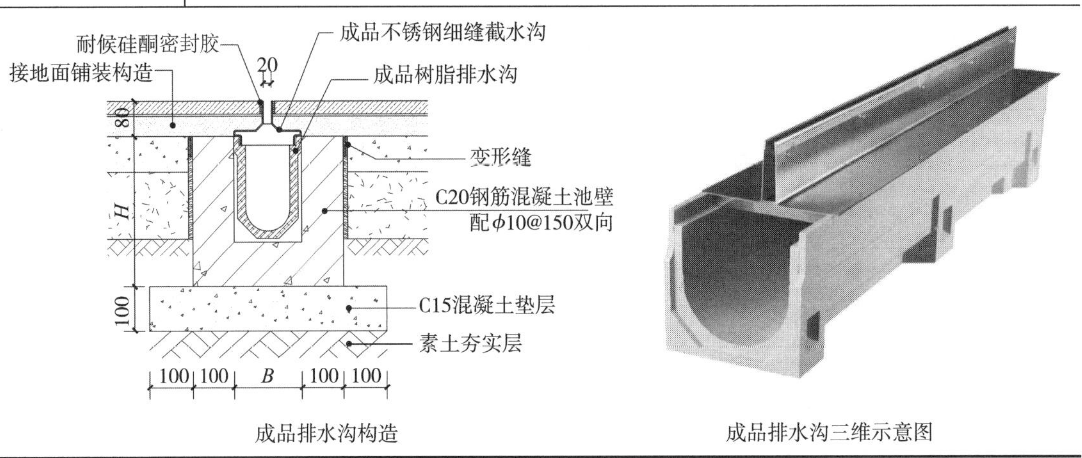

成品排水沟构造　　　　成品排水沟三维示意图

注：B、H 需依据成品树脂排水沟尺寸确定。

7.3　集水口盖板（装饰井盖）

集水口盖板俗称“井盖”，是用来掩盖道路上、绿地中及深井口的防御性构造物，用来防止人或物跌落。在景观营造中又叫作“装饰井盖”，是景观环境中最常见的构造物。独立设置的景观装饰井盖下必须先盖各专业井盖与井座。在满足基本功能的前提下，经过景观化设计处理的井盖，能够与景观环境良好契合，增益景观美感。

7.3.1　集水口盖板（装饰井盖）的基础知识

1. 尺度

按照综合管网各专业井需求确定井盖大小，井框尺寸根据实际井口尺寸大小需求设计。井盖厚度根据荷载情况而定，人行道路中石材盖板面层厚度为 30~50mm，铸铁箅子盖板厚度为 20~40mm；车行道路石材盖板面层厚度为 50~80mm，铸铁箅子盖板厚度为 30~50mm。

2. 形式

装饰井盖一般分为圆形和方形（图 7-3、图 7-4），市政路上通常采用圆形井盖，圆形井盖不易倾斜掉落、受力均匀且不易受损、能够较好地保护好行人和车辆的安全。当采用方形井盖时，注意井口应做成圆形或明显小于井盖，以防止井盖掉落。井盖靠近外边缘处一般设置两个对称的开启孔，以方便用手或专业开启工具提起进行维修。

井盖面层需要同周边铺装统一设计，使其与周围铺装模数相协调，与相邻铺装边口平齐，接缝大小一致，且应用不同颜色表明管井位置。具体材料及开孔样式依据项目设计要求选定。

图 7-3　圆形井盖

图 7-4　方形井盖

3. 设计要求

为保证车行的静音效果，行车道井盖设计时井盖与井座间必须加盖消音圈。绿地中的管井完成面需根据景观回填土情况确定完成面标高，同时绿地中的井盖应设计成绿化双层井盖。植草井盖应很好地隐藏于草坪中，集中布置，便于集中处理、检修，且景观效果好。为便于检修，所有井盖禁止出现“阴阳井盖”，即一半在硬质铺装上，一半在种植区域内。避免或减少主入口、单元出入口、无障碍通道、水景中等重要节点位置出现井盖；避免出现路缘石、池壁被井盖压占情况，其位置应回避多种铺装的交叉点处，以便于施工与后期维护管理。

井盖未进行综合管网整合设计，景观效果差，存在安全隐患，不便于维护管理；无障碍通道上的检查井盖也容易引发安全隐患，如图 7-5 所示。

图 7-5　井盖安全隐患

7.3.2　集水口盖板（装饰井盖）构造的组成

集水口盖板（装饰井盖）的构造组成通常包括现有井盖、现状井壁与设计井盖等几部分。按照综合管网各专业井需求确定景观设计井盖大小，原则保证被覆盖的现有井盖可以开启，一般情况下，铺装井盖的设计井盖长度应宽出现有井盖 200mm 以上（每边 100mm），植草井盖的设计井盖长度应宽出现有井盖 130mm 以上（每边 65mm）。设计井盖的厚度约为周边路面面层加结合层的厚度。

7.3.3 集水口盖板（装饰井盖）构造的类型

装饰井盖根据设计要求安装制作，可分为有框、无框两类；根据集水口盖板（装饰井盖）的设置位置不同，可以分为铺装井盖（硬质铺装内）、植草井盖（绿化内）、检查井盖（水景内）等。

1. 铺装井盖

铺装井盖材料、构造做法及实景示意图见表 7-10。

表 7-10 铺装井盖

材料	边框及底板为不锈钢、面层同周边地面铺装材料
构造做法	现状井壁上方外圈砌筑 C20 混凝土，宽度依现场决定；混凝土结构上方，贴周边铺装处放置角钢，与预埋钢筋焊接；井盖底托为 10mm 厚不锈钢板弯制成型，板底粗糙，底板上方焊接单向直径 12mm 镀锌钢筋，间距 300mm 左右；底板上方为铺装面层，先做 30mm 厚 1 : 3 水泥砂浆，然后刷素水泥浆一道（掺 5% 建筑胶），再做面层铺装，一般铺贴样式同周边路面做法

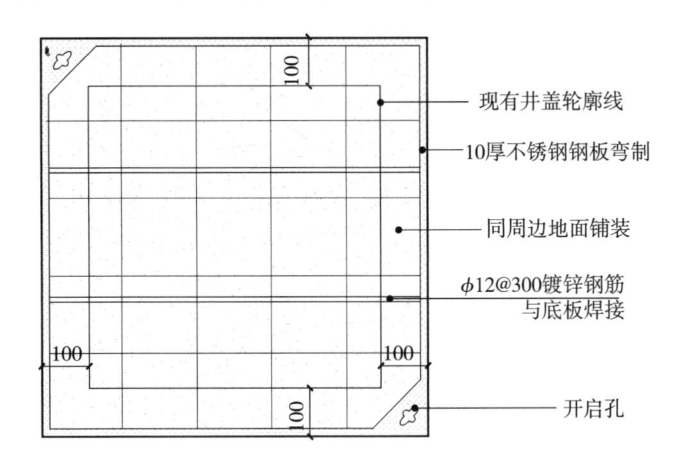

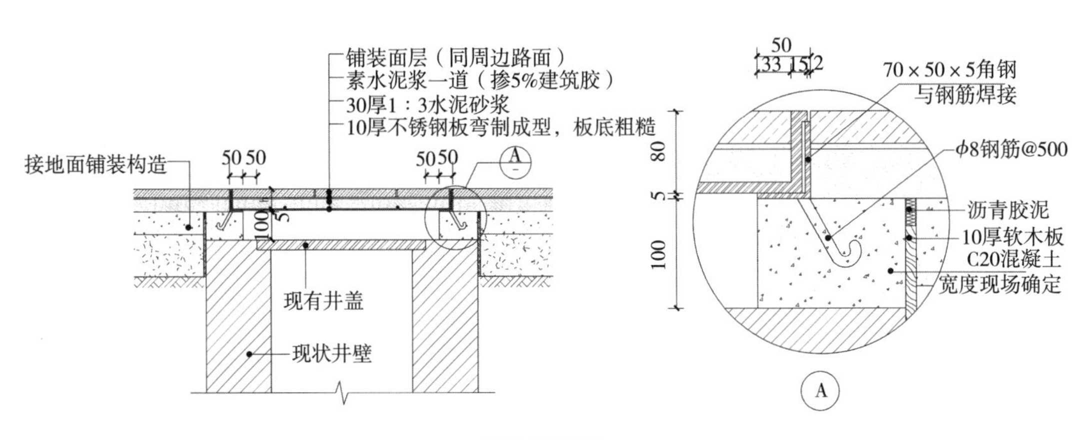

铺装井盖构造

（续）

铺装井盖实景示意图

2. 植草井盖

植草井盖材料、构造做法及实景示意图见表 7-11。

表 7-11　植草井盖

材料	不锈钢板、种植土
构造做法	井壁一般为钢筋混凝土结构，井壁上方外圈做一圈 L 形不锈钢背板，用以阻挡稳固周边绿化土壤，不锈钢背板用膨胀螺栓与井壁结构固定，膨胀螺栓间隔 300mm 左右；紧贴背板内圈搁置不锈钢内板，不锈钢内板顶部边缘宽度为 20mm 左右，能同时搁置在不锈钢背板与井壁结构上，以防掉落滑脱；不锈钢内板高度为 300mm 左右，内放种植土；金属井盖标识可放置在井盖中部位置，与凸出的不锈钢内板焊接

20
45
5厚不锈钢板
内板弯制
ϕ50排水孔，
上设滤网
金属井盖标识
100
100
不锈钢开启孔
现有井盖轮廓线
20
45
45
20
45
种植土
20

5厚不锈钢背板
5厚不锈钢内板
变数
5
5
50
种植土
M10膨胀
螺栓@150
钢筋混凝土井壁
B

金属井盖标识
与内板焊接
300厚种植土
5厚不锈钢内板
20
20
B
—
5厚不锈钢内板
5厚不锈钢背板
100
M10膨胀螺栓
@300
钢筋混凝土井壁

植草井盖构造

植草井盖实景示意图

7.4 车挡

车挡，广义上包括车止挡、挡轮器、减速带等，又称车阻桩、挡车、防幢柱、隔离墩、路桩等，是以整石、片石浆砌、橡胶或以金属焊制的阻挡车辆前进的障碍物，常用于停车场、非机动车道道口、步行街入口等场所。车挡主要有保护行人安全、防止乱停车等作用。

7.4.1 车挡的基础知识

1. 尺度

车挡柱作为独立的景观构造物其单体尺度一般直径为200~600mm，高度为700mm左右，间距一般为600mm，有轮椅通行区域间距可为900~1200mm，也可按照施工图设计的规格尺寸进行定制。用于停车位的金属车挡杆，长度根据单个停车位的宽度而定，通常为0.5~2m不等。车挡安装时应尽量选择地面石材中间或石材之间。单一出入口分时使用时建议使用可升降或可移动车挡，可升降车挡一般采用304不锈钢，车挡表面黑黄两色警示条形图案。

挡轮器露出地面部分宽度为150mm左右，高度为110mm左右；橡胶减速带的底面宽度约为300~400mm，高度约为30~60mm。

2. 形式

车挡：按照使用方式可分为固定车挡、可升降车挡、可移动车挡等。按照车挡的形态可以分为挡车墩、挡车球、挡车柱、挡车杆、异形挡车等。车挡主要形式见表7-12。

表7-12 车挡形式

固定车挡	可升降车挡	可移动车挡
		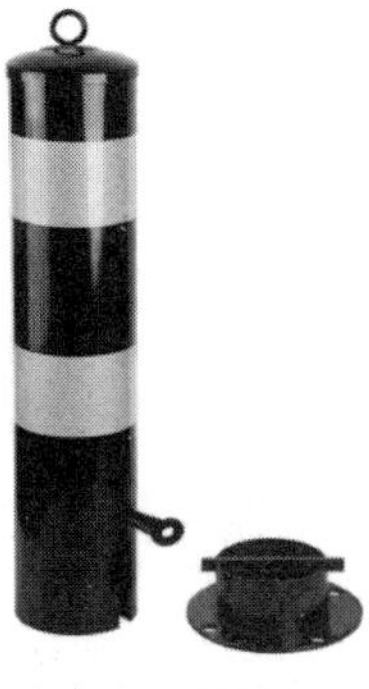
挡车墩	挡车球	挡车柱
		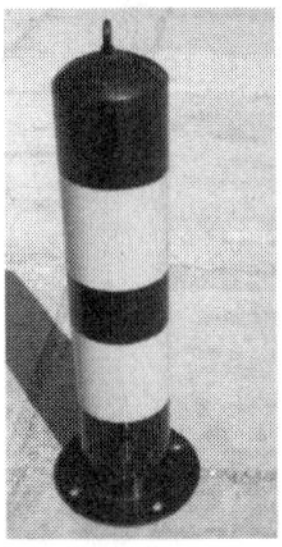

（续）

挡车杆	异形挡车 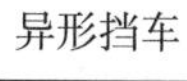
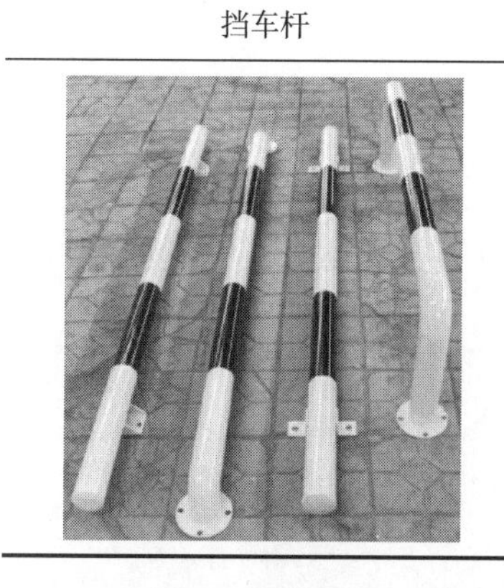	

挡轮器：按材质分主要包括石材挡轮器及橡胶挡轮器等（图 7-6、图 7-7）；减速带（图 7-8）材质主要为橡胶，也有金属的，其截面形状应近似梯形，表面应带有增大抗滑力的凹凸结构，使用螺栓与地面相连时，螺栓一般为沉孔，减速带颜色一般为黑黄相间，减速带各单元之间应可以组装成整体。

图 7-6　石材挡轮器

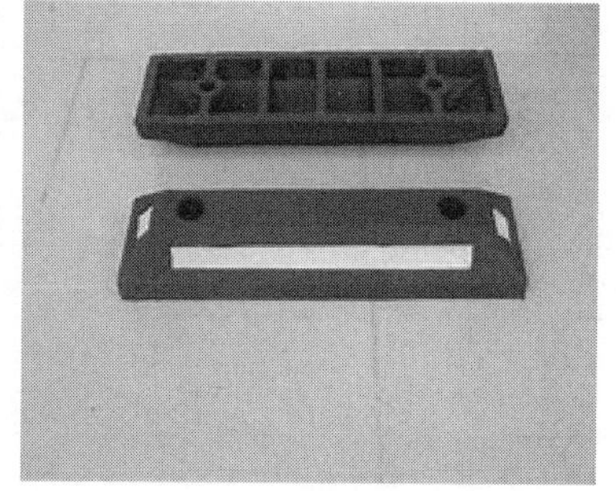

图 7-7　橡胶挡轮器

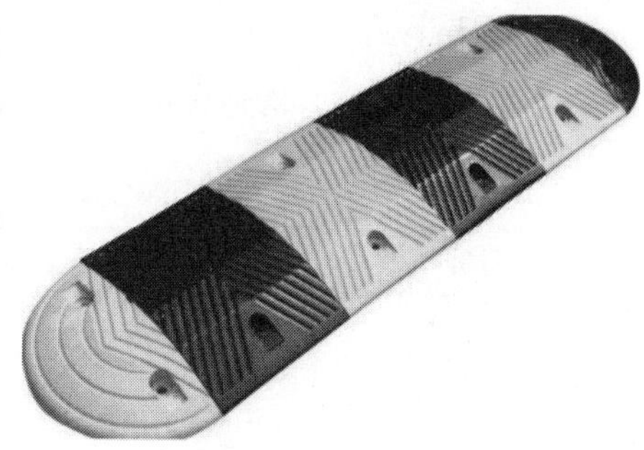

图 7-8　减速带

7.4.2　车挡构造的类型

常见的车挡按照材料的不同可以分为石材车挡、金属车挡、可移动车挡、自动可升降车挡等；挡轮器主要包括石材挡轮器及橡胶挡轮器等，减速带主要介绍橡胶减速带。

1. 石材车挡

石材车挡形式、构造做法及实景示意图见表 7-13。

表 7-13　石材车挡

形式	石材车挡为整石架构，主要分为可移动式与固定式，可移动式主要为带底座石材圆球或其他形状，如半圆形、方形、多边形、锥形、菱形等；固定式主要为圆柱形或方形等
构造做法	常用带有基座的挡车石是免安装的，直接放置在需要的地方，面层、基层按照常规工程设计做法，间距可以根据需要进行调整。固定式石材车挡做法为：在素土夯实层的基础上做 150mm 厚碎石垫层，结构层为 U 形 C20 混凝土，高度为 400mm 左右，宽度依据石材车挡宽度而定；在平整的基层上做 20~30mm 厚 1∶3 水泥砂浆，最后放入花岗石石材车挡卧牢

（续）

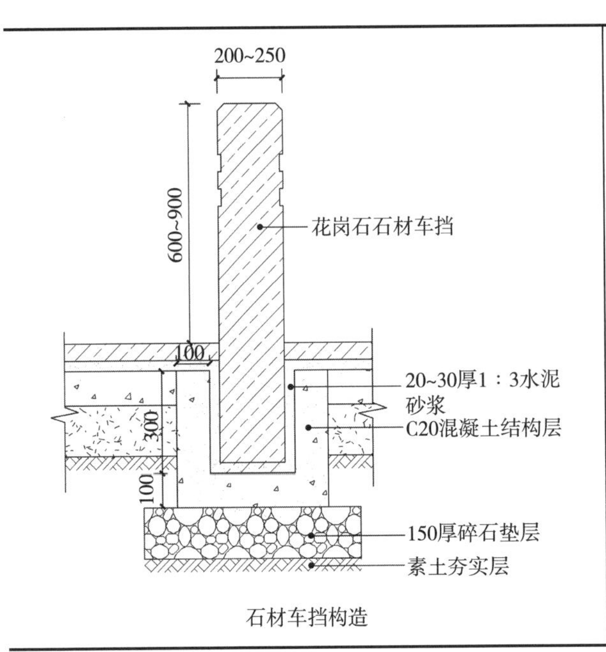 石材车挡构造	 石材车挡实景示意图

2. 金属车挡

金属车挡材料、构造做法及实景示意图见表 7-14。

表 7-14　金属车挡

材料	航空铝、304 不锈钢、冷轧管、镀锌钢管等，外附反光涂层或反光膜
构造做法	车挡主体底部与基层 C20 混凝土结构中的镀锌钢板预埋构件相连，地面处用 M5 沉头自攻螺钉将成品法兰与混凝土结构钉接，采用双保险的方式增加其稳定性
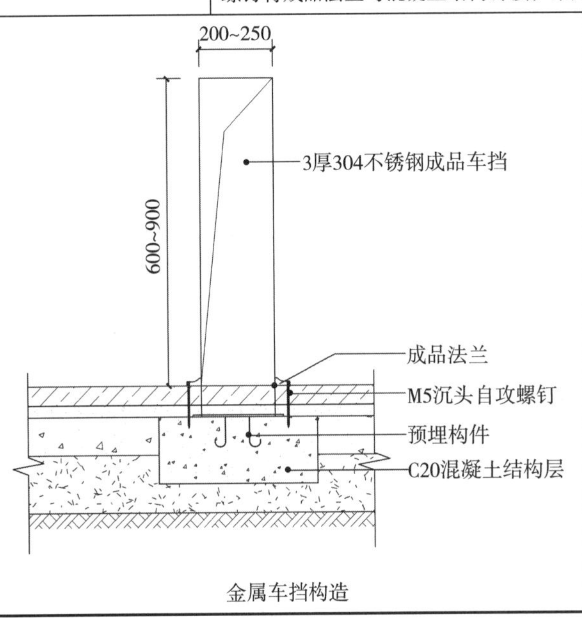 金属车挡构造	 金属车挡实景示意图

3. 可移动车挡

可移动车挡材料、构造做法及实景示意图见表 7-15。

表 7-15　可移动车挡

材料	304 不锈钢、高强反光膜、冷轧钢板、环氧聚酯喷塑烤漆等
构造做法	可移动车挡主要为活动式，底部构件与地面螺栓固定，而上方立柱可以拆卸取下，由带锁销子与底部固定构件相连

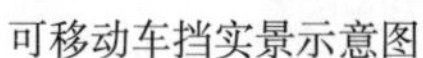

可移动车挡实景示意图

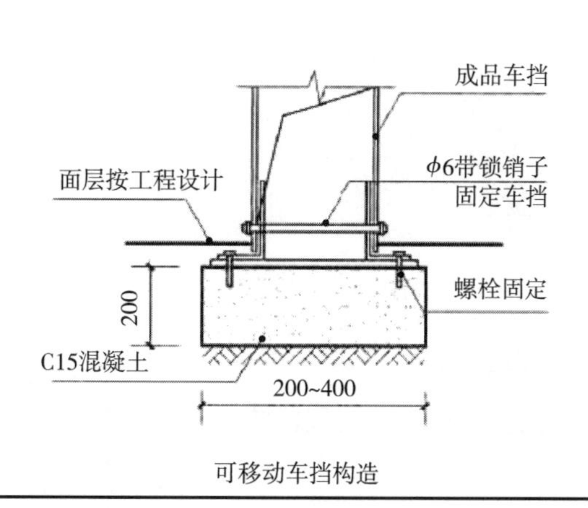

可移动车挡构造

4. 自动可升降车挡

自动可升降车挡材料、设计要点及实景示意图见表 7-16。

表 7-16　自动可升降车挡

材料	自动可升降车挡主要由主机架、液压动力单元及电控系统等组成；主机架部分主要有 304 不锈钢基座、升降不锈钢管、导轨、承重梁、指示灯、反光带等
设计要点	下降时会释放机械装置，在顶部施加压力，降回地下并自动锁定，上升时在顶部施加压力后再释放会升起，到达位置后自动锁定。内部装置采用防水设计，车挡表面宜有黄色警示条形图案，车挡排列间距由设计决定。具体安装及构造由专业设计厂家布置

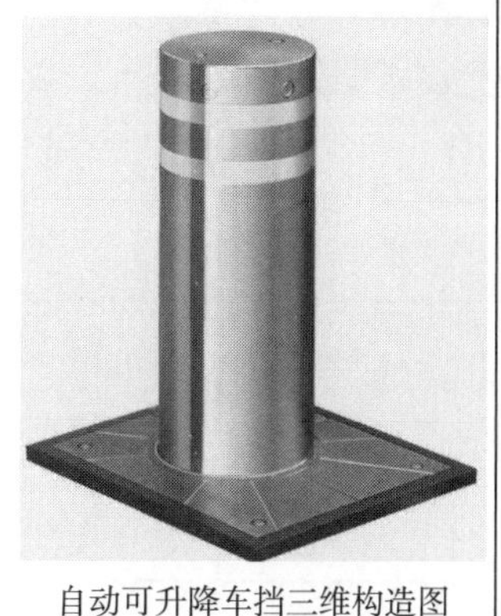

自动可升降车挡三维构造图

自动可升降车挡实景示意图

5. 石材挡轮器

石材挡轮器材料、构造做法及实景示意图见表 7-17。

表 7-17 石材挡轮器

材料	整石
构造做法	在素土夯实层的基础上铺级配碎石垫层，压实后再铺 C20 混凝土层，在平整的基层上铺 30mm 厚的 1∶3 干硬性水泥砂浆结合层，随后放置石材挡轮器
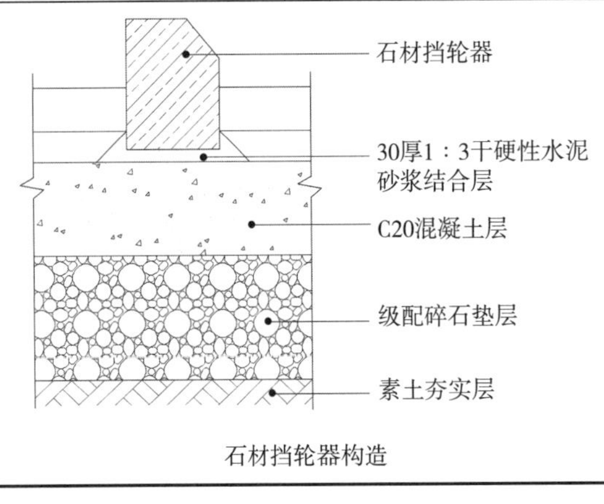 石材挡轮器构造	 石材挡轮器实景示意图

6. 橡胶挡轮器

橡胶挡轮器材料、构造做法及实景示意图见表 7-18。

表 7-18 橡胶挡轮器

材料	橡胶、螺栓
构造做法	在素土夯实层的基础上铺级配碎石垫层，压实后再铺 C20 混凝土层，挡轮器为橡胶材质，用膨胀螺栓旋紧固定于基层 C20 混凝土结构中
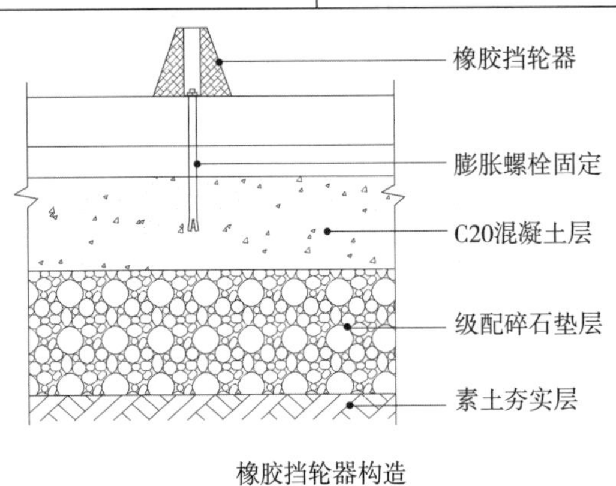 橡胶挡轮器构造	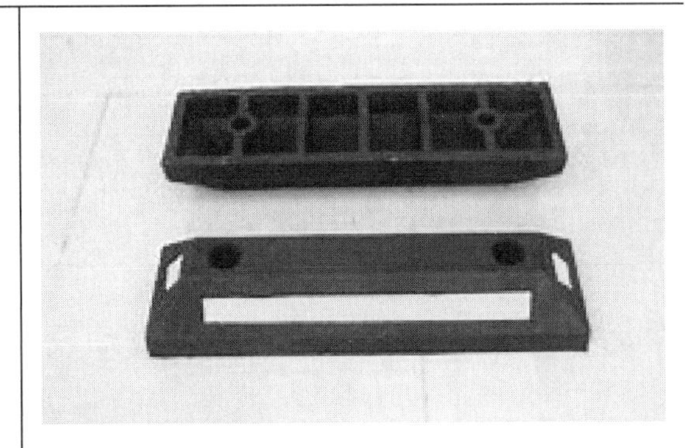 橡胶挡轮器实景示意图

7. 橡胶减速带

橡胶减速带材料、构造做法及实景示意图见表 7-19。

表 7-19 橡胶减速带

材料	橡胶、金属（颜色为黑黄相间，色度及性能应符合标准要求）
构造做法	橡胶减速带为橡胶材质，用膨胀螺栓旋紧固定于基层 C20 混凝土结构中，螺栓孔应为沉孔。橡胶减速带各单元之间应可以组装成整体

（续）

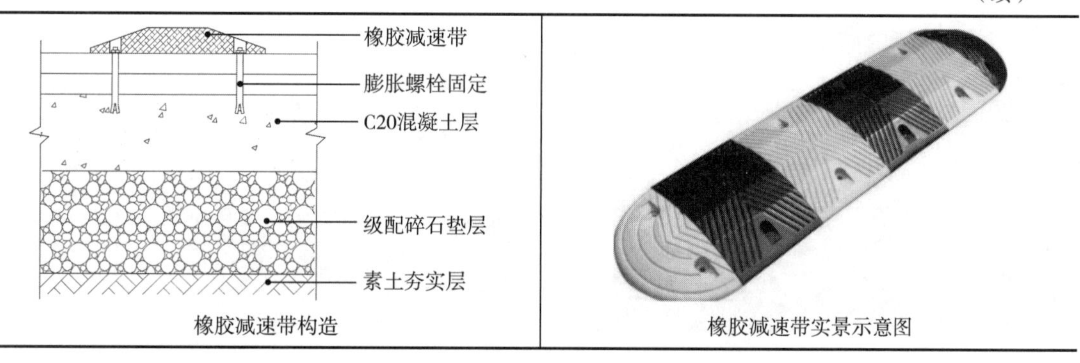

橡胶减速带构造　　橡胶减速带实景示意图

7.5　景观座椅

景观座椅具有实用性与装饰性双重功能，其设计在符合人体工程学原则下，运用不同材质、肌理、造型创造丰富的景观细部，组织空间围合关系以及创造动人的光影变化，构成公共空间中供使用者逗留的休息空间，也是形成与整体空间相协调的景观造景要素之一。

7.5.1　景观座椅的基础知识

1. 尺度

通常单个人使用座椅的最小尺寸：座面宽度为 0.4~0.45m；座面长度为 0.6m 左右，相当于一人的肩宽；座面高度约 0.38~0.4m，靠背宽度为 0.35~0.4m，与座面倾角在 100° ~110° 为宜。双人椅长度一般为 1.2m，三人椅长度一般为 1.8m。设置树池围树座椅时应避免破坏树木根部，保护树木的周围不应做树池座椅。树池座椅应配合树胸径选用，地上 1.3m 距离处，树木胸径距离座椅内边缘应大于 300mm。作为公共场所的景观座椅应“以人为本”，考虑使用者的需要及环境行为心理学角度按比例增加尺寸、安排就座人数等。

2. 形式

景观座椅的形式在符合功能要求的前提下，可根据景观空间主题、周边环境特征等，丰富造型形式。常见的景观座椅形式按照尺度分为单人景观座椅、多人景观座椅两种。

按照景观座椅的形态及构成方式分为点式景观座椅、线式景观座椅、组合景观座椅等，如图 7-9 所示。

a）

b）

c）

图 7-9　景观座椅按形态分类

a）点式景观座椅　b）线式景观座椅　c）组合景观座椅

按照景观座椅的固定方式可分为落地式景观座椅、悬挂式景观座椅、依附式景观座椅、悬挑式景观座椅四种，如图 7-10 所示。

a）　b）　c）　d）

图 7-10　景观座椅按固定方式分类

a）落地式景观座椅　b）悬挂式景观座椅　c）依附式景观座椅　d）悬挑式景观座椅

按照景观座椅的功能可分为单一功能景观座椅、综合景观功能座椅两种。综合景观功能座椅主要有以下几种，如图 7-11 所示。

a）　b）　c）　d）　e）

图 7-11　综合功能座椅分类

a）带种植池　b）带照明设施　c）带有桌面　d）具有雕塑感和装置意味　e）带有遮阳伞

按照基础连接方式可分为固定式景观座椅与可移动式景观座椅两种，如图 7-12 所示。

a）　b）

图 7-12　景观座椅按基础连接方式分类

a）固定式景观座椅　b）可移动式景观座椅

7.5.2　景观座椅构造的组成

景观座椅构造应具有良好的静态特征，即其尺寸、形态符合人体工程学，使人有良好的触感与体压分布，以保持舒适、放松、稳定的坐姿，应具有强韧的结构支撑与耐久的材料寿命，有足够的安全性与经济性。

常见的固定式景观座椅由基础结构、骨架结构、座面结构、靠背结构和装饰结构等组成。基础结构承受座椅自重与使用者重量的荷载，为确保其稳固应选用混凝土、砖砌、预埋件等进行基础固定；骨架结构为座椅的主要结构；景观座椅的座面材料选择主要有木材、金属、石材、塑钢、混凝土等，以木材或仿木材为优，因其比热容高，舒适性与人性化角度皆优于其他材质。选择木质材料作为椅面，应进行防腐、碳化处理，增强其耐候性，选择抗腐性能、抗压性能稳定，不易被虫蛀，抗压力刚性良好、自重轻、不易变形的实木材料，如杉木、菠萝格木等。靠背材料及做法一般同座面结构。景观座椅的装饰结构主要包括内嵌照明设备、人机交互设备等。

7.5.3　景观座椅的类型

常见的景观座椅从主要结构材质角度可分为金属结构座椅、石材结构座椅、木材或仿木材结构座椅、玻璃钢结构座椅、其他材质结构座椅等。座椅可为移动式，也可为固定式与地面连接。

1. 金属结构座椅

金属结构座椅（图 7-13）的主要构造做法为焊接、套接、铆接等方式，与地面连接可选用螺栓连接，金属构件需做防锈处理。景观中常见的金属结构框架座椅分为有靠背座椅与无靠背座椅两种，椅身、座面常为防腐木、石材、玻璃钢等材料，通常多为厂家成品定制，其优点是造价成本相对较低，缺点是耐候性较差、维护成本较高。

图 7-13　金属结构座椅

2. 木材与仿木材结构座椅

木材与仿木材框架结构座椅（图 7-14）外形材质易于与景观环境相融合，有朴实、自然之感，缺点是木质材质座面易受损、变形。木质座椅的连接方式主要用钉结、螺栓连接、榫接、齿板等。

图 7-14　木材与仿木材结构座椅

3. 石材结构座椅

石材结构座椅（图 7-15）具有坚固、耐磨、经久耐用的特点，古朴的质感肌理易于与周边环境、建筑融为一体，缺点是石材比热容相对较高，夏季和冬季就座舒适度较低，可选择在石材座椅的上方配置木板条（需做防腐处理），以增加其舒适度。石材骨架结构需埋入地面以下至少 150mm（具体埋深可根据设计及冻土深度确定），混凝土基层卧牢；石板材之间可采用石榫和专用胶连接，木板条可通过龙骨与螺栓等固定于石材上。

图 7-15　石材结构座椅

4. 玻璃钢结构座椅

玻璃钢学名玻璃纤维增强塑料。它是以玻璃纤维及其制品（玻璃布、带、毡、纱等）作为增强材料，以合成树脂作基体材料的一种复合材料。玻璃钢结构座椅（图 7-16）可根据设计需要定制加工成品，其强度高、结实耐用，且色彩丰富，造型多变，适合定制造型，易于清洁。

图 7-16　玻璃钢结构座椅

5. 混凝土结构座椅

混凝土结构座椅（图 7-17）可以根据景观主题定制造型，既满足休憩需求，也可以形成有趣的户外景观装置造型。同时，在现代设计中混凝土材质又被赋予了更多风格化的含义，它可以结合不同骨料和不同工艺及图案的表面装饰处理，通过模具浇筑成型，适合多曲面及较复杂造型的座椅，庄重朴素，装饰性强，可制作仿石、仿木、仿砖等肌理，耐久性好。

图 7-17　混凝土结构座椅

7.6　围护设施（围栏、围墙）

景观中常用的围护设施分为围墙、围栏两大类。围墙主要用于建筑墙体的围护，围栏主要用于植物、景观功能区的围护，具体包括防护围墙、防护围栏、栅栏篱笆、防护网、护栏等形式，具有维护绿地、分割空间、引导视线、路线指引、警示防护等功能作用，也具有装饰空间环境的观赏点景作用。常见的围护设施构造材料有石、木、竹、混凝土、铁、钢、不锈钢等。

7.6.1　围护设施的基础知识

围护设施具有防护功能、阻挡功能、遮挡功能、警示功能、装饰功能等。围护设施的基本尺度与其所属空间性质、功能要求的安全性规范要求密切相关，不同功能的围护设施依据设计规范对基本构造的尺度、形式要求不同。

1. 尺度相关设计规范

一般防护性围护设施高度1.05~2.5m，其中：H=0.2~0.3m属于低围栏、围墙，视线通透，其空间围合上具有一定的心理暗示作用；H=0.8~0.9m属于中围栏、围墙，可以划分空间；H=1.1~1.3m属于高围栏、围墙，对于学龄前儿童有封闭感，成年人被围合包裹感强；H>1.3m属于超高围栏、围墙，空间封闭感最强。临水或凌空围护设施高度一般为1.05m，6层以上建筑围护设施高一般为1.1m，公共场所围护设施离地面0.1m高度范围内不宜留空。

对于在紧急情况下对人身安全起保护作用，具有防护、阻挡功能的围护设施按照设计规范要求，其高度应从可踏部位顶面起算，且净高不应小于1.3m。有未成年人使用的室外公共区域，如托儿所、幼儿园、中小学的户外活动空间、外廊、阳台、上人屋面、平台、看台及室外楼梯等临空处，应设置围护设施且不得采用易于攀登或穿过的构造和装饰物，杆件或花饰的镂空处净距不得大于0.09m。

具有装饰作用的围护设施，应以安全性为前提设置装饰性构件。用于攀缘绿化的园林围护设施应满足植物生长要求。

2. 形式

围护设施形式上分为镂空和实体两大类。镂空指仅由立杆、扶手等组成，立面通透，也有局部加设横档或花饰；实体指的是由栏板、扶手构成，立面满实，也可以有局部镂空，如图7-18所示。

a）

b）

图7-18　围墙实景示意图

a）实体围墙　b）镂空围墙

城市公共空间中的围护设施根据使用功能可分为一般性围护设施和多功能围护设施两种。多功能围护设施如结合座椅等作为凭依就座休息的设施，结合植物种植作为装饰的设施等。

7.6.2　围护设施构造的组成

1. 围墙

围墙按照结构分类主要有混凝土结构围墙、砖砌结构围墙、金属结构围墙、竹木结构围墙等种类，或者将几种材料结构结合，取长补短设计出结构更加坚固更符合设计要求的围墙，如混凝土用作墙柱、勒脚墙，钢为透空部分框架，铸铁为花饰构件，局部、细微处用锻铁、铸铝等。混凝土或砖砌结构外层可做涂料、真石漆喷涂或石材贴面等，钢管、镀锌管及铸铁等金属材料需做防锈漆及调和漆各两道，竹木结构材料均为防腐木，需做防腐防虫蛀处理。当围墙有沉降风险时需增设地梁。

2. 围栏

围栏按主要构造材料可分为成品 PVC 塑钢围栏、木质围栏、预制混凝土块围栏、钢筋围栏、竹竿围栏、石材围栏、镀锌管围栏、筒瓦围栏等。围栏的设计高度一般较矮，因此其基础构造做法较简单，PVC 塑钢围栏、防腐木围栏、钢筋围栏、竹竿围栏等基础一般为混凝土砌块固定卧牢，预制混凝土块围栏、筒瓦围栏、石材围栏及镀锌管围栏在设计时常会结合其他材料共同呈现，其基础结构做法基本为水泥砂浆砌筑标准砖。

7.6.3　围护设施的类型

1. 围墙

（1）混凝土结构围墙　混凝土结构围墙（图 7-19）以混凝土或钢筋混凝土为主要结构构件，混凝土结构围墙所用混凝土强度等级不应低于 C25，混凝土抗压强度、抗冻性能、外形尺寸等应符合相应设计规范要求。常见的混凝土结构围墙主要包括预制混凝土围墙与现浇混凝土围墙两种。

预制混凝土围墙分为预制混凝土花格砖围墙、预制实心混凝土砖围墙、预制混凝土装配式围墙等。预制混凝土花格砖围墙形态变化丰富，景观效果通透，但安全性低；预制实心混凝土砖围墙，以混凝土预制成片状或块状，其基本模数和砌筑方式与砖砌块围墙的方式基本相同，缺点是吸水返碱，耐久性和抗裂性差。预制混凝土装配式围墙，它采用清水混凝土和钢塑模板技术，不吸水，强度高，抗风柱、墙板、压顶等构造组件具有统一模数，各组件连接采用柔性连接方式，施工方便。现浇混凝土围墙，可做成直形墙、弧形墙等，其整体性好，强度高，承重高，不易发生相对位移。

（2）砖砌结构围墙　砖砌结构围墙（图 7-20）是以砖砌块为主要结构构件，通过砖砌块与砂浆组合为墙体，砖和水泥及砂的品种与强度需符合设计要求。砖块的砌筑应内外搭接上下错缝，避免出现“通缝”，灰缝平直，水平灰缝和竖向灰缝宽度一般为 10mm。

砖砌结构外层可做涂料、真石漆喷涂或石材贴面等，为增加砖砌结构围墙的美观、通透性，可利用金属、竹木、筒瓦等与之组合。

图 7-19　混凝土结构围墙

图 7-20　砖砌结构围墙

（3）金属结构围墙　金属结构围墙的构造组成主要包括金属围栏与基础柱两大部分。金属围栏的材料主要有镀塑铅丝、铝板、不锈钢、铸铁、锻铁、铸铝等耐候性好的金属材质，构件造型根据设计要求灵活多变，经久耐用。

常见的金属围墙有金属网状围墙及金属板、条围墙。金属网状围墙包括编织类丝网、拉伸型板网、焊接类丝网等（图 7-21）。金属网具有良好的视觉通透性和空气流通性，可以有效调节光线与温度，有漫反射特性。

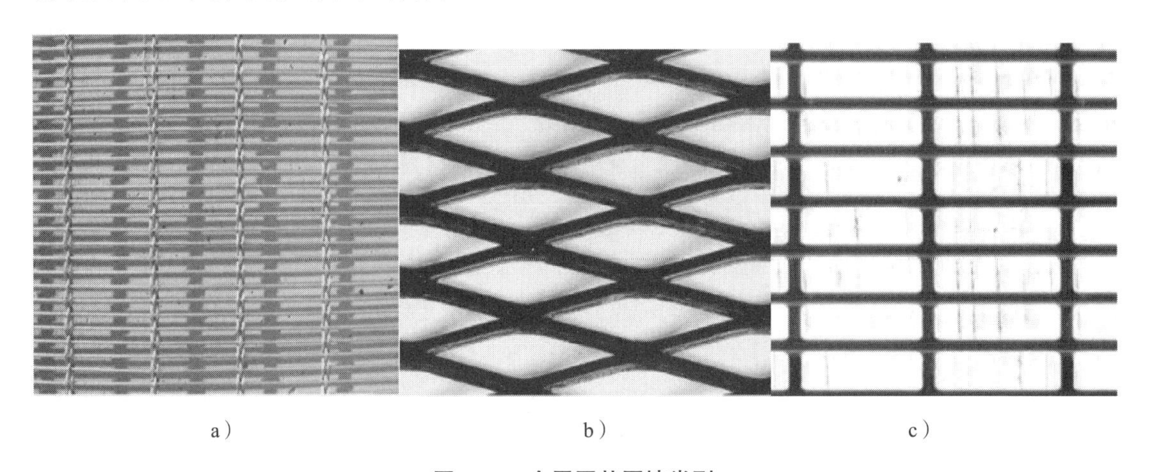

a）　　b）　　c）

图 7-21　金属网状围墙类型

a）编织类丝网　b）拉伸型板网　c）焊接类丝网

金属板、条围墙（图 7-22）由装饰性、防护性的金属板、条面板和连接、支撑、承重结构构件组成。

图 7-22　金属板、条围墙

基础柱常见的有砖砌体柱、混凝土柱及钢柱等。砖砌体柱一般采用 M7.5 水泥砂浆砌筑 MU10 标准砖，钢柱可以采用角钢、方钢管等，注意防锈处理，规格依据工程设计需要。混凝土柱一般采用 C20 混凝土现浇。基础柱饰面根据设计要求处理。

（4）竹木结构围墙　竹木结构围墙（图 7-23）的基础做法类同金属围墙，竹木围墙取材于自然，是最具有生态、地域特色的围墙类型。竹木材料需经过防腐处理，以保证其坚固与耐久性。“竹与木”包含一定的文化意蕴，使得用此种材料的围墙在设计主题、意境上别具风味。

图 7-23　竹木结构围墙

2. 围栏

（1）PVC 塑钢围栏　具有维护成本低、易于安装，强度高、抗冲击性能佳，使用寿命长等优点。其构造主要包括上下横栏、竖栏、立柱三个部分。形式可以根据具体设计要求定制。PVC 塑钢围栏固定方式分为埋入式和法兰式两种（图 7-24）。立柱规格常见的有 100mm × 100mm、120mm × 120mm 等，高度≤ 1m，埋入式嵌入混凝土基础，混凝土基础高度至少为 200mm，法兰式固定方式适用于安装在硬质地面，在立柱上箍套金属法兰构件，以膨胀螺栓将法兰固定于地面。上下横栏规格常见的有 20mm × 46mm、25mm × 46mm 等，最长长度为 1.5m 左右，可依设计而定；竖栏规格一般为 20mm × 40mm、20mm × 50mm 等，竖栏高度一般为 800mm 左右，竖栏之间净距一般在 100~110mm 之间。

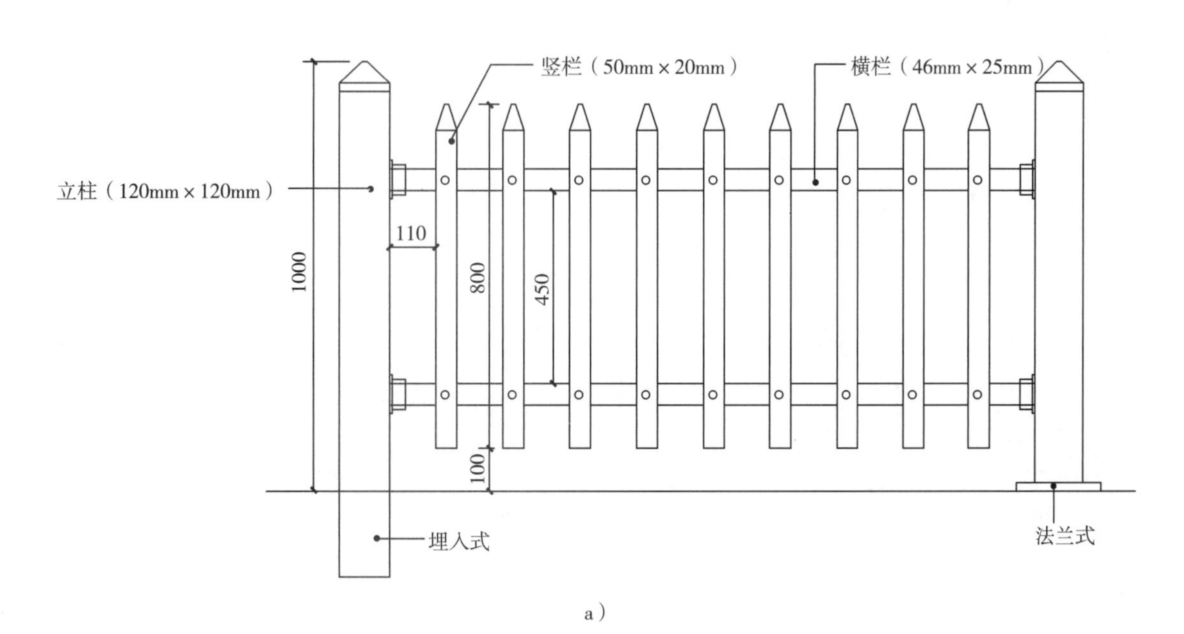

图 7-24　PVC 塑钢围栏

a）PVC 塑钢围栏构造

b）

c）

图 7-24　PVC 塑钢围栏（续）

b）埋入式　c）法兰式

（2）木质围栏　木质围栏也称为“竹木篱笆”，主要材料包括防腐木、塑木、原木等。

防腐木围栏（图 7-25）是天然木材经过高温碳化等处理，使其具有防腐、防虫、防霉、耐候等特点，用于桥梁、道路、建筑物的防护性或观赏性围栏。常用的防腐木原材料有俄罗斯樟子松、加拿大红松、美国南方松、樟子松、北欧赤松、菠萝格等。

图 7-25　防腐木围栏

塑木围栏（图 7-26），也称木塑围栏，以木塑复合板材为主要材料，木塑复合材料主要由木材（木纤维素、植物纤维素）为基础材料与热塑性高分子材料（塑料）和加工助剂等，混合均匀后再经模具设备加热挤出成型而制成的高科技绿色环保新型装饰材料，兼有木材和塑料的性能与特征，防水防潮防蛀，阻燃环保，是能替代木材和塑料的新型复合材料。

原木围栏（图 7-27）主要指园林植物自然凋落或人工修剪所产生的枯枝、树木与灌木剪枝及其他植物残体等，经设计循环利用，可用作围栏之用，既生态又艺术。

图 7-26　塑木围栏

图 7-27　原木围栏

木质围栏立柱也分为法兰式及嵌入式两种固定方式。构造做法及尺寸要点类同 PVC 塑钢围栏，嵌入式固定通常用于草坪、泥土或防腐木、塑木平台，需提前根据立柱尺寸预留孔洞，榫接方式连接；立柱与横梁、横梁与竖杆之间通过榫槽连接，可根据需要在交接部位安装 *L* 形金属加强角，起到加固作用，如图 7-28 所示。

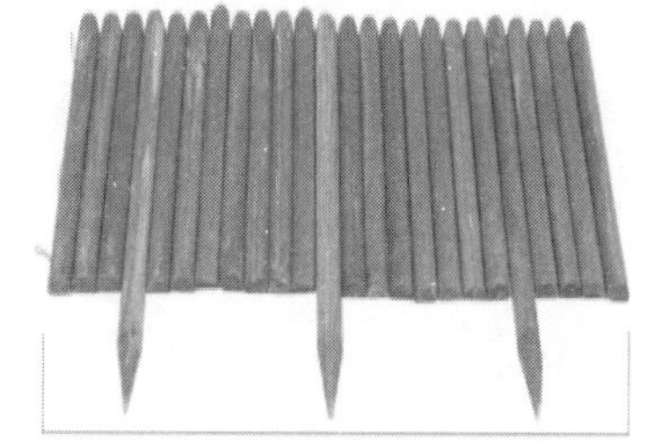

图 7-28　木质围栏固定方式

（3）镀锌管围栏　镀锌管围栏（图 7-29）主材采用锌合金材料，表面特殊工艺处理不易生锈，无需特殊保养，强度高，外观可以根据设计需要定制、选配。一般情况下镀锌管常做成铁艺花架样式，置于勒脚墙之上（与预埋件焊接），用实体柱间隔开，打造隔而通透的视觉效果。

图 7-29　镀锌管围栏

（4）石材围栏　石材围栏（图 7-30）采用具有天然纹理、色彩的天然石材，经过切割、打磨、雕刻等工艺制作，表面根据需要可处理为自然面、毛光面、火烧面、荔枝面、蘑菇面、雕刻花纹面等。石材围栏在中国古称阑干，一般安装在楼梯两侧、廊柱两侧、桥的两侧、亭榭周边等，起防护和分割空间的作用。石材围栏具有坚固、自然的特性，同时石材围栏上常雕刻有富有寓意的装饰性图案，极具文化韵味。

图 7-30　石材围栏

（5）竹木围栏　竹木围栏（图 7-31）以竹子、杉木等天然植物为材料，经防霉防虫处理，以卯榫连接方式或用钢丝、皮线等内穿连接。安装时有依靠物的可以直接将围栏固定于依靠物上，无依靠物需按工程设计预先设定立柱。常用于庭院、住宅小区绿地、公园绿地、山体步道等处，在城市公共绿地中也可以就地取材，经济又环保。

（6）铸铁围栏　铸铁围栏（图 7-32）是景观中常用的隔离防护铸件，外观样式根据设计需要可定制，需要定期进行保养维护。铸铁围栏安装前需预先安装预埋件，采用膨胀螺栓与钢板来制作后置连接件，放线确定立柱位置后安装立柱，扶手与立柱通过榫槽连接后焊接，焊缝打磨抛光，围栏表面整体喷涂防锈漆。

图 7-31　竹木围栏

图 7-32　铸铁围栏

第8章 风景园林识图

8.1 基础知识

8.1.1 图纸幅面、标题栏与会签栏

1. 图纸幅面

图纸幅面及图框尺寸，应符合表 8-1 的规定及图 8-1 和图 8-2 的格式。

表 8-1 幅面及图框尺寸 （单位：mm）

尺寸代号 \ 幅面代号	A0	A1	A2	A3	A4
$b \times l$	841 × 1189	594 × 841	420 × 594	297 × 420	210 × 297
c	10			5	
a	25				

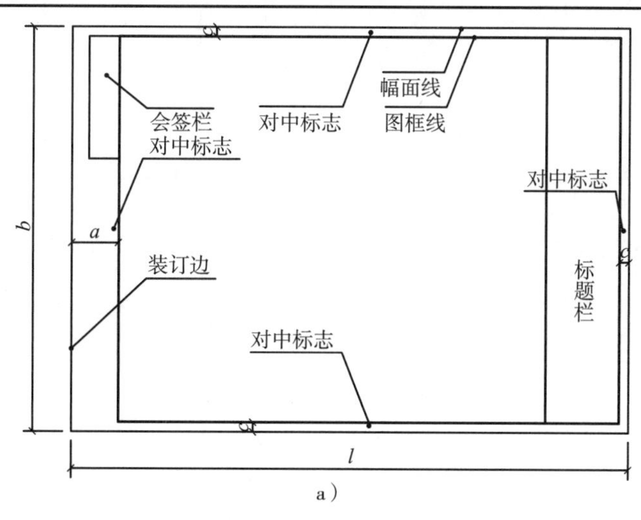

图 8-1 A0—A4 横式幅面

a）版式 1

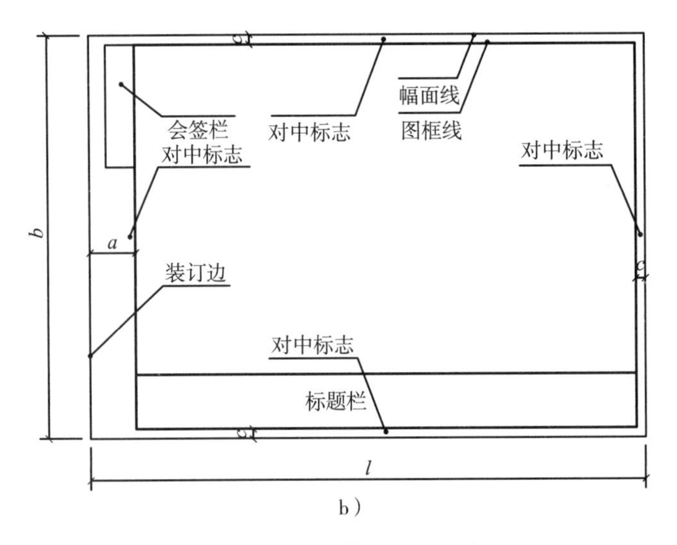

图 8-1　A0—A4 横式幅面（续）

b）版式 2

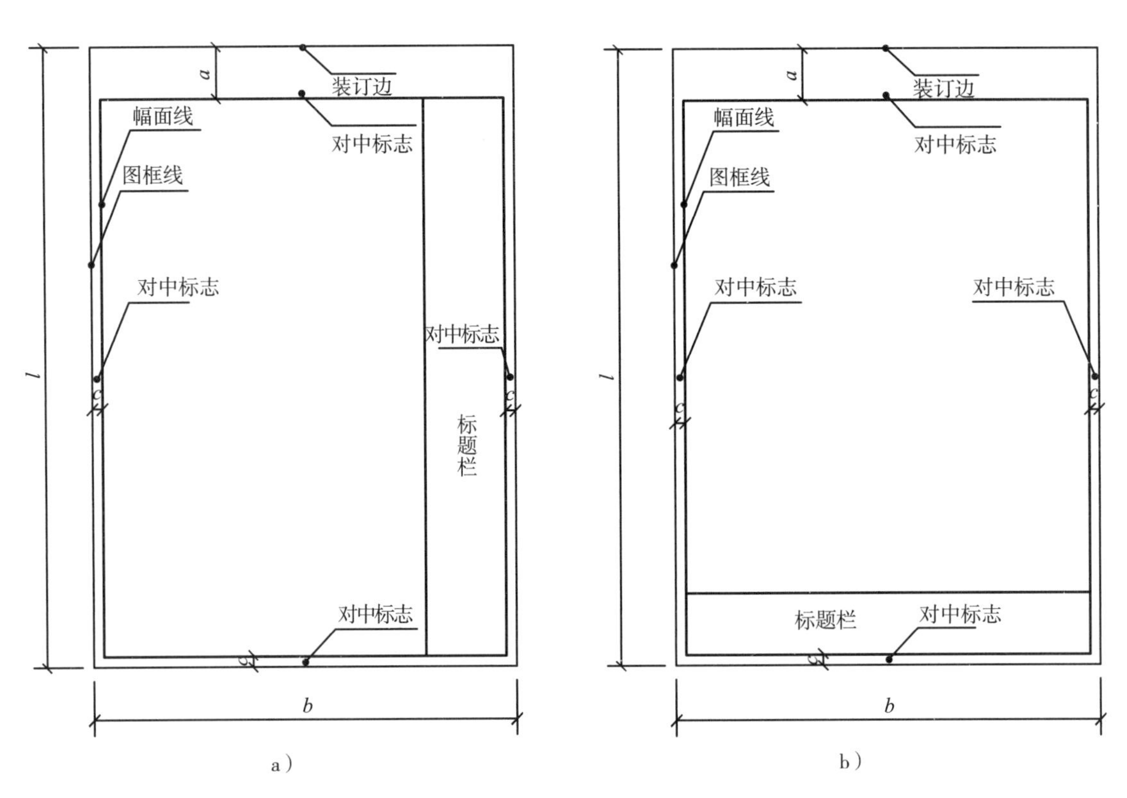

图 8-2　A0—A4 立式幅面

a）版式 1　b）版式 2

2. 标题栏

标题栏示意图如图 8-3 所示，应根据位置及需要选择其尺寸、格式及分区。

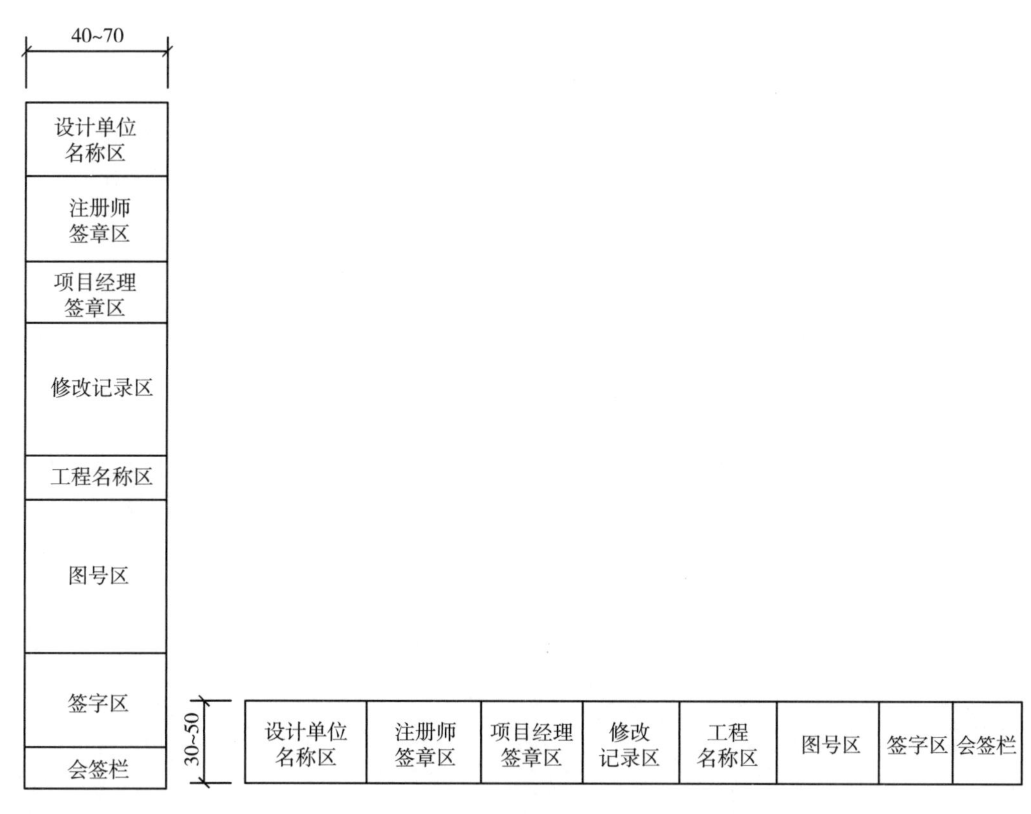

图 8-3　标题栏示意图

8.1.2　图线与线宽

1. 图线

工程建设制图应选用表 8-2 所示的图线。

表 8-2　图线

名称		线形	线宽	用途
实线	粗		b	主要可见轮廓线
	中粗		$0.7b$	可见轮廓线
	中		$0.5b$	可见轮廓线、尺寸线、变更云线
	细		$0.25b$	图例填充线、家具线
虚线	粗		b	见各有关专业制图标准
	中粗		$0.7b$	不可见轮廓线
	中		$0.5b$	不可见轮廓线、图例线
	细		$0.25b$	图例填充线、家具线
单点长画线	粗		b	见各有关专业制图标准
	中		$0.5b$	见各有关专业制图标准
	细		$0.25b$	中心线、对称线、轴线等

（续）

名称		线形	线宽	用途
双点长画线	粗	——— - - ———	b	见各有关专业制图标准
	中	——— - - ———	0.5b	见各有关专业制图标准
	细	——— - - ———	0.25b	假想轮廓线、成型前原始轮廓线
折断线	细	———\/———	0.25b	断开界线
波浪线	细	～～～	0.25b	断开界线

2. 线宽

在《房屋建筑制图统一标准》（GB/T5 0001—2017）中规定，图线的宽度 b，宜从下列线宽系列中选用：1.4mm、1.0mm、0.7mm、0.5mm。每个图样应根据复杂程度与比例大小，先选定基本线宽 b，再选用表 8-3 中的相应线宽线。

表 8-3　线宽　　（单位：mm）

线宽比	线宽组			
b	1.4	1.0	0.7	0.5
0.7b	1.0	0.7	0.5	0.35
0.5b	0.7	0.5	0.35	0.25
0.25b	0.35	0.25	0.18	0.13

注：1. 需要缩微的图纸，不宜采用 0.18 及更细的线宽。

2. 同一张图纸内，各不同线宽中的细线，可统一采用较细的线宽组的细线。

8.1.3　字体

1. 汉字

图样及说明中的汉字，宜优先采用长仿宋体（矢量字体）或黑体为宜，同一图纸字体种类不应超过两种。长仿宋体的宽度与高度的关系应符合表 8-4 的规定，黑体字的宽度与高度应相同。大标题、图册封面、地形图等的汉字，也可书写成其他字体，但应易于辨认。

表 8-4　长仿宋体的高宽关系及示例

字高	20	14	10	7	5	3.5
字宽	14	10	7	5	3.5	2.5

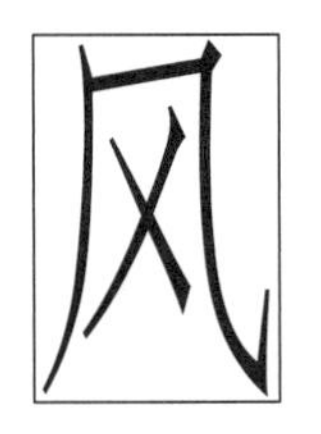

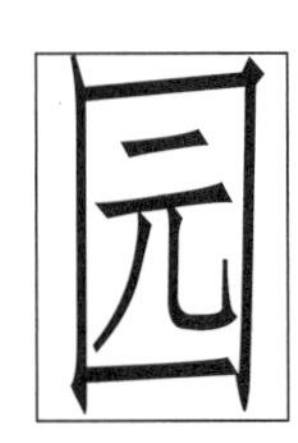

2. 数字和字母

阿拉伯数字、罗马数字、拉丁字母采用单线简体或 ROMAN 字体，图纸中的数值应用阿拉伯数字书写，书写时应清晰、工整，以免误读，示例如图 8-4 所示。

图 8-4　数字和字母示例

8.1.4　比例

工程制图中，为了满足各种图样表达的需要，有些要缩小绘制在图纸上，有些又要放大绘制在图纸上。因此，必须对缩小和放大的比例做出规定。图样的比例，是图形与实物相对应要素的线性尺寸之比。

比例的大小是指比值的大小。如图样上某线段长为 1mm，实际物体对应部位的长也是 1mm 时，则比例为 1∶1。如图样的线段长为 1mm，实际物体对应部位的长是 100mm 时，则比例为 1∶100。比例宜注写在图名的右侧，其字高比图名字高小一号或二号，如图 8-5 所示。图纸中常用比例及可用比例见表 8-5。

平面图1∶100　　⑥ 节点1∶10

图 8-5　比例注写示意图

表 8-5　图纸中常用比例及可用比例

图名	常用比例	必要时可用比例
总体规划、总体布置、区域位置图	1∶2000，1∶5000，1∶10000 1∶20000，1∶25000	
总平面图，竖向布置图，管线综合图，土方图，排水图，铁路、道路平面图，绿化平面图	1∶100，1∶200，1∶500 1∶1000，1∶2000	1∶2500，1∶10000
铁路、道路纵断面图	垂直 1∶100，1∶200，1∶500 水平 1∶1000，1∶2000，1∶5000	1∶300，1∶5000
平面图，立面图，剖面图，铁路、道路横断面图，结构布置图，设备布置图	1∶50，1∶100，1∶150，1∶200	1∶300，1∶400
内容比较简单的平面图	1∶200，1∶400	1∶500
场地断面图	1∶100，1∶200，1∶500，1∶1000	
详图	1∶1，1∶2，1∶5，1∶10，1∶20 1∶50，1∶100，1∶200	1∶3，1∶15，1∶30，1∶40，1∶60

8.1.5 尺寸标注

1. 尺寸组成

图样的尺寸是由尺寸界线、尺寸线、尺寸数字、尺寸起止符号四部分组成，如图 8-6 所示。

（1）尺寸界线　表示图形尺寸范围的界限线，尺寸界线用细实线绘制，一般与图样中被注线性尺寸的方向垂直，其一端应离开图样轮廓线不小于 2mm，另一端应超出尺寸线外 2~3mm，如图 8-7 所示。必要时，图形轮廓线、对称线、中心线、轴线及它们的延长线可用作尺寸界线。

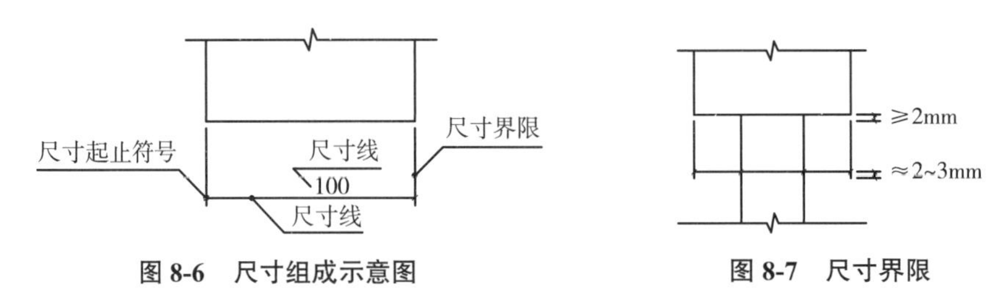

图 8-6　尺寸组成示意图　　图 8-7　尺寸界限

（2）尺寸线　尺寸线是指表示图形尺寸设置方向的线。

1）尺寸线用细实线绘制，并与被注长度平行。图样本身的任何图线均不得用作尺寸线。

2）图样轮廓线以外的尺寸线，距图样最外轮廓线之间的距离不宜小于 10mm。平行排列的尺寸线的距离宜为 7~ 10mm，并保持一致。

3）互相平行的尺寸线，应从被注的图样轮廓由近而远整齐排列，小尺寸应离轮廓线近，大尺寸应离轮廓线远，以避免尺寸线相交。

（3）尺寸起止符号　尺寸起止符号表示尺寸的起止。尺寸线与尺寸界线的交点为尺寸的起止点，尺寸起止符号应画在起止点上。尺寸起止符号一般用中粗斜短线绘制，其倾斜方向应与尺寸界线成顺时针 45°，长度宜为 2~3mm。半径、直径、角度与弧长的尺寸起止符号，宜用箭头表示，如图 8-8 所示。

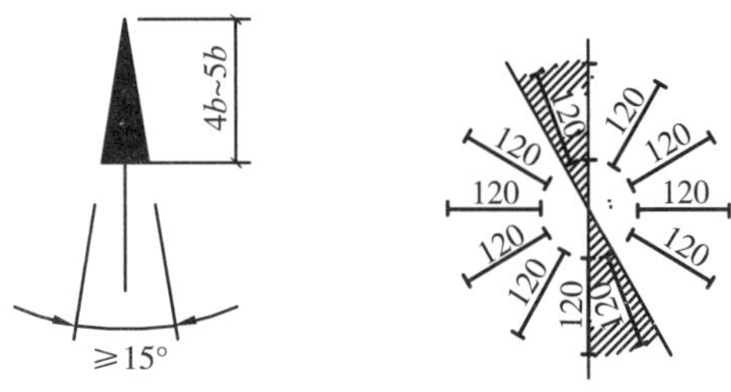

图 8-8　长箭头起止符号示意图

（4）尺寸数字　尺寸数字表示尺寸的大小。如图 8-9 所示，同一张图纸上，同一类的尺寸数字字号应一致，当尺寸线为竖直时，尺寸数字注写在尺寸线的左侧，字头朝左；其他任何方向，尺寸数字应保持向上的趋势，且注写在尺寸线的上方。图 8-10 所示为斜向尺寸数字注写方向示意图。

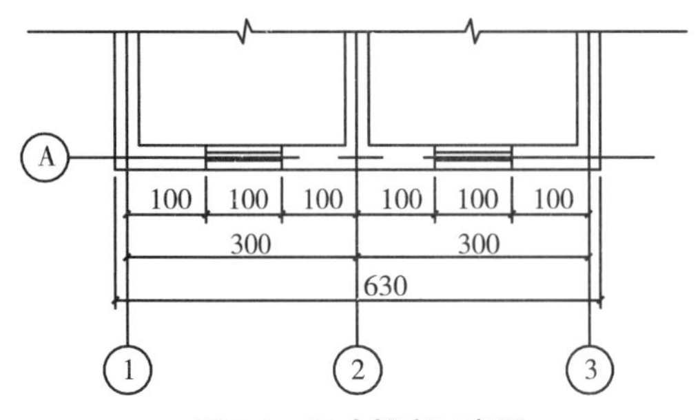

图 8-9　尺寸数字示意图

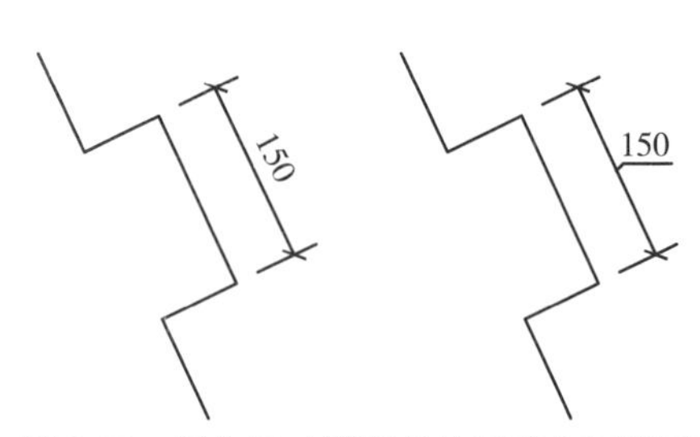

图 8-10　斜向尺寸数字的注写方向示意图

2. 尺寸的排列与布置

在工程图样上，尺寸的排列及布置如图 8-11 所示。各尺寸的位置及要求如下：

1）尺寸应标注在图样轮廓线以外，不宜与图线、文字及符号等相交。

2）互相平行的尺寸线，应从被注写的图样轮廓线由近向远排列，较小尺寸应离轮廓线较近，较大尺寸应离轮廓线较远。

3）图样轮廓线以外的尺寸界线，距图样最外轮廓线之间的距离不宜小于 10mm，并应保持一致。平行排列的尺寸线的间距宜为 7~10mm。

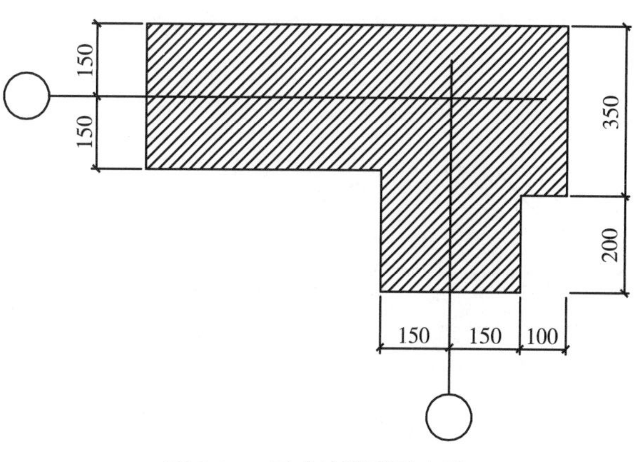

图 8-11　尺寸的排列及布置

4）总尺寸的尺寸界线应靠近所指部位。中间的分尺寸的尺寸界线可稍短，但其长度应相等。

3. 半径、直径尺寸的标注

圆及大于 1/2 圆的圆弧应在尺寸数字前加注“ϕ”；小于或等于 1/2 圆的圆弧应在尺寸数字前加注“*R*”，球体的半径、直径尺寸数字前应加注字母“*S*”，如图 8-12 所示。

在标注圆的直径尺寸时，在圆内的尺寸线应通过圆心，两端画箭头指到圆弧，较小的圆的直径尺寸，可标注在圆外。半径的尺寸线应一端从圆心开始，另一端画箭头指到圆弧。较小圆弧的半径尺寸可引出标注，较大圆弧的半径尺寸线可画成折断线，但其延长线应对准圆心，如图 8-12 所示。

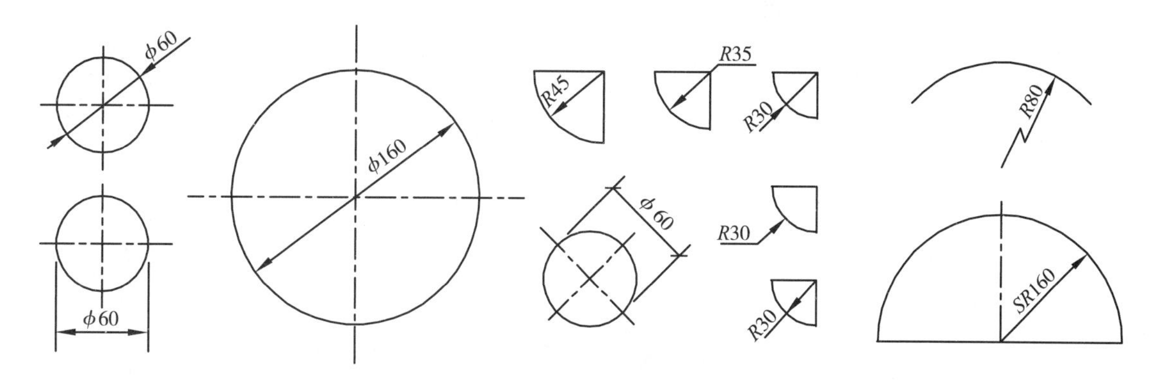

图 8-12　半径、直径尺寸的标注

4. 坡度、角度尺寸的标注

（1）坡度尺寸　标注坡度时，在坡度数字下，应加注坡度符号，坡度符号用单面箭头，一般应指向下坡方向，如图 8-13 所示。其标注法可用百分比表示，如图 8-13a 中的 2%；也可用比例表示，如图 8-13b 中的 1∶2；还可用直角三角形的形式表示，如图 8-13c 中的屋顶坡度。

（2）角度尺寸　角度的尺寸线应用细实线圆弧表示，该圆弧的圆心应是该角的顶点，角的两条边为尺寸界线。角度的起止符号应用箭头表示，如没有足够位置画箭头，可以用圆点代替。角度尺寸数字应按水平方向标注，图 8-14 所示为角度的标注方法。

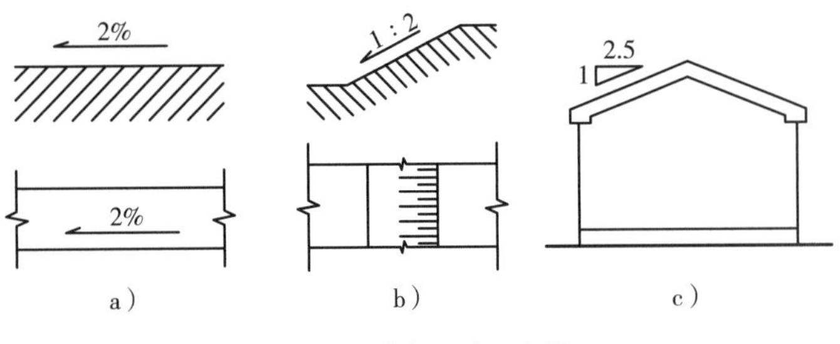

图 8-13　坡度尺寸示意图

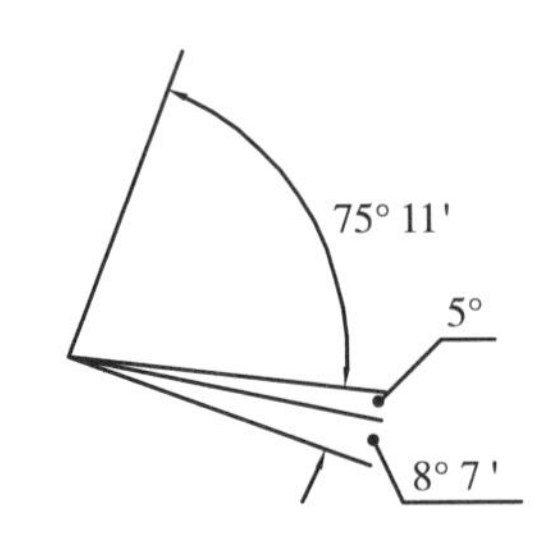

图 8-14　角度的标注方法

5. 弧长、弦长尺寸标注

（1）弧长尺寸　标注圆弧的弧长时，尺寸线应采用与该圆弧同心的细圆弧线来表示，尺寸界线应垂直于该圆弧的弦，起止符号应以箭头表示，弧长数字的上方应加注圆弧符号。

（2）弦长尺寸　标注圆弧的弦长时，尺寸线应以平行于该弦的直线表示，尺寸界线应垂直于该弦，起止符号应以中粗斜短线表示，如图 8-15 所示。

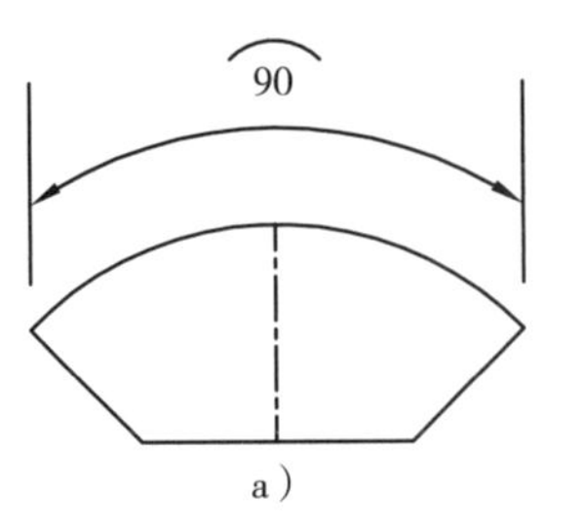

100

b）

图 8-15　弧长、弦长尺寸标注

a）弧长尺寸　b）弦长尺寸

8.1.6　指北针与风玫瑰图

1. 指北针

在总平面图及首层的建筑平面图上，一般都绘有指北针，表示该建筑物的朝向。指北针的形式国家标准规定如图 8-16 所示，有的也有别的画法，但要在尖头处注明“北”字，如为对外工程，或进口图样则用“N”表示北字。

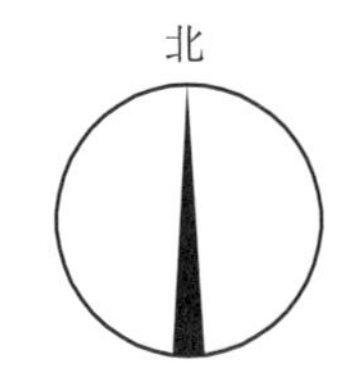

图 8-16　指北针示意图

2. 风玫瑰图

风玫瑰图是总平面图上用来表示该地区每年风向频率的标志。它是以十字坐标定出东、南、西、北、东南、东北、西南、西北等多个方向后，根据该地区多年平均统计的各个方向吹风次数的百分数值，绘成的折线图形，称为风频率玫瑰图，简称风玫瑰图。

风玫瑰图上所表示的风的吹向是指从外面吹向地区中心。如图 8-17 所示为风玫瑰的示意图，粗实线表示该地多年平均的最频风向是西北风。细实线表示该地冬季平均风向。虚线表示该地夏季的平均风向。

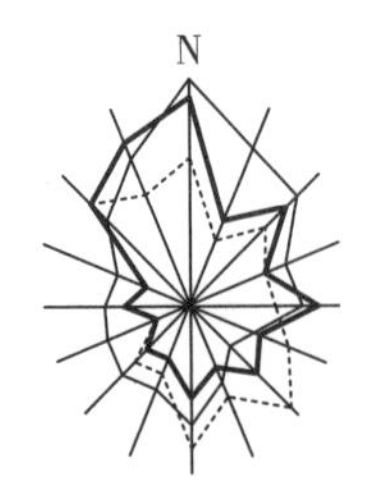

图 8-17　玫瑰风向标示意图

8.2　绘制风景园林要素

8.2.1　园林植物的表现方法

园林植物是园林中主要的造景元素，也是园林设计中最重要的元素之一，园林植物在设计中可用来创造空间，界定空间边缘，增加环境色彩，提供绿荫，塑造空间性。另外，在平面图中，树木图形通常也能起到强化整个画面内容的作用。因而掌握园林植物的绘制方法是园林制图的基础之一。

1. 乔木的表现

（1）乔木的平面表现　乔木的平面表现可先以树干位置为圆心，树冠平均半径为半径做出圆，再加以表现，其表现手法非常多，表现风格变化很大。乔木常见的平面表现，如图 8-18 所示。

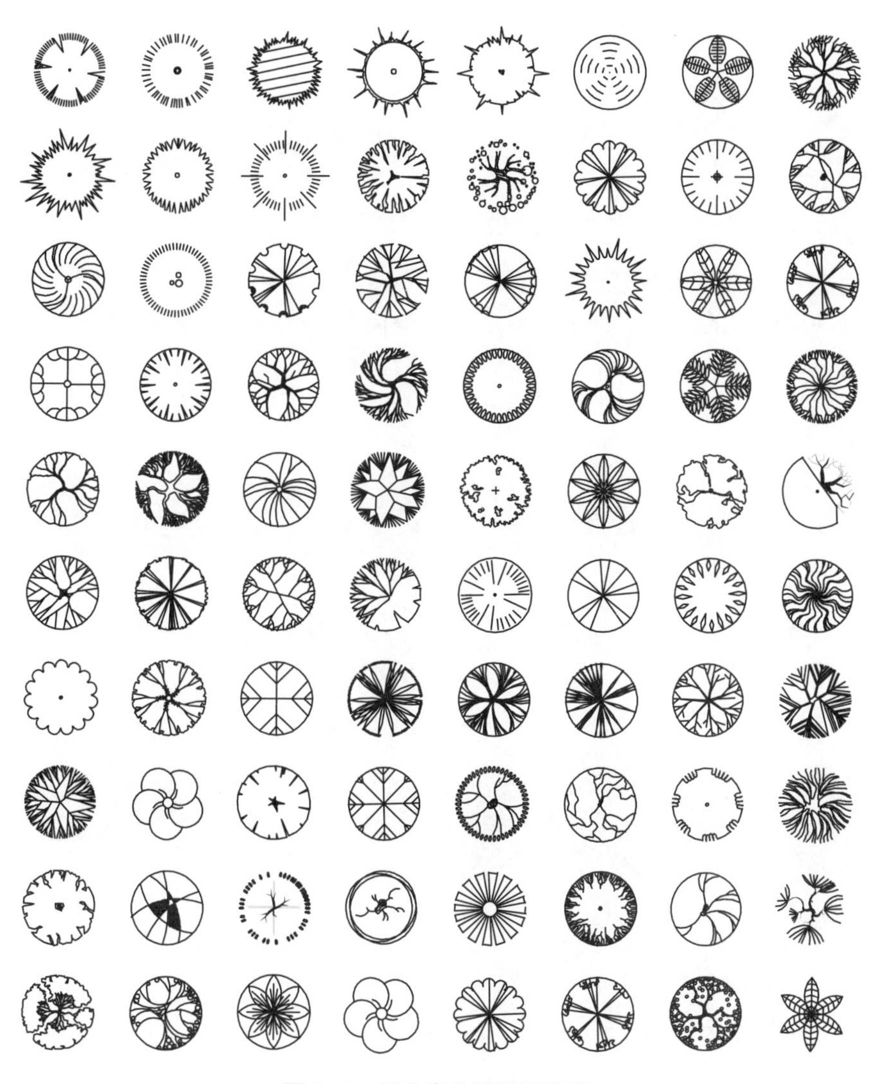

图 8-18　乔木常见的平面表现

根据不同的表现手法可将乔木的平面划分为四种类型：轮廓型、分枝型、枝叶型、质感型。

1）轮廓型。在表现时，乔木平面只用线条勾勒出轮廓即可，且线条可粗可细，轮廓可光滑，也可带有缺口或尖突。

2）分枝型。在表现时，乔木平面中只用线条的组合表示树枝或枝干的分叉。

3）枝叶型。在表现时，乔木平面中既表示分枝又表示冠叶，树冠可用轮廓表示，也可用质感表示。这种类型可以看作是其他几种类型的组合。这种表现形式常用于孤植树、重点保护树等的表现。

4）质感型。在表现时，用线条的组合或排列表示树冠的质感。

四种类型的乔木的平面表现如图 8-19 所示。

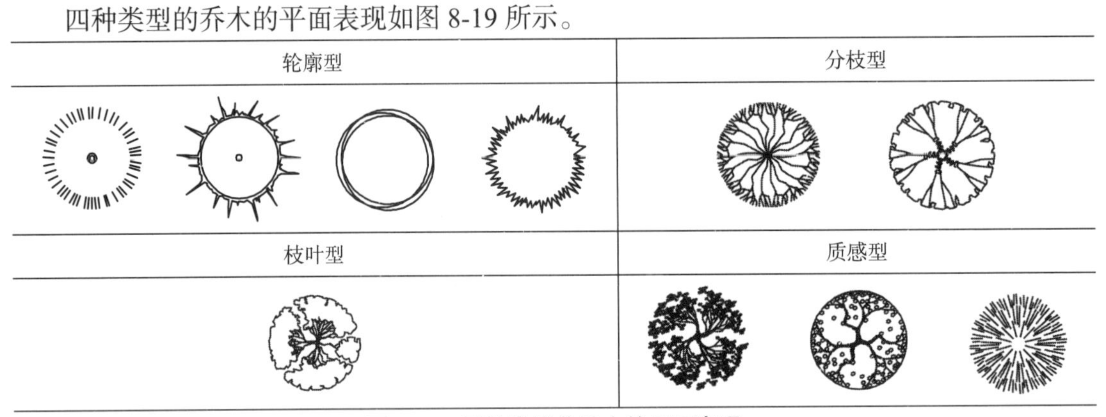

图 8-19　四种类型的乔木的平面表现

此外，在平面表现中应注意以下问题。

1）平面图中树冠的避让。如图 8-20 所示，当树冠下有花台、花坛、花境或水面、石块和竹丛等较低矮的设计内容时，树木平面也不应过于复杂，要注意避让，不要挡住下面的内容。但是，若只是为了表示整个树木群体的平面布置，则可以不考虑树冠的避让，应以强调树冠平面为主，如图 8-21 所示。

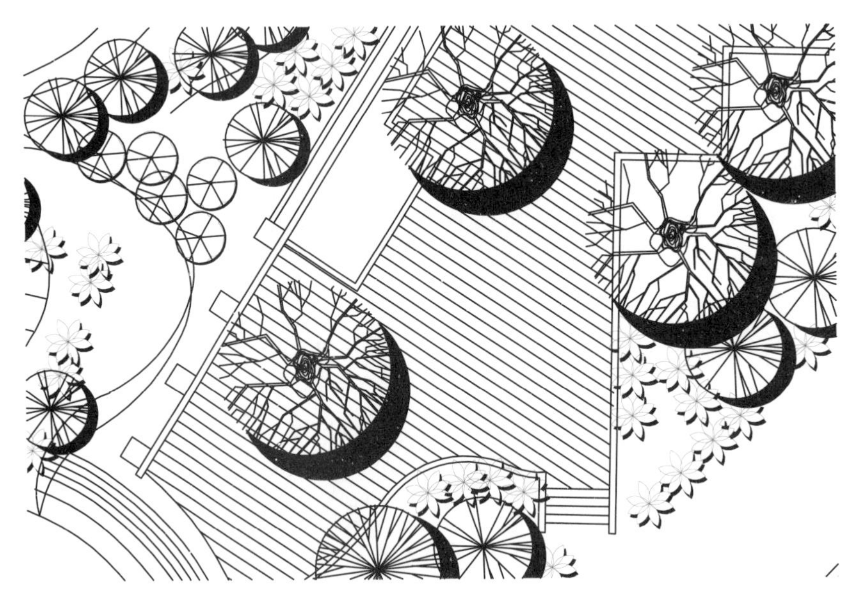

图 8-20　树冠避让

图 8-21　强调树冠平面

2）平面图中落影的表现。树木的落影是平面树木重要的表现方法，它可以增加图面的对比效果，使图面明快、有生气。画树木落影的具体方法是先选定平面光线的方向，定出落影量，以等圆绘制树冠圆和落影圆，如图 8-22 所示；然后对比出树冠下的落影，将其余的落影涂黑，并加以表现，如图 8-23 所示。

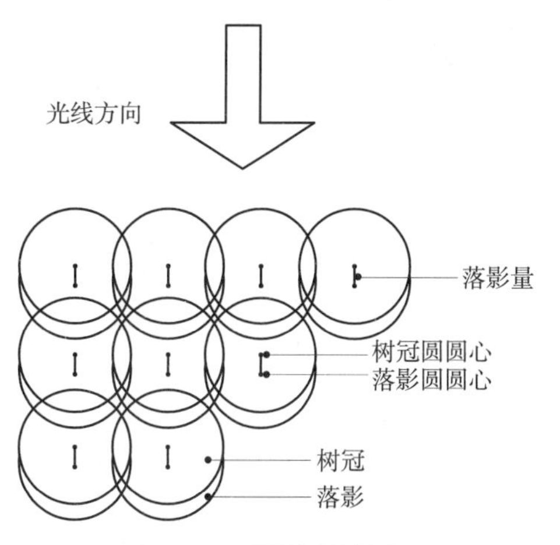

图 8-22　等圆的覆叠图

图 8-23　对比落影

（2）乔木的立面表现　在园林设计图中，树木的立面画法要比平面画法复杂。我们视觉在感受乔木立面时最重要的是它的轮廓。所以，立面图的画法是要高度概括、省略细节、强调轮廓。

乔木的立面表示方法主要分成轮廓、分枝和质感等几大类型。乔木的立面表现形式可以写实，也可以图案化或稍加变形，其风格应与乔木平面和整个图面相一致。图案化的立面表现是比较理想的设计表现形式。乔木立面图中的枝干、冠、叶等的具体画法参考效果表现部分中乔木的画法。如图 8-24 所示的乔木的立面表现，供作图时参考。

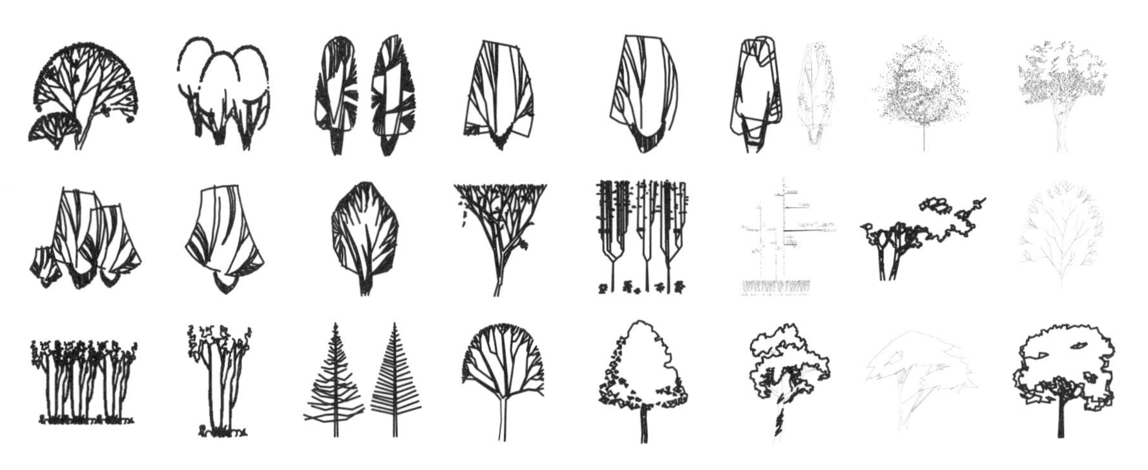

图 8-24　乔木的立面表现

（3）乔木的效果表现　乔木的效果表现形式有写实式、图案式和抽象变形式三种形式。

1）写实式。写实式的表现形式较尊重乔木的自然形态和枝干结构，冠、叶的质感刻画得也较细致，显得较逼真，如图 8-25 所示。

图 8-25　写实式乔木效果表现

2）图案式。图案式的表现形式对乔木的某些特征，如树形、分枝等加以概括以突出图案的效果，如图 8-26 所示。

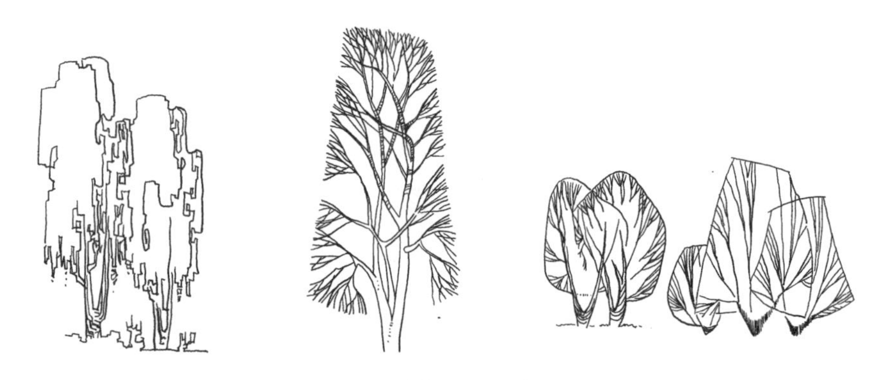

图 8-26　图案式乔木效果表现

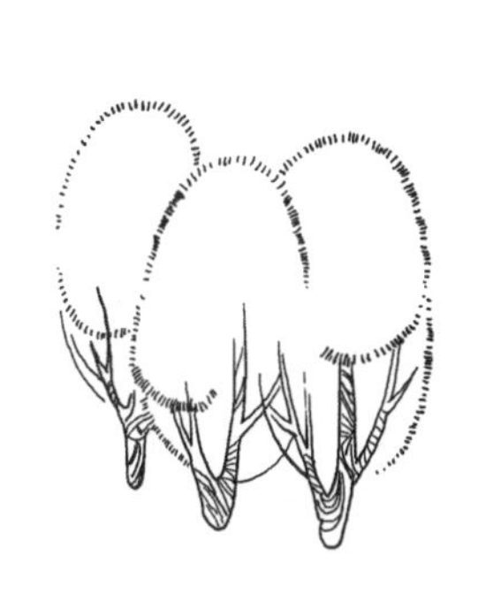
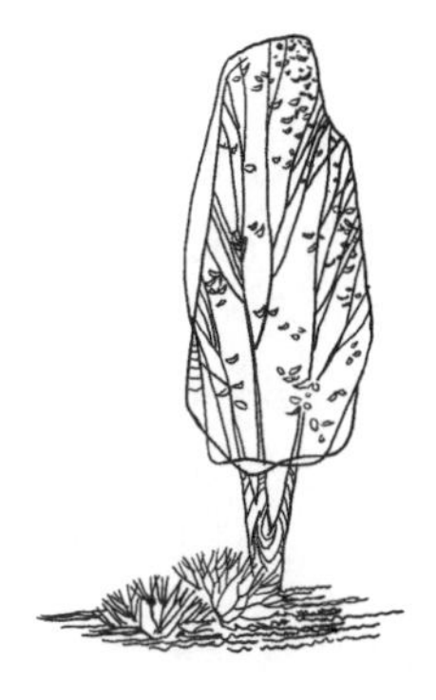

图 8-26　图案式乔木效果表现（续）

3）抽象变形式。抽象变形式的表现形式虽然也较程序化，但它加入了大量抽象、扭曲和变形的手法，使画面别具一格，如图 8-27 所示。

图 8-27　抽象变形式乔木效果表现

2. 灌木的表现

灌木相对于乔木没有明显的主干，平面表现方法与乔木类似，如图 8-28 所示。不规则形状的灌木平面宜用轮廓型和质感型表现，表现时以栽植范围为准。由于灌木通常丛生，没有明显的主干，因此，灌木的立面很少会与乔木的立面相混淆，如图 8-29 所示。

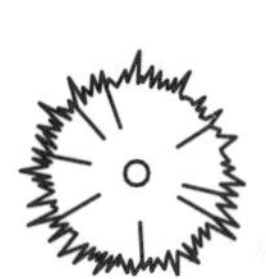

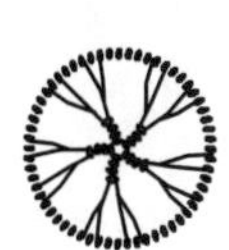

图 8-28　灌木的平面表现

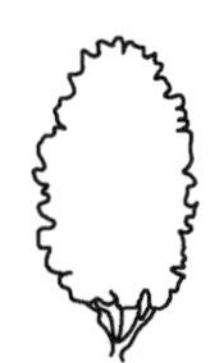

图 8-29　灌木的立面表现

3. 草坪的表现

草坪和草地的表现方法很多，下面介绍一些主要的表现方法，如图 8-30 所示：

（1）打点法　打点法是较简单的一种表现方法。用打点法画草坪时所打的点的大小应基本一致，无论疏密，点都要打得相对均匀。

（2）小短线法　将小短线排列整齐，每行之间的间距相近，排列整齐可用来表示草坪，排列不规整的可用来表示草地或管理粗放的草坪。

（3）线段排列法　线段排列法是最常用的方法，要求线段排列整齐，行间有断断续续的重叠，也可稍许留些空白或行间留白。另外，也可用斜线排列表示草坪，排列方式可规则也可随意。

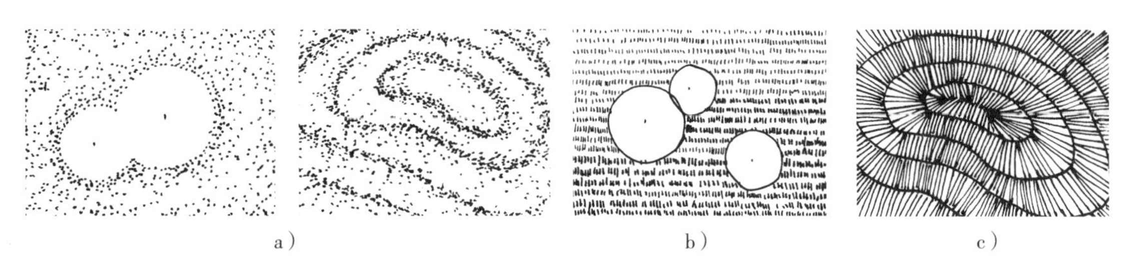

a）　　b）　　c）

图 8-30　草坪的表现

a）打点法　b）小短线法　c）线段排列法

4. 绿篱的表现

绿篱分常绿绿篱和落叶绿篱。常绿绿篱多用斜线或弧线交叉表现。落叶绿篱则只画绿篱外轮廓线或加上种植位置的黑点来表现。修剪的绿篱外轮廓线整齐平直，不修剪的绿篱外轮廓线为自然曲线，图 8-31 所示为绿篱的表现方法。

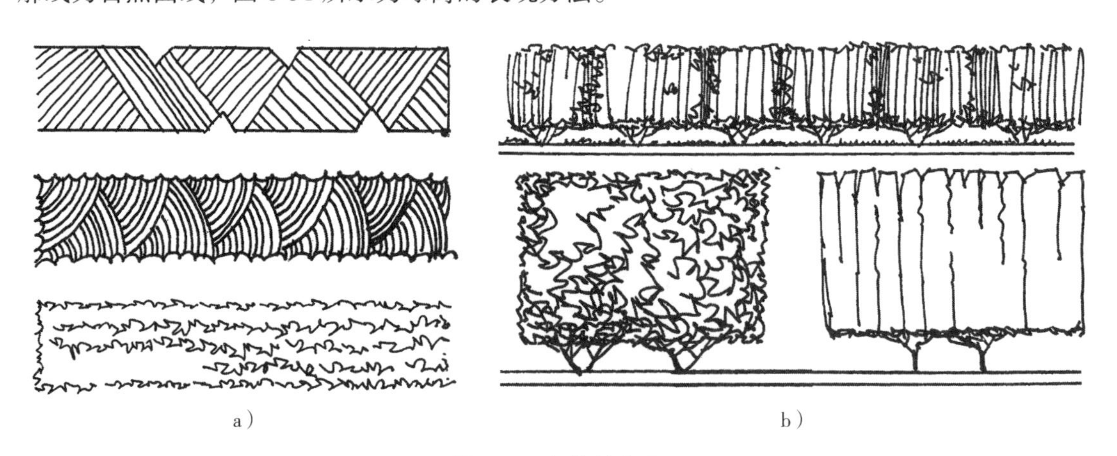

a）　　b）

图 8-31　绿篱的表现

a）绿篱的平面表现　b）绿篱的立面表现

5. 花卉的表现

花卉平面图的表现方式与灌木相似，在图形符号上作相应的区别以表现与其他植物类型的差异。在使用图形符号时可以用装饰性的花卉图案来标注，效果更为美观贴切；也可以附着色彩，使具有花卉元素的设计平面图具备强烈的感染力。在立面、效果的表现中，花卉在纯墨线或钢笔材料条件下与灌木的表现方式区别不大。附彩的表现图以色彩的色相和纯度变化进行区别，可以获得较明显的效果。花卉的表现如图 8-32 所示。

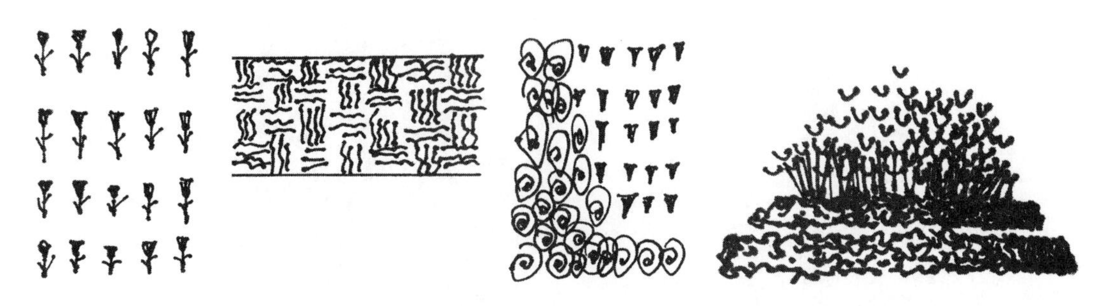

图 8-32　花卉的表现

6. 攀缘植物的表现

攀缘植物经常依附于小品、建筑、地形或其他植物，在园林制图表现中主要以象征指示方式来表现。在平面图中，攀缘植物以轮廓表现为主，要注意描绘其攀缘线。如果是在建筑小品周围攀缘的植物，应在不影响建筑结构平面表现的条件下绘制示意图。立面、效果表现攀缘植物时也应注意避让主体结构，作适当的表现，如图 8-33 所示。

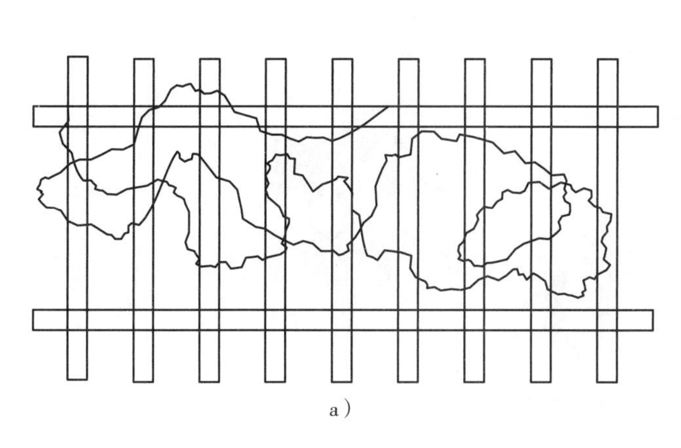

a）　　　　b）

图 8-33　攀缘植物的表现

a）藤蔓的平面表现　b）藤蔓的立面表现

7. 竹子的表现

竹子向来是广受欢迎的园林绿化植物，其种类虽然众多，但其有明显区别于其他木本、被子植物的形态特征，小枝上的叶子排列酷似“个”字，因而在设计图中可充分利用这一特点来表现竹子，如图 8-34 所示。

8. 棕榈科植物的表现

棕榈科植物体态潇洒优美，可根据其独特的形态特征以较为形象、直观的方法表现，如图 8-35 所示。

图 8-34　竹子的表现

a）

b）

图 8-35　棕榈植物的表现

a）棕榈植物的平面表现　b）棕榈植物的立面表现

8.2.2　山石的表现方法

在表现园林山石景观时，主要采用传统绘画的方式。传统绘画的表现方法非常丰富，尤其在山石方面，山石的质感十分丰富，可根据其肌理和发展方向绘制，在描绘平面、立面及效果表现中都可用不同的线条组织方法来表现。

1. 山石的平面表现

山石可分为湖石、黄石、青石、石笋等。用钢笔画湖石，首先勾出湖石轮廓，轮廓线自然曲折。石之纹理自然起伏，多用随形体线表现。此外，需要注意的是，用线条勾勒时，轮廓线要粗，石块面、纹理可用较细较浅的线条稍加勾绘，以体现石块的体积感，如图 8-36 所示。

图 8-36　山石的平面表现

2. 山石的立面表现

立面图的表现方法与平面图基本一致，轮廓线要粗，石块面、纹理可用较细较浅的线条稍加勾绘，以体现石块的体积感及质感。不同的石块应采用不同的笔触和线条表现其纹理，如图 8-37 所示。

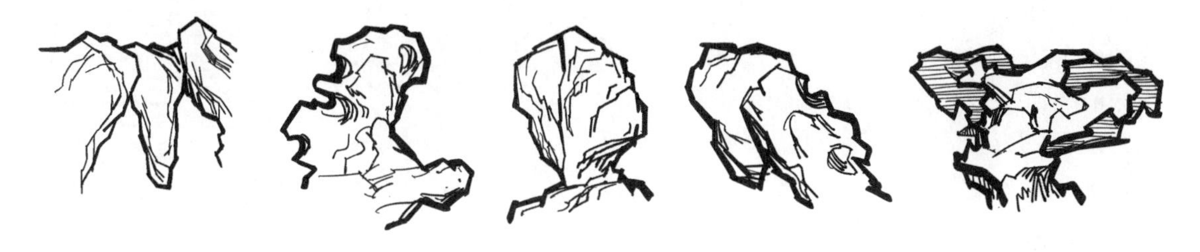

图 8-37　山石的立面表现

3. 山石小品和假山的表现

山石小品和假山是以一定数量的大小不等、形体各异的山石进行群体布置造型，并与周围的景物（建筑、水景、植物等）相协调，形成生动自然的石景。其平面表现同置石相似，立面表现如图 8-38 所示。

图 8-38　石景的表现

8.2.3　水景的表现方法

水在中外园林中均有广泛的应用，是重要的造园要素，在园林中，水的基本表现形式有静水、流水、落水和喷泉等。

1. 静水的表现

静水的表现以描绘水面为主。同时还要注意与其相关的景物的巧妙表现。水面表现可采用线条法、等深线法、平涂法和添景物法。其中前三种为直接的水面表现法，最后一种为间接的水面表现法，如图 8-39 所示。

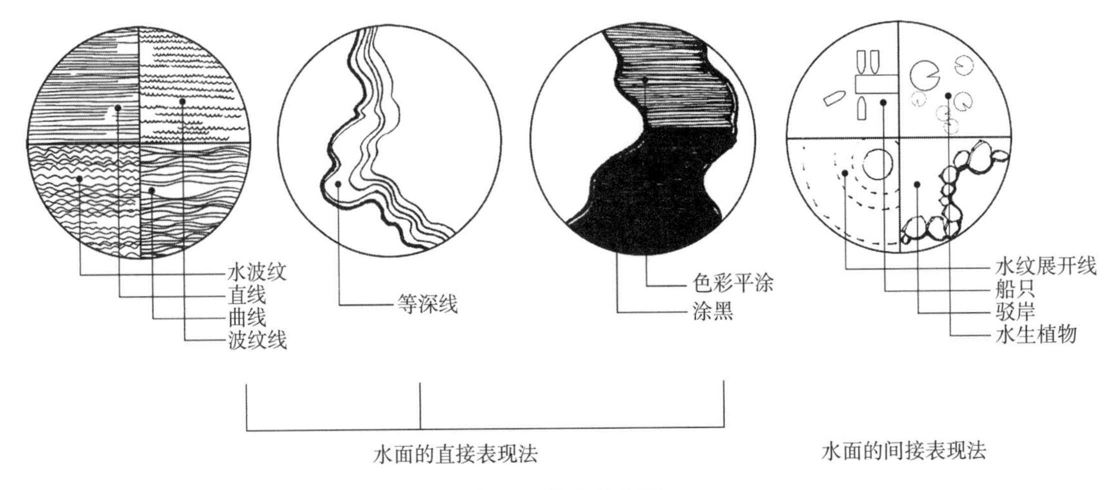

图 8-39 静水的表现

2. 流水的表现

流水在速度或落差不同时产生的视觉效果各有千秋，根据流水的波动来描绘水的性状及质感。水波的流线是表现水的动感的绝佳方式。在描绘流水时，以疏密不同的流线描绘水在流动时产生的动感效果，配合水流的方向表现，形成优美的节奏，如图 8-40 所示。

3. 落水的表现

落水的表现也是水景的表现方法中的一项重要的内容。落水的表现主要以表现地形之间的差异为主，形成不同层面的效果。

当然，随着地形的发展，落水的表现不能一概而论。要根据不同的情况，对不同的题材采用适当的方法，完美而整体地表现园林题材，如图 8-41 所示。

4. 喷泉的表现

一般来说，在表现喷泉时应该注意水景交融。对于水压较大的喷射式喷泉要注意描绘水柱的抛物线，强化其轨迹。对于缓流式喷泉，其轮廓结构是描绘的重点，如图 8-42 所示。

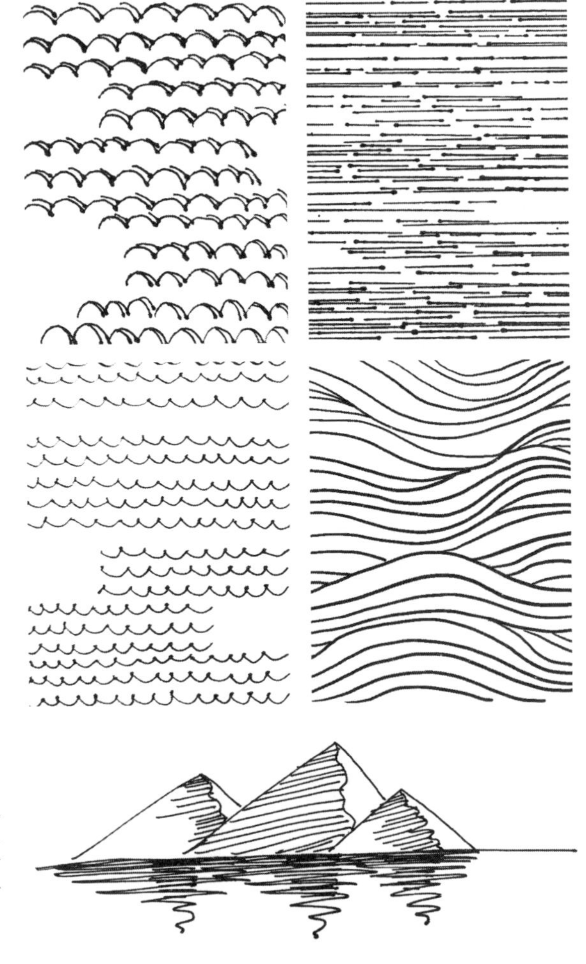

图 8-40 流水的表现

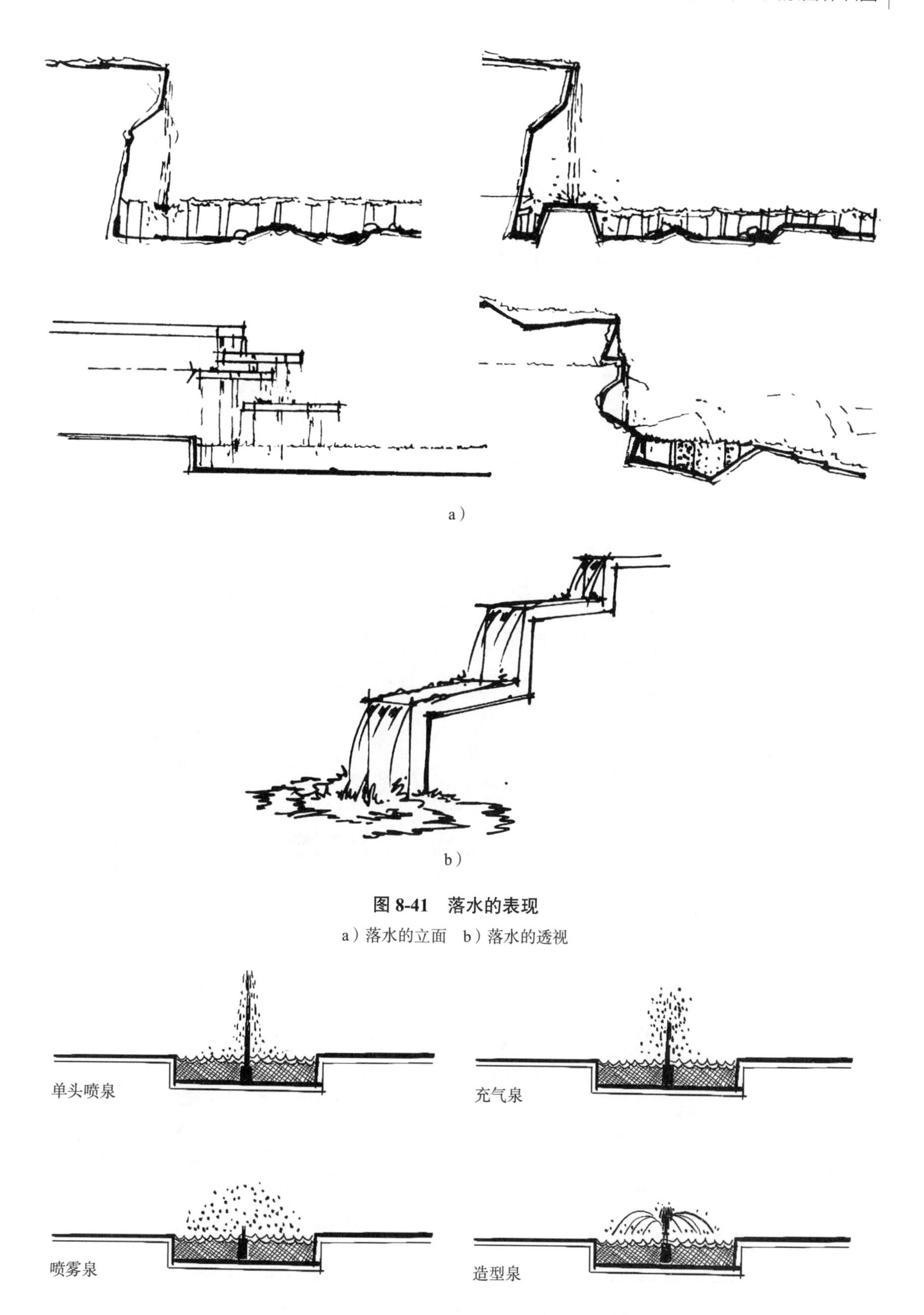

图 8-41　落水的表现

a）落水的立面　b）落水的透视

图 8-42　喷泉的立面表现

8.2.4 园林建筑小品的表现方法

园林建筑小品是指园林中的小型建筑设施，具有体型小、数量多、分布广的特点，可起到点缀风景、烘托气氛、加深意境的作用，且内容丰富多彩、造型精巧美观，是园林中不可缺少的组成部分。常见的有亭、廊、园椅、园凳、园桌、花架、园路、园桥的表现。

1. 亭的表现

亭的造型极为多样，从平面形状可分为圆形、方形、三角形、六角形、八角形、扇面形、长方形等。亭的平面表现十分简单，但其立面和透视表现则非常复杂，表8-6为各类亭子的表现例图。

亭的形状不同，其用法和造景功能也不尽相同。亭以简洁、秀丽的造型深受设计师的喜爱。在平面规整的图面上亭可以分解视线，活跃画面，在与其他建筑小品的结合上有不可替代的作用。

表 8-6　亭的表现

园林中常见的景亭	三角亭 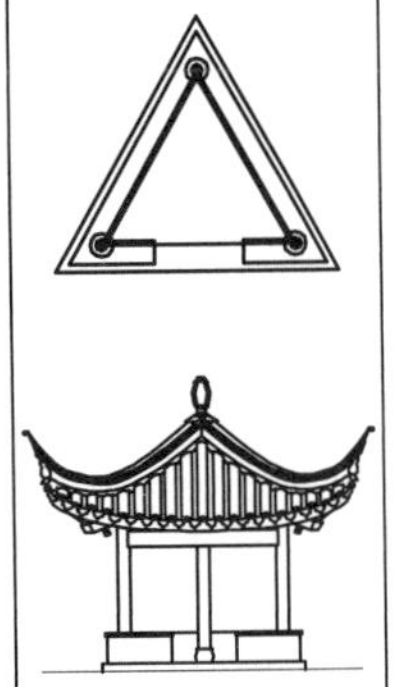	方亭 	五角亭 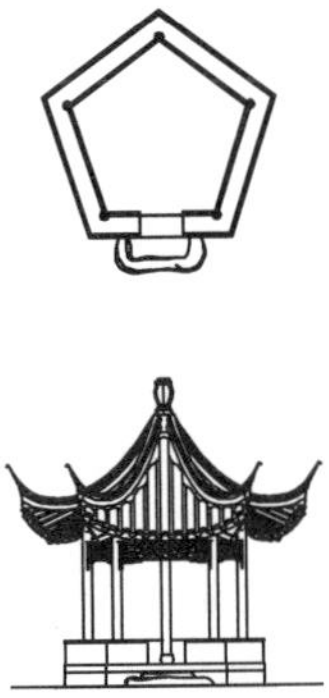	六角亭 	门亭 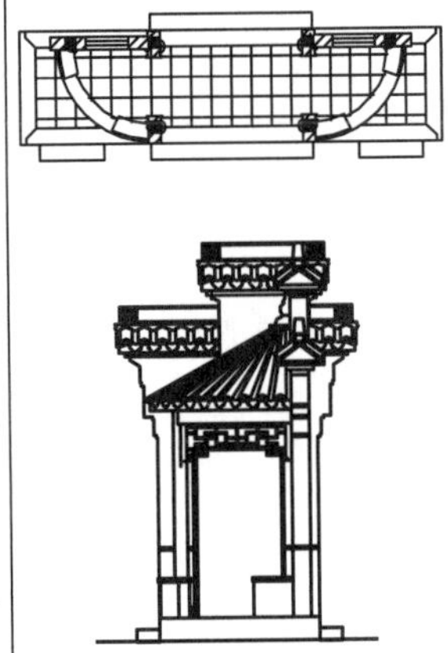
	圆亭 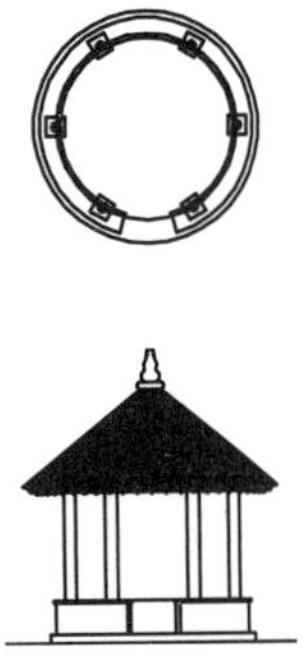	八角亭 	扇形歇山亭 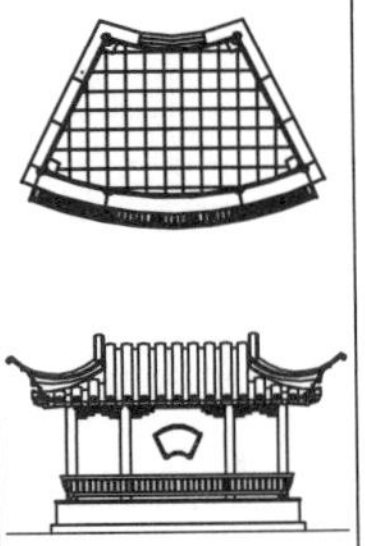	套方亭 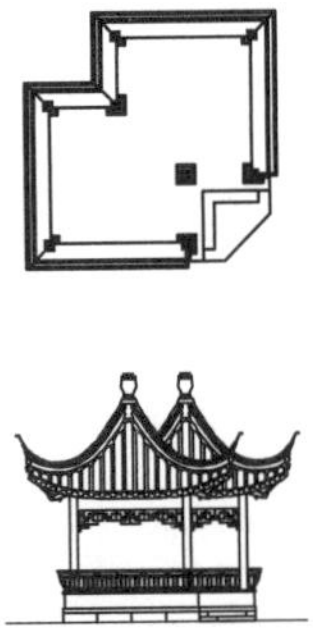	重檐亭 

亭的表现实例：塔影亭的表现如图8-43所示，绣绮亭的表现如图8-44所示。

图 8-43　塔影亭的表现

图 8-44　绣绮亭的表现

2. 廊的表现

廊在园林中的主要功能包括：联系建筑、组织空间、组廊成景、展览等。廊的分类如下：

1）根据廊的剖面形式可分为：空廊、暖廊、复廊、柱廊、双层廊等。

2）根据廊的立面造型可分为：平地廊、爬山廊、叠落廊等。

3）根据廊的位置可分为：桥廊、水走廊等。

4）根据廊的平面形式可分为：直廊、曲廊、回廊等。

常见廊的表现见表 8-7。

表 8-7　常见廊的表现

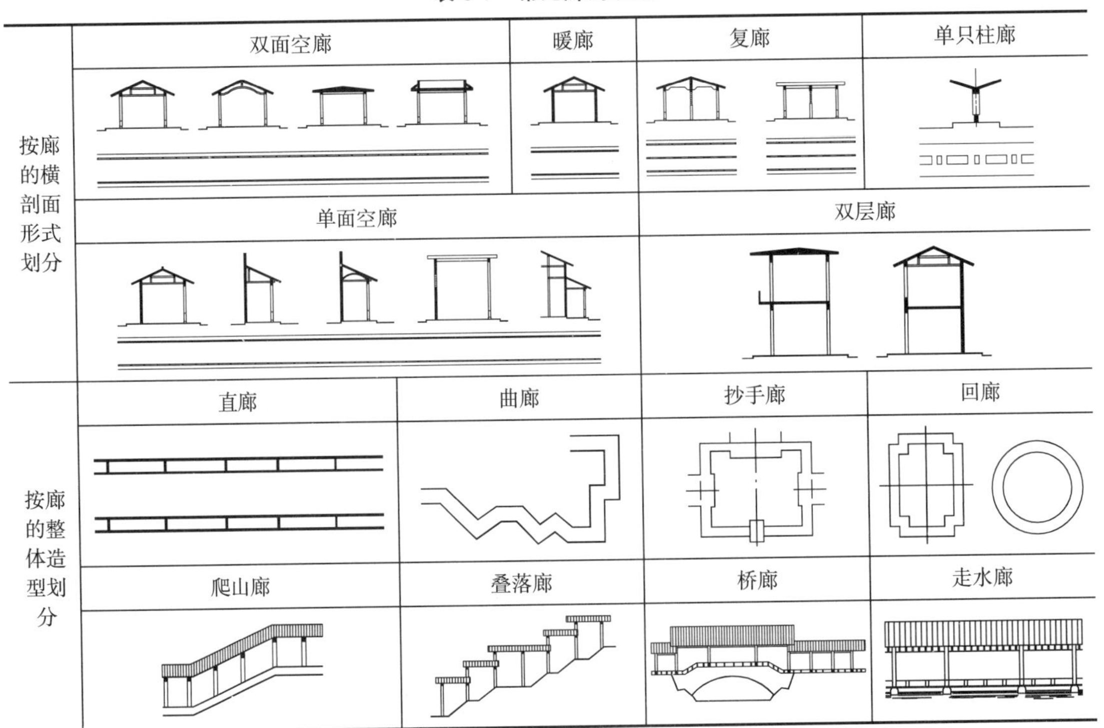

廊的表现实例：爬山廊的表现如图 8-45 所示。

图 8-45　爬山廊的表现

图 8-45　爬山廊的表现（续）

3. 楼阁的表现

（1）楼　重屋为楼。园林中的楼大多为两层，面阔三间、五间不等，屋顶多为硬山式或歇山式。

1）楼的造型宽敞精巧，体量不大，一般装饰长窗，便于眺望，又可与窗外的园林空间取得联系。

2）楼在园林中的主要功能是登高望远或点缀园林。

楼的表现实例：明瑟楼的表现如图 8-46 所示。

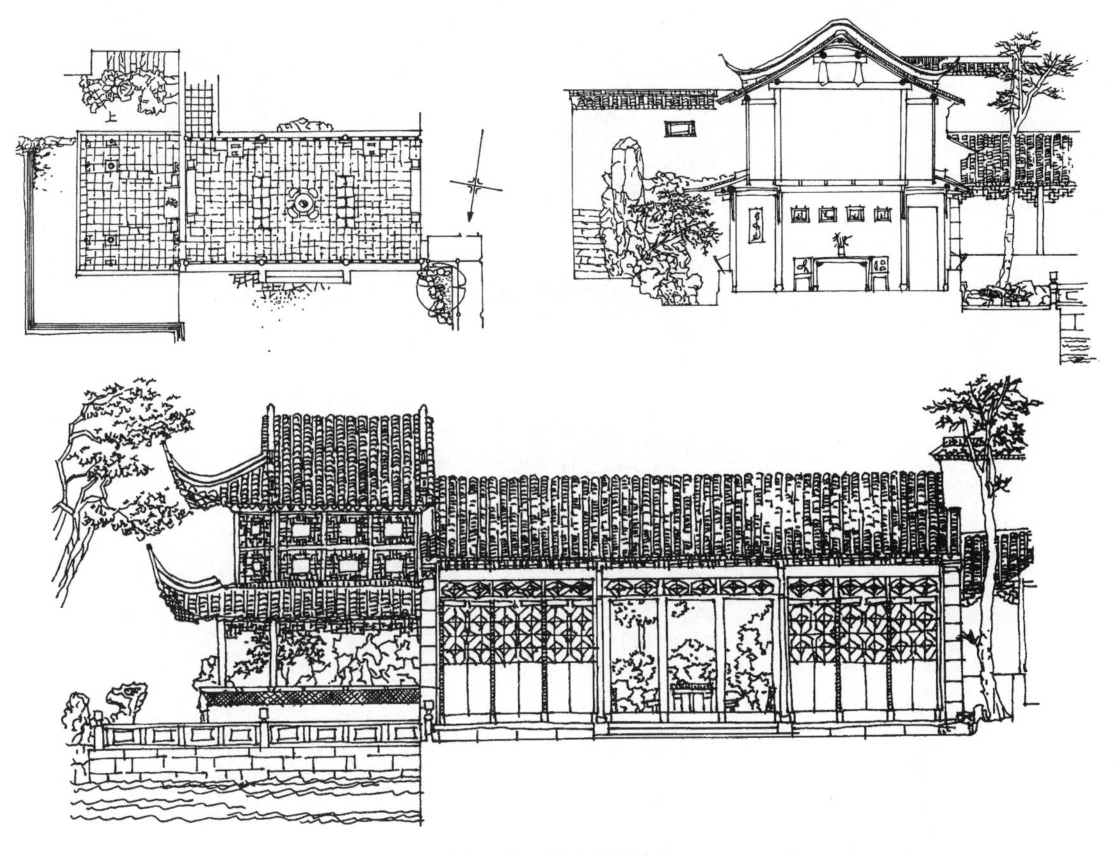

图 8-46　明瑟楼的表现

（2）阁　由古代的干栏式建筑演变而来，这种建筑分上下两层，底层虚空或作次要之用，其上层则作为正当用途，阁下虚上实。

1）阁的特征是：四面都开窗，造型较楼更为轻巧，平面常为四方形或正多边形，四周设置隔窗或栏杆回廊，以便凭栏远眺。

2）阁的主要功能：登高远眺，休息赏景或用于供佛。

阁的表现实例：望江阁的表现如图 8-47 所示。

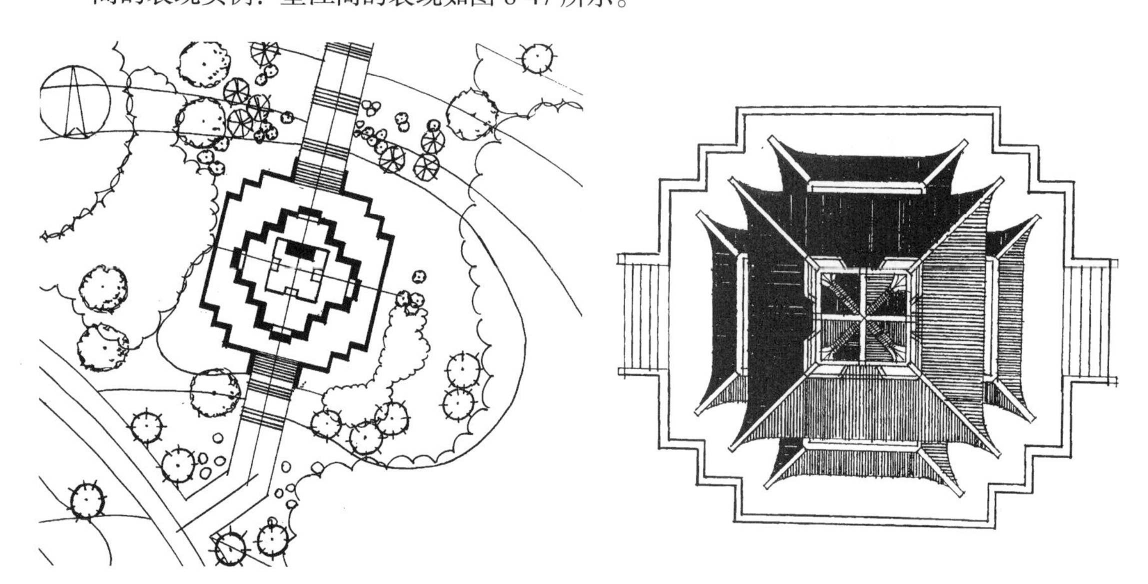

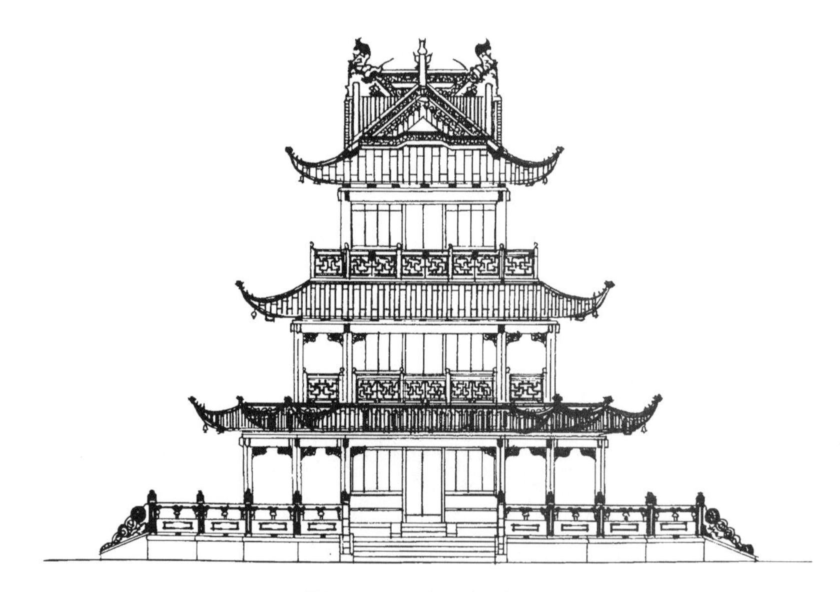

图 8-47　望江阁的表现

4. 舫的表现

舫是仿船而造成的水中建筑物，是游赏性的构制精美的小船，但不是船，不能动，故又名不系舟或游舫、画舫。

舫的表现实例：香洲舫的表现如图 8-48 所示。

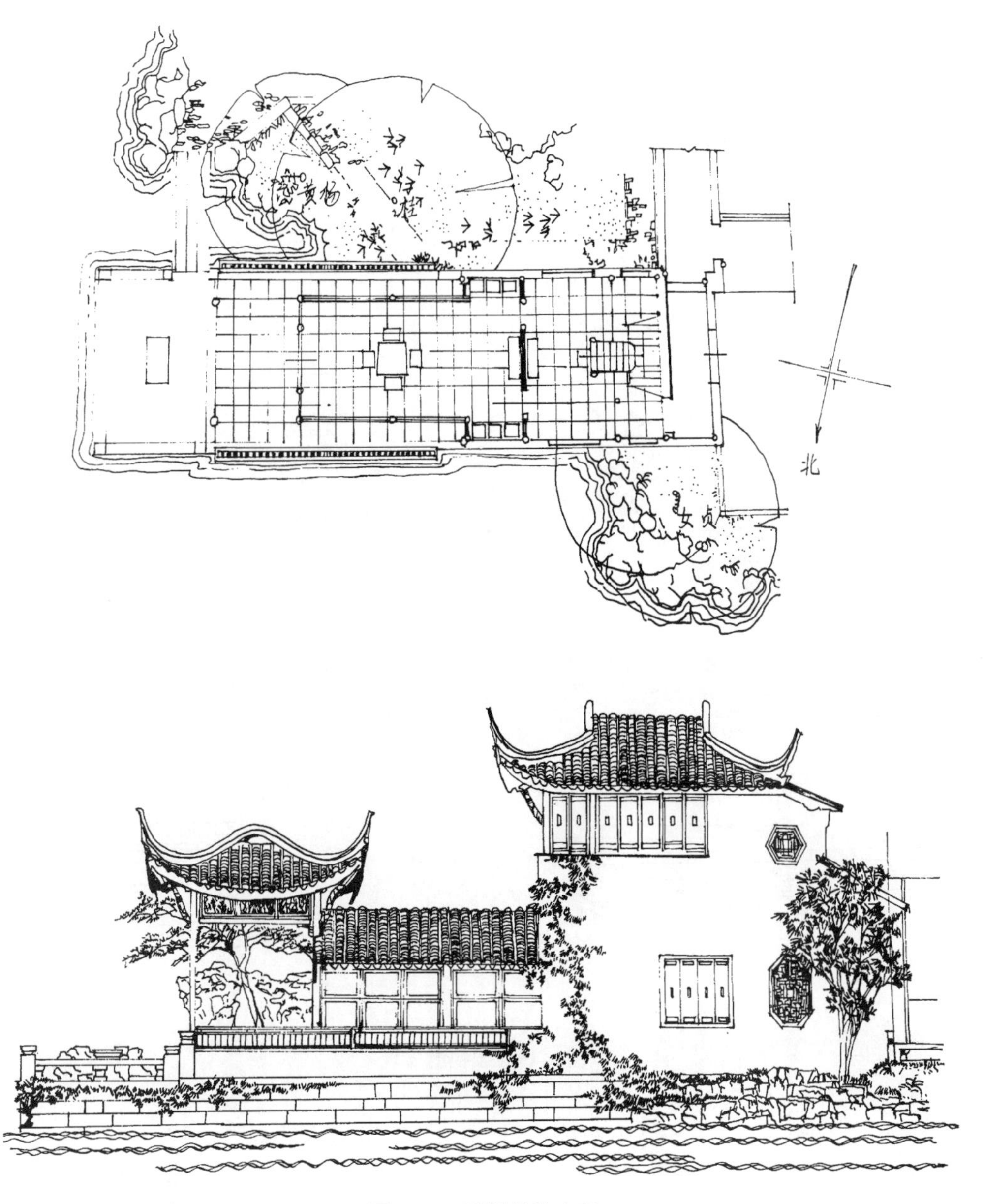

图 8-48　香洲舫的表现

5. 园椅、园凳、园桌的表现

（1）园椅的表现　园椅的形式可分为直线和曲线两种。在表现园椅时，平面图、立面图的绘制方法与建筑表现类似，而且因其体量较小，结构不会过于复杂，表现的难度不大。透视图在园椅的表现中难度相对大一些。但是只要合理地把握透视规律，保证透视规律的一致，园椅的表现也会和环境相得益彰，如图 8-49 所示。

（2）园凳的表现　圆凳的平面形状通常有圆形、方形、条形及多边形等，圆形和方形常与园桌相匹配，而后两种同园椅一样，单独设置。

（3）园桌的表现　园桌的平面形状一般有方形和圆形两种，在其周围一般配有四个平面形状相似的园凳。图 8-50 所示为圆形园桌的平面、立面及透视表现。

图 8-49　园椅的表现

图 8-50　园凳、园桌的表现

8.2.5　园路的表现方法

园路在形态上变化不大，在绘制的过程中重点考虑其与不同材质结合之后所形成的纹理上的特征。例如，石材道路、砖道路、木质道路、沙石道路、卵石道路等。园路在园林中的作用主要是引导游览、组织景色和划分空间。园路的美主要体现在园路平竖线条的流畅自然和路面的色彩、质感以及图案的精美，再加上园路与所处环境的协调。

园路平面表现

在规划设计阶段，园路设计的主要任务是与地形、水体、植物、建筑物、铺装场地及其他设施合理结合，形成完整的风景构图；成为连续展示园林景观的空间或欣赏前方景物的透视线，并使园路的转折、衔接通顺，符合游人的行为规律。因此，规划设计阶段的园路的平面表现以图形为主，基本不涉及数据的标注。园路的平面及材质表现如图 8-51 所示。

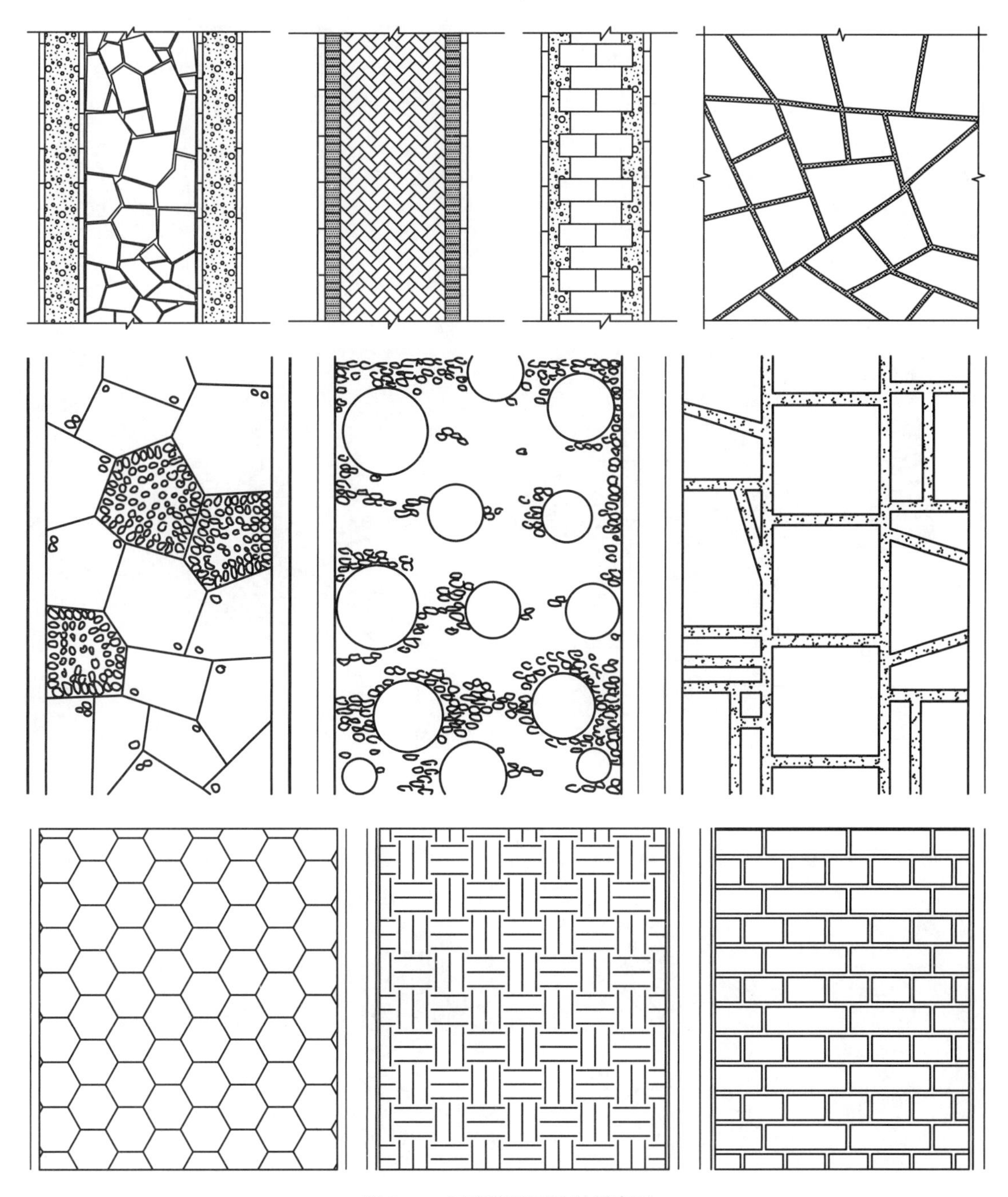

图 8-51　园路的平面及材质表现

绘制园路平面图的基本步骤：

1）确立道路中线。

2）根据设计路宽确定道路边线。

3）确定转角处的转弯半径或其他衔接方式，并可根据需要表现铺装材料，如图 8-52 所示。

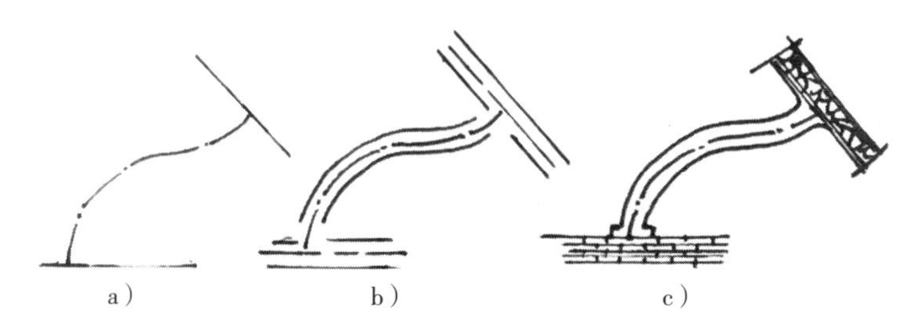

图 8-52　绘制园路平面图的步骤

8.2.6　园桥的表现方法

1. 平桥

平桥的桥面平直，造型古朴、典雅，如图 8-53 所示。

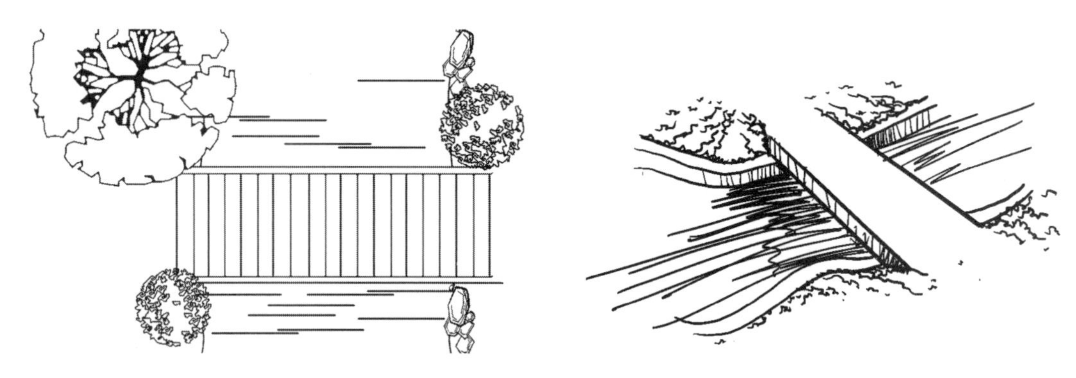

图 8-53　平桥的表现

2. 曲桥

曲桥造型丰富多样。桥面平坦但曲折成趣，造型的感染力更为强大，如图 8-54 所示。

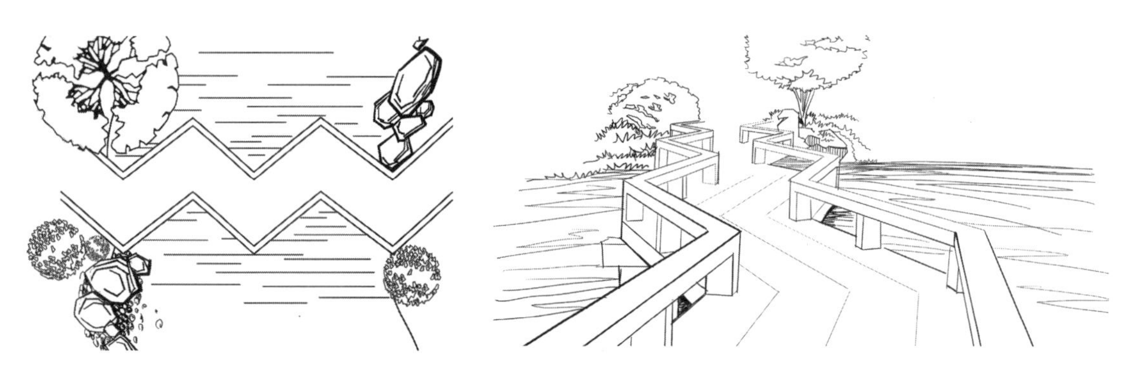

图 8-54　曲桥的表现

3. 拱桥

拱桥的桥身最富于立体感，中间高，两头低，拱桥的造型变化丰富，如图 8-55 所示。

图 8-55　拱桥的表现

4. 其他形式的桥

桥的种类很多，比较常见的还有吊桥和廊桥，如图 8-56、图 8-57 所示。

图 8-56　吊桥的表现

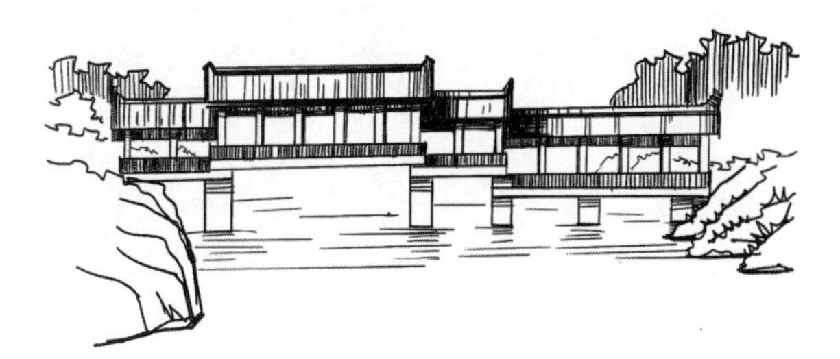

图 8-57　廊桥的表现

5. 汀步

汀步主要分为规则式、自然式和仿生式。规则式汀步的表现如图 8-58 所示；自然式汀步的表现如图 8-59 所示。

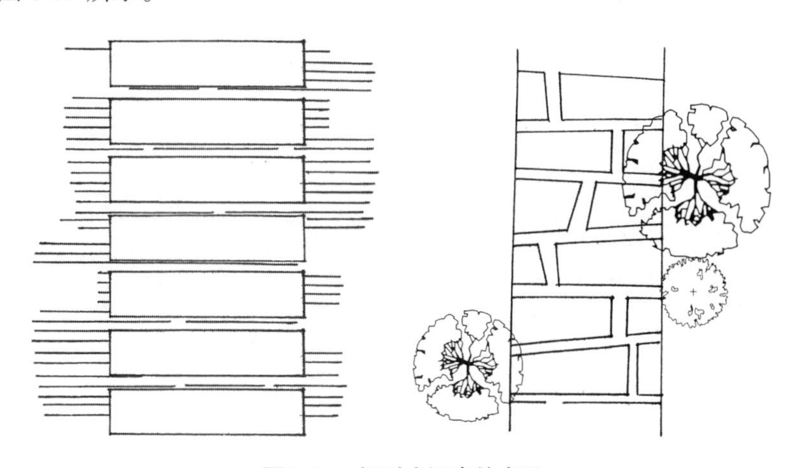

图 8-58　规则式汀步的表现

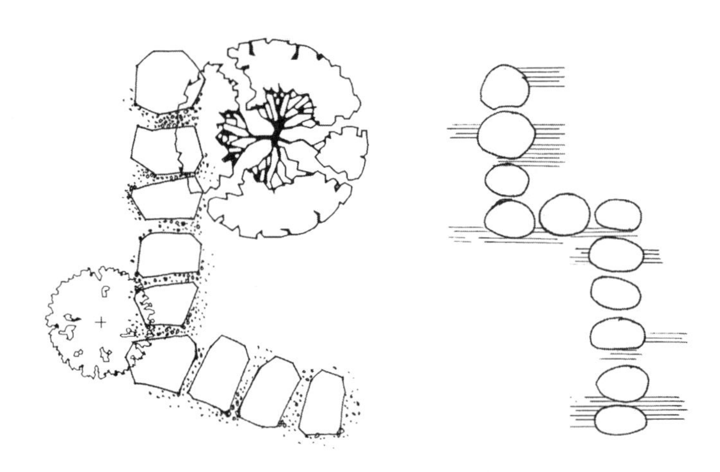

图 8-59　自然式汀步的表现

风景园林各要素图例图示标准见表 8-8。

表 8-8　风景园林各要素图例图示标准

名称	图例	名称	图例
风景名胜区（国家公园），自然保护区等界	-------------------	外围保护地带界	⊥⊥⊥⊥⊥⊥⊥⊥⊥⊥⊥⊥⊥⊥
景区、功能分区界	— — — — — — — — — —	绿地界	——————————
景点		古建筑	
塔		墓、墓园	
宗教建筑（佛教、道教、基督教……）		文化遗址	
桥		摩崖石刻	
城墙		古井	
牌坊、牌楼		山岳	
岩洞		孤峰	
奇石		群峰	

（续）

名称	图例	名称	图例
瀑布		峡谷	
温泉		陡崖	
湖泊	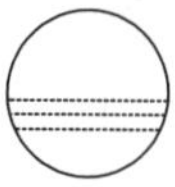	泉	
森林		海滩、溪滩	
动物园		古树名木	
烈士陵园		公园	
植物园			
天然游泳场		水上运动场	
游乐场		运动场	
跑马场		赛车场	
高尔夫球场			
综合服务设施点		公共汽车站	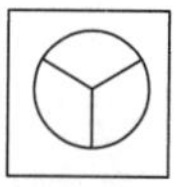
火车站		飞机场	
码头、港口		缆车站	
停车场		加油站	

（续）

名称	图例	名称	图例
医疗设施点		公共厕所	W C
文化娱乐点		旅游宾馆	
度假村、休养所		疗养院	
银行		邮电所（局）	
公用电话点		餐饮点	
风景区管理站（处、局）		消防站、消防专用房间	
公安、保卫站		气象站	
野营地			
电视差转台	TV	发电站	
变电所		给水厂	
污水处理厂		垃圾处理厂	
公路汽车游览路		小路、步行游览路	
山地步游小路		隧道	
架空索道线		斜坡缆车线	
高架轻轨线		水上游览线	

（续）

名称	图例	名称	图例
架空电力电讯信线	代号	管线	代号
村镇建设地		风景游览地	
旅游度假地		服务设施地	
市政设施地		农业用地	
游憩、观赏绿地		防护绿地	
文物保护地		苗圃花圃地	
特殊用地		针叶林地	
阔叶林地		针阔混交林地	
灌木林地		竹林地	
经济林地		草原、草甸	
规划的建筑物		原有的建筑物	
规划扩建的预留地或建筑物		拆除的建筑物	
地下建筑物		坡屋顶建筑	
草顶建筑或简易建筑		温室建筑	
护坡		挡土墙	

（续）

名称	图例	名称	图例
排水明沟		有盖的排水沟	
雨水井		消火栓井	
喷灌点		道路	
铺装路面		台阶	
铺砌场地		车行桥	
人行桥		亭桥	
铁索桥		汀步	
涵洞		水闸	
码头		驳岸	
自然形水体		规则形水体	
跌水、瀑布		旱涧	
溪涧			
自然山石假山		人工塑石假山	
土石假山		独立景石	
喷泉		雕塑	
花台		座凳	
花架		围墙	

（续）

名称	图例	名称	图例
栏杆		园灯	
饮水台		指示牌	
落叶阔叶乔木		常绿阔叶乔木	
落叶针叶乔木		常绿针叶乔木	
落叶灌木		常绿灌木	
阔叶乔木疏林		针叶乔木疏林	
阔叶乔木密林		针叶乔木密林	
落叶灌木疏林		落叶花灌木疏林	
常绿灌木密林		常绿花灌木密林	
自然形绿篱		整形绿篱	
镶边植物		一、二年生草本花卉	
多年生及宿根草本花卉		一般草皮	
缀花草皮		整形树木	
竹丛		棕榈植物	

（续）

名称	图例	名称	图例
仙人掌植物		藤本植物	
水生植物			
主轴干侧分枝形		主轴干无分枝形	
无主轴干多枝形		无主轴干垂枝形	
无主轴干丛生形		无主轴干匍匐形	
圆锥形		椭圆形	
圆球形		垂枝形	
伞形		匍匐形	

第9章 风景园林设计与构造实例

9.1 学习案例的目的

风景园林是一门实践性很强的课程，需要通过大量的实践与现场学习来加深对设计与细部构造的理论理解，本章为一个别墅庭院的设计实例，虽然基地较小，但其设计要素、设计方法与细部构造等内容丰富，作为风景园林实例分析具有很好的代表性与可参考性。

本别墅庭院的设计案例将从设计要素、设计方法、细部构造等方面进行阐述，以帮助学生理解前面所学理论知识，系统性地介绍案例设计及施工图呈现的过程，通过对已学知识的理解，重点加强以下知识的掌握：

1）了解设计要素在方案中的体现。

2）掌握设计布局的思路及方式。

3）培养识读风景园林工程施工图的能力。

4）培养绘制风景园林工程施工图的能力，体会细部构造在施工图中的应用。

9.2 别墅庭院设计造景元素

本别墅庭院设计案例的造景元素较全面，地面铺装及景墙等相对丰富，因场地有限，建筑物、构筑物与水景的设计相对简单，具体造景元素的类型见表 9-1。

表 9-1 别墅庭院设计造景元素类型

元素	类型、规格	
地面铺装	花岗石地面	荔枝面黄锈石花岗石（100mm × 100mm × 30mm）、火烧面中国黑花岗石（100mm × 50mm × 30mm）、火烧面芝麻浅灰花岗石（600mm × 100mm × 250mm）、荔枝面芝麻灰花岗石（200mm × 100mm × 30mm）
	铺砖地面	灰色仿古砖（200mm × 40mm × 50 mm）、舒布洛克灰色青砖（100mm × 50mm × 50mm）
	卵石砂石地面	白色卵石卧嵌铺（ϕ40~60）、散置黑色卵石（ϕ20~30）、散置黑色瓜子石（ϕ3~5）、白色砂石
	汀步	自然面芝麻白花岗石（400mm × 150mm × 50mm）
	其他	仿古青瓦拼花（150mm × 80mm）

（续）

元素	类型、规格	
植物	乔灌木	西府海棠（3.5~4.0m 高，2.0~2.5m 冠幅）
	地被层	荷兰菊（0.15m 高，0.1m 冠幅）、蓝花鼠尾草（0.3m 高，0.05m 冠幅）、五叶地锦、宿根福禄考（0.2m 高，0.1m 冠幅）、紫玉簪（0.2m 高，0.15m 冠幅）
	草坪	冷季型草卷
	竹类	早园竹（3.5~4.0m）
建筑物	景观亭	钢结构，面层栗色氟碳漆
构筑物	景墙	入口侧墙（湿贴）、入口背景墙（干挂）、水景背景墙（方钢管）、雪浪石片景墙（干挂）
	月亮门	花岗石门及院墙（干挂）
水景		成品水钵（400mm × 350mm）水源电源接室内
灯具	LED	草坪灯、线条灯、壁灯、地埋射灯、照树灯、亭顶灯

具体的方案平面图如图 9-1 所示。

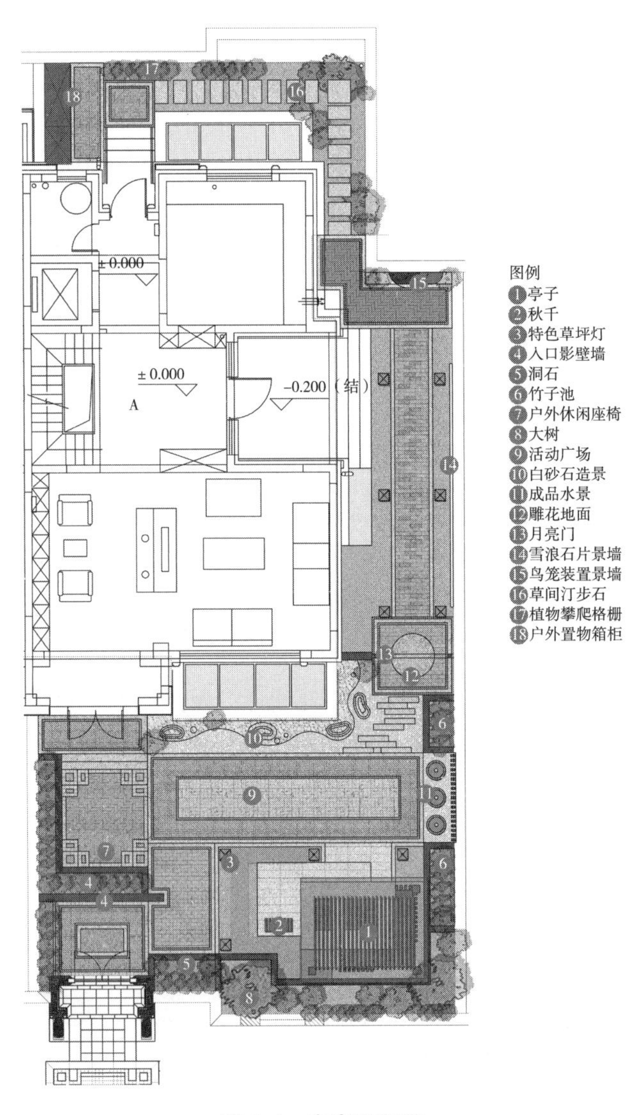

图 9-1　方案平面图

别墅庭院场地设计说明如图 9-2 所示。

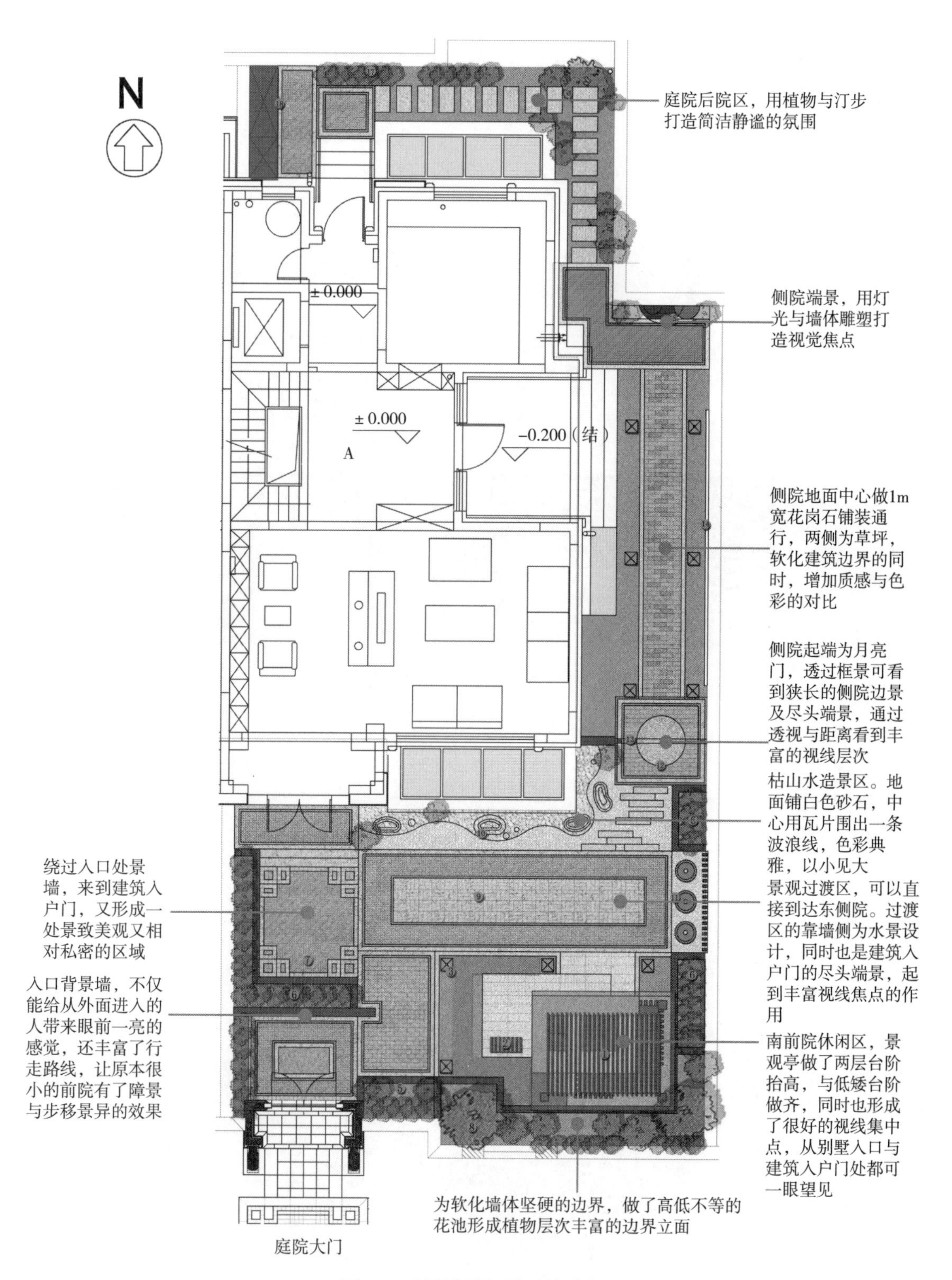

图 9-2　别墅庭院场地设计说明

9.3 别墅庭院设计布局——润物无声

润物无声

规划设计：

这是一栋简欧风格的别墅，建筑稳重大方，位于基地西北角。整个庭院分为三部分，南院、侧院与后院，南院面积最大，整体为方形场地。别墅大门位于西南角，正对建筑入户门。建筑样式及别墅门口位置如图 9-3 所示。

图 9-3 建筑样式及别墅门口位置

在别墅庭院设计的过程中，要根据建筑的风格及场地的实际情况，进行分析，设计师根据现状提出了一套非常漂亮的方案，很好地满足了形式上的美感及功能上的需要。具体的场地俯视图如图 9-4 所示。

图 9-4 场地俯视图

从正门进入庭院后，由于直接正对着建筑入户门，从视线及隐私等方面考虑，在两门中间做了一个入口景墙，不仅能给从外面进入的人带来眼前一亮的感觉，还丰富了行走路线，让原本很小的南院有了障景与步移景异的效果。

入口景墙设计并非全部隔断，中间采用花岗石景墙中心圆形镂空设计，内嵌铁艺花纹。花岗石景墙两侧较矮，也为镂空竖条隔断。透过镂空，隐约看见景墙后的植物与建筑入户门，大大丰富了视线层次。入口景墙景观示意图如图 9-5 所示。

入口处左侧墙也在入口形象区内，因此也做了精致的设计，在黄锈石花岗石墙体上用矩形钢管做竖条边框，边框内嵌墙壁画，下方种植地被植物，软化地面边缘。入口侧墙景观示意图如图 9-6 所示。

图 9-5　入口景墙景观示意图

图 9-6　入口侧墙景观示意图

绕过入口处景墙，来到建筑入户门，又形成一处景致美观又相对私密的区域。沿着墙体在墙体底部做了低矮花池，与入口处台阶相对齐平。下层种植低矮地被植物，上层种植早园竹，形成丰富的竖向景观层次。花池材料选用红褐色面砖，同建筑外墙相一致，表层嵌黄锈石花岗石雕花，与入口景墙顶部的雕花遥相呼应。入户门处景观示意图如图 9-7 所示。

图 9-7　入户门处景观示意图

别墅入口背景墙东部（南院东南角），是面积最大的区域，用景观亭、草坪与花池打造了一处安静闲适的休闲区。为软化墙体坚硬的边界，同样做了高低不等的花池形成植物层次丰富的边界立面。景观亭做了两层台阶抬高，与低矮台阶齐平，同时也形成了很好的视线集中点，从别墅入口与建筑入户门处都可一眼望见。休闲区西侧边界处还做了几樽成品拴马桩，丰富休闲区边界的同时，很好地打造了休闲区私密感。休闲区景观示意图如图 9-8 所示。

图 9-8　休闲区景观示意图

沿着休闲区向北，有一片景观过渡区，可以直接到达东侧院。过渡区的靠墙侧，同时也是建筑入户门的尽头端景，起到丰富视线焦点的作用。端景景观处设计了一处水景观赏区，背景墙前面放置成品水钵，从视觉与声音方面带给人不一样的视听盛宴。水景背景墙采用方钢管做边框及内花纹装饰，表层涂仿木色氟碳漆，与其他景观色彩一致。成品水钵周边散置黑色卵石，丰富地面效果。

过渡区西北角处有一块地下室天井，沿着天井外围做了一处仿日式枯山水造景。地面铺白色砂石，中心用瓦片围出一条波浪线，砂石上沿波浪线放置几处花岗石料石小景，整个造型色彩典雅，质感丰富细腻，以小见大，为过渡区拐角处景观增添一抹亮色。道路通行部分在砂石上做汀步设计，可直接到达东侧院。过渡区景观示意图如图 9-9 所示。

图 9-9　过渡区景观示意图

侧院起始端做了一个月亮门，透过月亮门框景可看到狭长的侧院边景及尽头端景，通过透视与距离看到丰富的视线层次，激起了人前进的欲望。月亮门为圆形，上方阴刻“润物”两字，有滋润万物之意。

侧院地面中心做 1m 宽花岗石铺装通行，两侧为草坪，软化建筑边界的同时，增加质感与色彩的对比。东侧背景墙为雪浪石片景墙，选用颜色深浅不一的双层石片，异形形状模拟大自然山水画卷，高低错落，起伏有致。片石前方放置三块较矮的同样形状起伏的花岗石料石。两片较高片石后面放置 LED 线条灯，更加强了景墙的丰富层次，从每个角度看过去，都是一副赏心悦目的人工山水画。侧院景观示意图如图 9-10 所示。

图 9-10　侧院景观示意图

9.4　别墅庭院施工图

9.4.1　施工图主要图样

一套施工图的图样量非常大，其包含的图样信息也非常全，对现场施工具有很好的指导意义。一般一套完整的施工图包括内容见表 9-2。

表 9-2　施工图主要图样内容

名称	包含内容
封面	主要包含工程名称、项目地址、图样类别、设计单位等内容
目录	通过目录可了解整套图样的所有内容，主要包括图号、图名、规格等信息。图纸目录也会按类别列出，主要为：总图、通用图、详图、绿化图、水电图等
设计说明	设计说明主要包括内容为：①项目概况；②设计依据；③设计内容及范围；④设计技术说明；⑤竖向设计说明；⑥室外工程材料及构造措施；⑦施工要求；⑧图样编排说明及图样使用说明等内容
总图	①总平面图；②索引平面图；③尺寸定位图；④竖向平面图；⑤铺装平面图；⑥网格平面图等

（续）

名称	包含内容
通用图	主要指通用部位的节点大样图，如：①道路、路缘石、伸缩缝、广场等细部做法；②通用种植池、树池、椅凳等基座通用做法；③绿地收边做法；④台阶、栏杆等做法；⑤停车位、井盖等做法；⑥防水、坡道及挡土墙类做法
详图	①铺装详图；②景观详图，如亭廊建筑物、构筑物等
绿化图	①种植设计说明；②种植平面图；③苗木统计表
水电图	①给水排水设计说明；②给水排水布置平面图；③电气设计说明；④电气布置平面图

9.4.2 识图程序和方法

当要观看一套图样时，如果不懂得读图方法，不分先后主次，则很难快速准确地读懂施工图的全部内容和知识点。识图的顺序一般为：从整体看到局部，看局部时再对照整体；先读总图说明等文字信息，再看图样，互相对照，逐步核实。

1）按照图样的目录检查所有图样是否齐全，图样编号、图名与目录是否相符。

2）通过阅读设计说明，了解项目概况、工程特点及相关技术要求等。

3）总图中，索引平面图是将有详图的部位用索引虚框标出来，索引圈内要标全在哪个图号里的第几个图，如果整张图都是索引框部位详图，索引圈上面可用一个小横杠表示“本图”全部。

4）竖向平面图内一般包括场地标高、道路标高、绿地标高、水底及水面标高、构筑物标高等。原则是只要有高度的变化，就需要添加标注。景观施工图中平面图常见标高英文缩写见表 9-3。

表 9-3 竖向平面图常见标高英文缩写

名称	完成面标高	种植区	平台 / 硬质铺装	水域	水面标高	水底标高	池底标高	墙顶标高	墙底标高
缩写	FL	PA	PL	WA	WL	BOW	BP	TW	BW
名称	软景完成面标高	栏杆扶手顶标高	栏杆扶手底标高	表层土壤	土面标高	地形最高点	地形最低点	主干道标高	室内楼地面标高
缩写	FG	TR	BR	TS	SL	HP	LP	RL	FF

5）铺装平面图主要包含铺装底图与文字标注等内容。文字标注包括规格、颜色、材质、铺贴方式等信息。

6）网格平面图中，作为放样依据的平面控制点会明确标在较外的固定点上（如固定的构筑物），图例中标有网格间距。

7）通用图及详图较总图标注更详尽，材料分隔线、铺贴样式等均会体现。

8）景观详图中的构筑物等图名会依据单体名称另取。景观详图中平面、立面、剖面、节点等都会相对应出现，各平、立面的样式、材料及尺寸均需完整。较复杂节点、曲线异形、LOGO 图形等在图样中无法表达清楚的，还需增加放大大样图。

9）绿化图中种植平面图需对乔木、灌木、花等植物层单独标注，包括名称、数量、面积等。苗木统计表包含种类或品种、胸径、冠幅、数量、花色等内容。

9.4.3　“润物无声”案例施工图主要图样

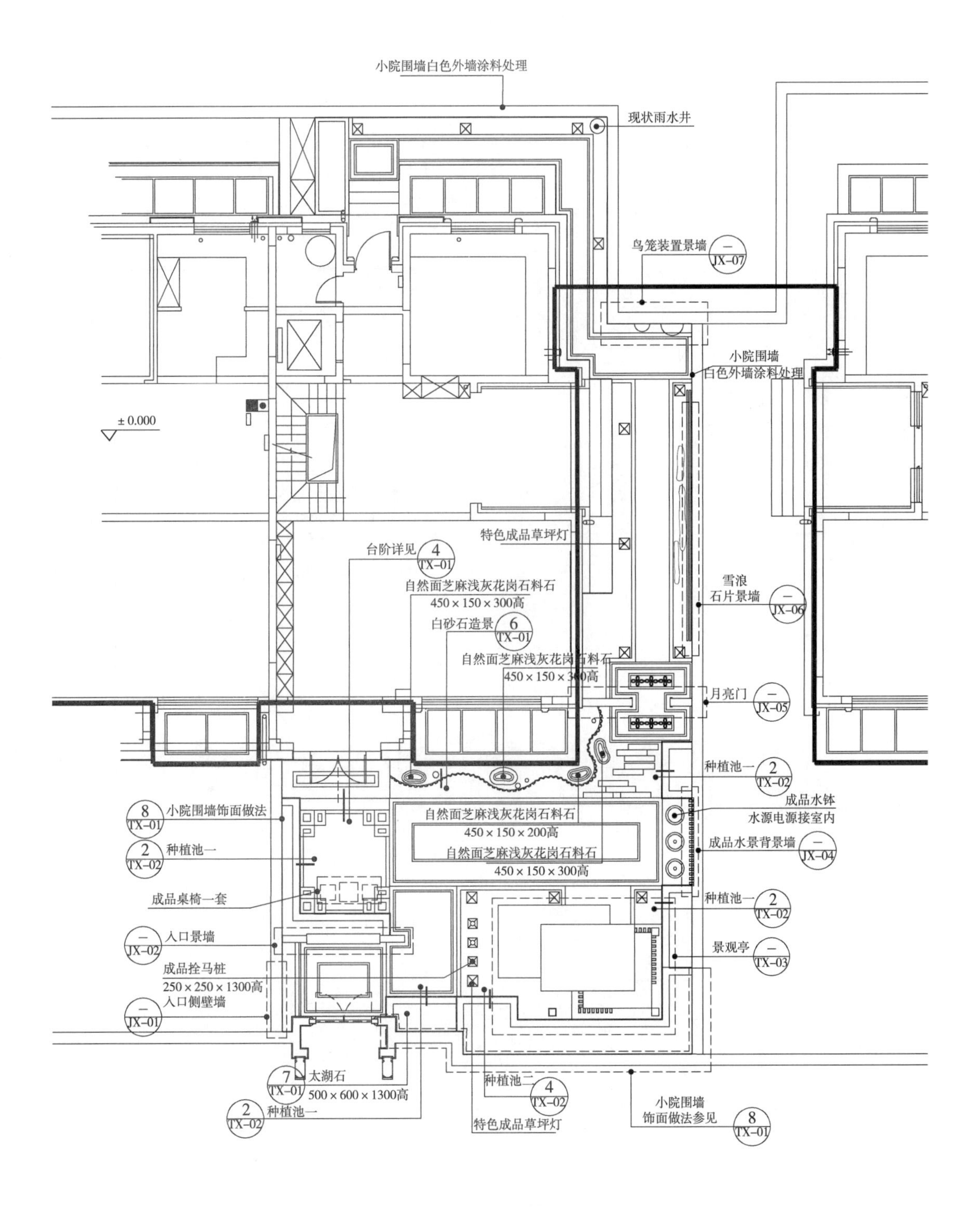

图 9-11　别墅庭院索引平面图

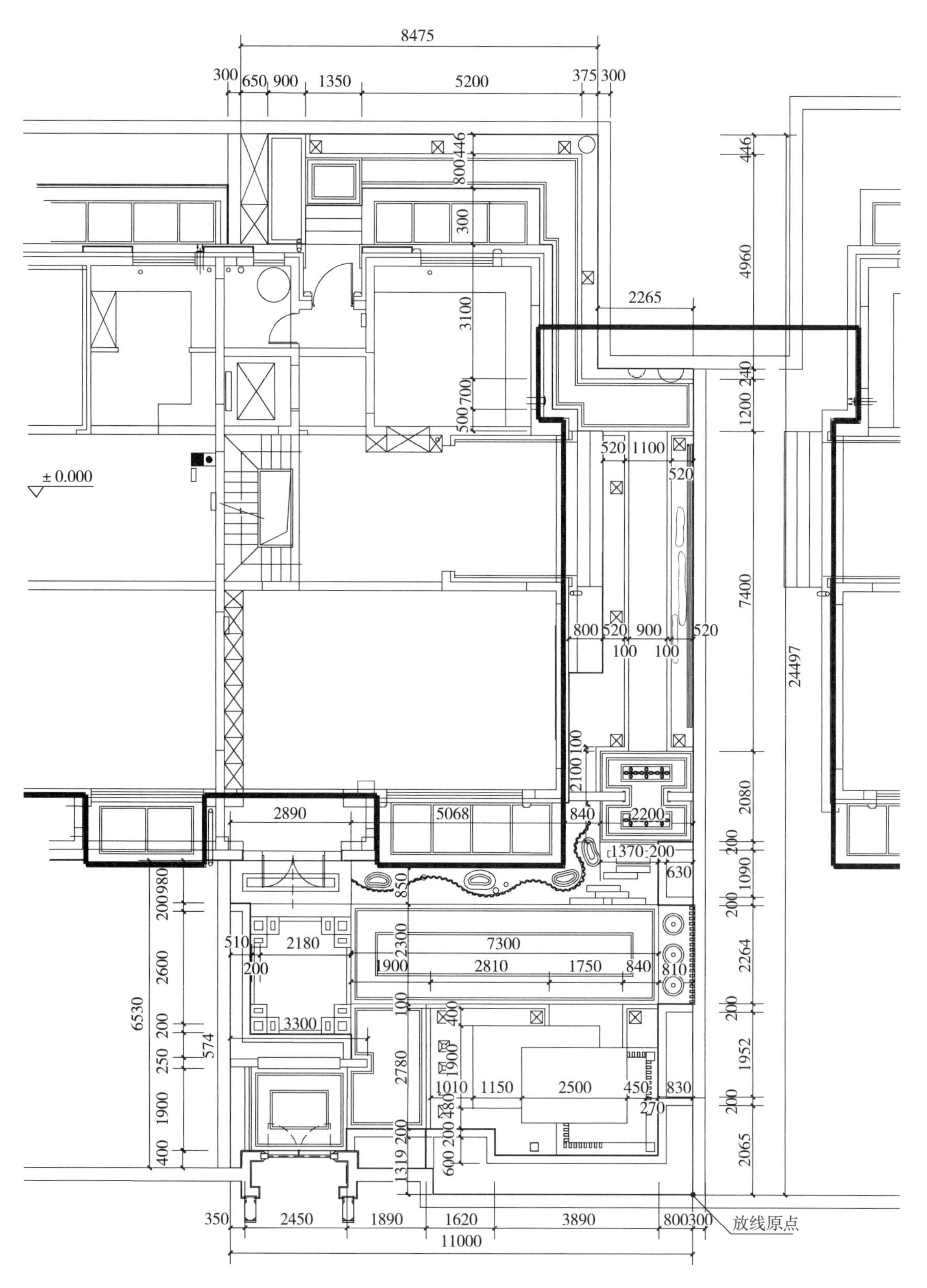

图 9-12　别墅庭院尺寸定位图

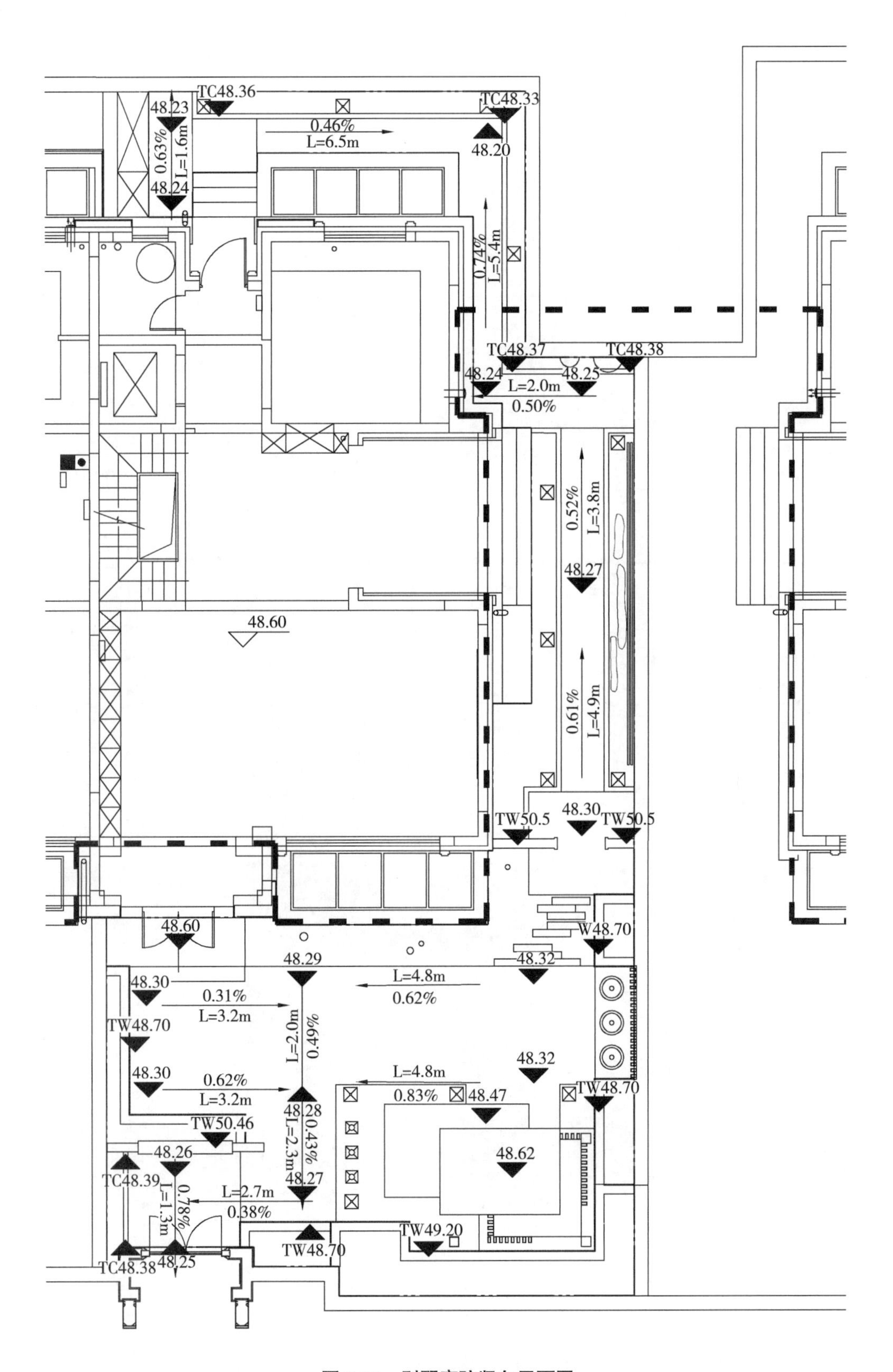

图 9-13　别墅庭院竖向平面图

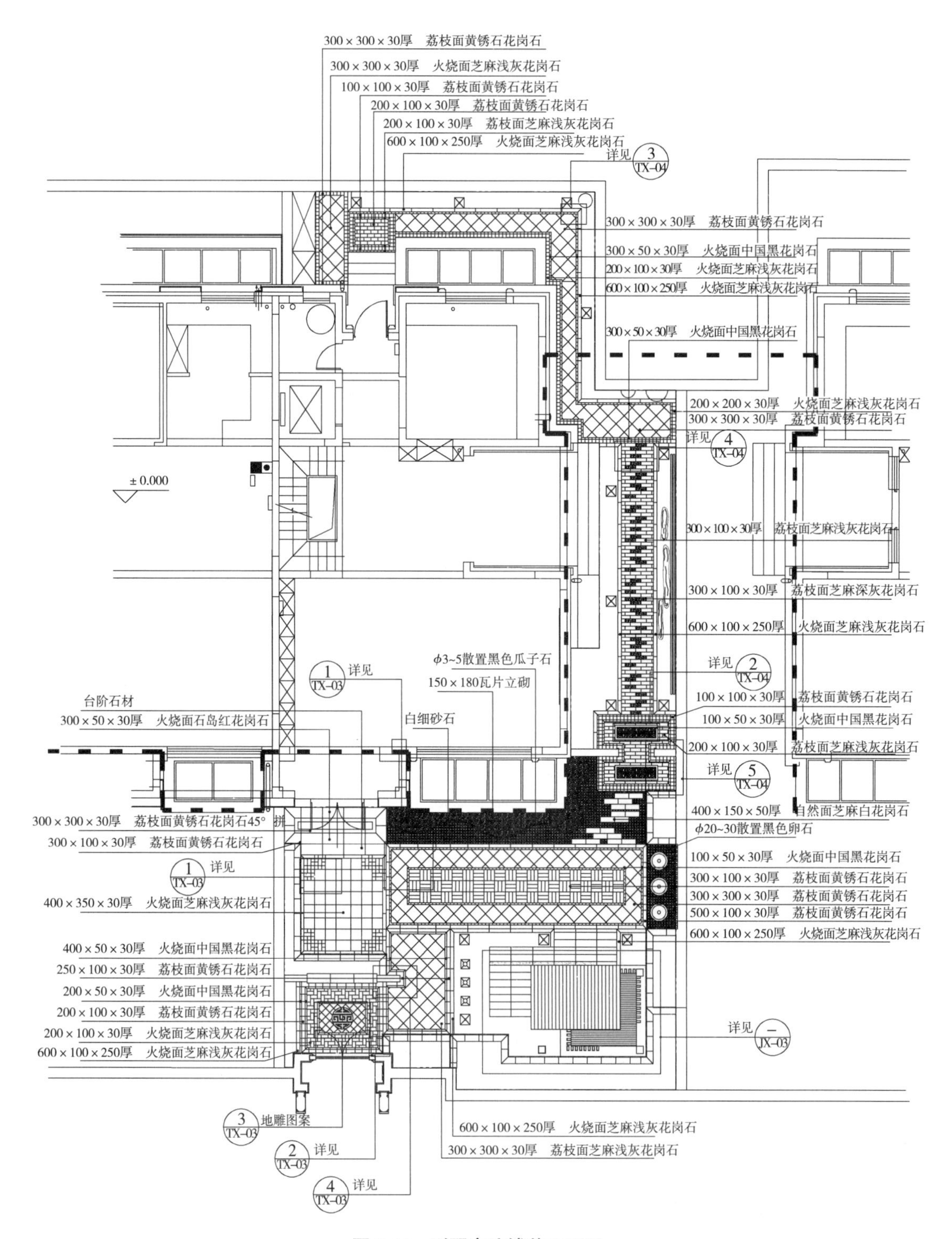

图 9-14 别墅庭院铺装平面图

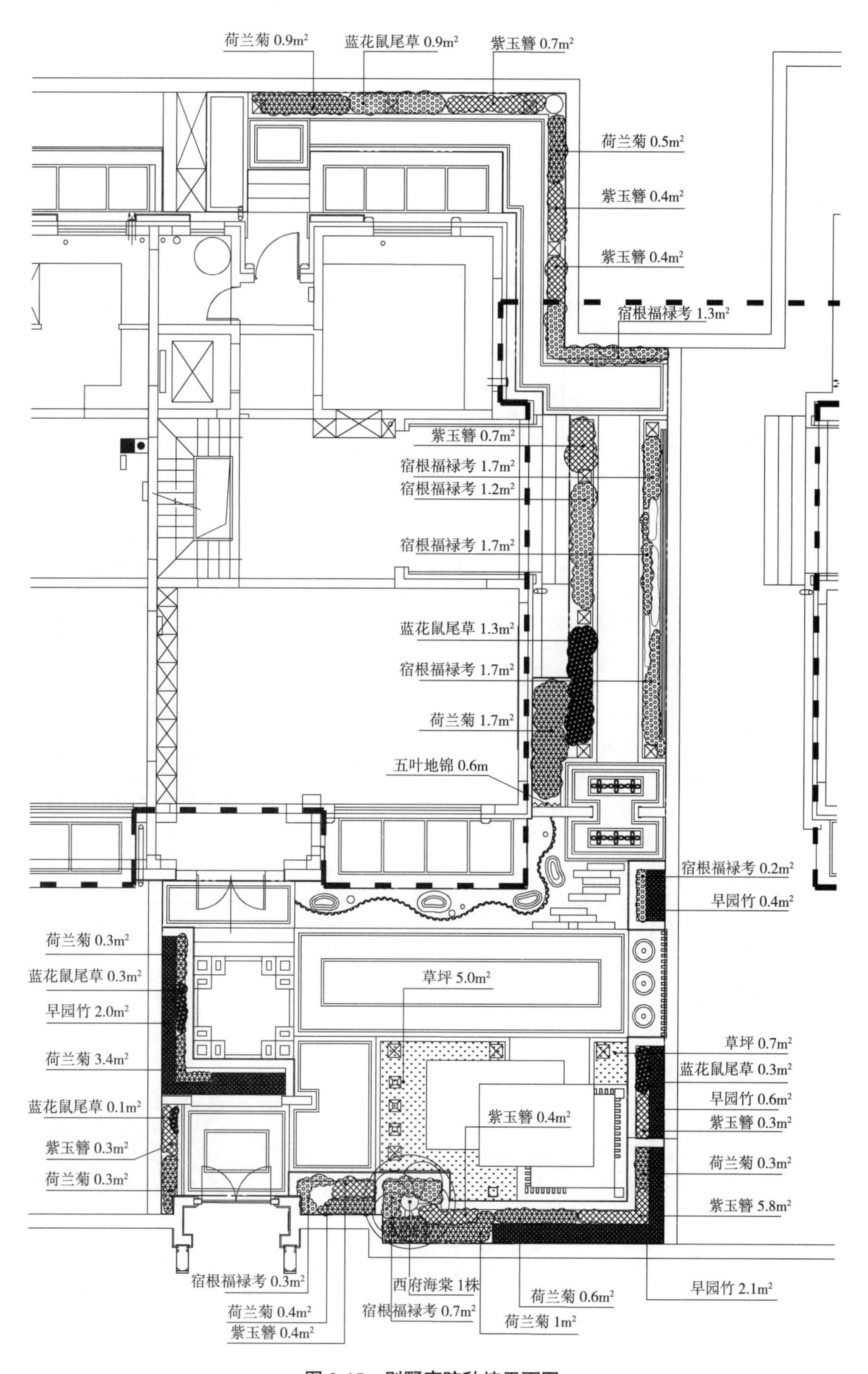

图 9-15　别墅庭院种植平面图

表 9-4　别墅庭院苗木统计表

上木一览表

序号	图例	名称	胸径 /cm	高度 /m	冠幅 /m	数量 / 株	备注
1		西府海棠	10~12	3.5~4.0	2.0~2.5	1	姿态优美，主干 5 分枝以上

下木一览表

序号	名称	种植密度 / 种类	高度 /m	冠幅 /m	数量 /m²	备注
1	草坪	冷季型草卷			5.7	植株健康，满栽不露土
2	荷兰菊	81 株 /m²	0.15	0.1	9.4	植株健康，满栽不露土
3	蓝花鼠尾草	100 株 /m²	0.3	0.05	2.9	植株健康，满栽不露土
4	五叶地锦	5~10 株 / 延米			0.6 延米	三年生，枝条丰满长势正常
5	宿根福禄考	81 株 /m²	0.2	0.1	8.8	植株健康，满栽不露土
6	早园竹	10~15 株 /m²	3.5~4.0		5.1	三年生
7	紫玉簪	64 株 /m²	0.2	0.15	9.4	植株健康，满栽不露土

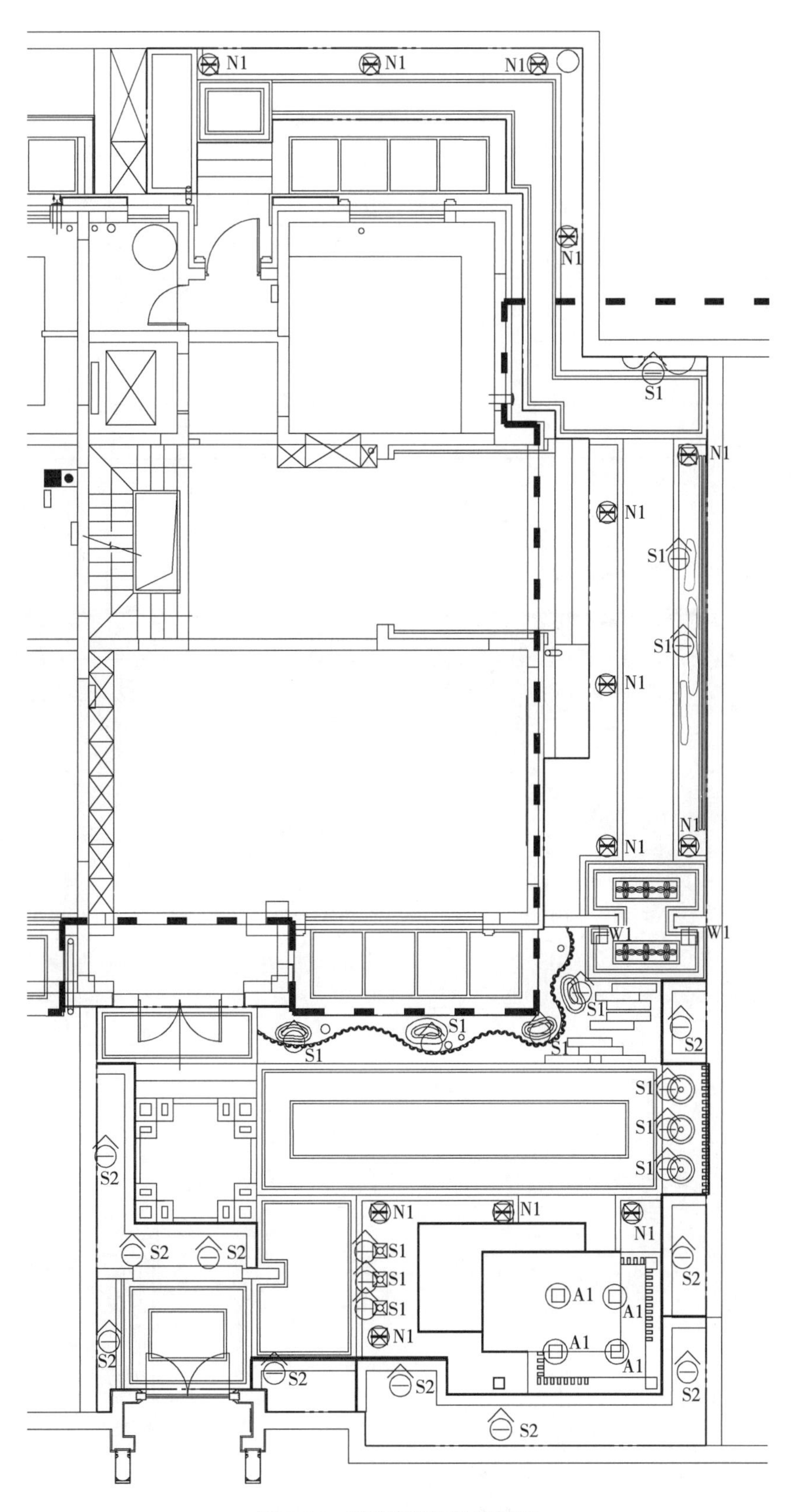

图 9-16　别墅庭院灯位布置图

图例说明

编号	名称	功率	光源	数量	备　注
N1	草坪灯		LED	13 个	
L1	线条灯		LED	141.6m	38m+15m+29m+22m+12m+7.6m+18m
W1	壁灯		LED	2 个	
S1	地埋射灯			19 个	
S2	照树灯			4 个	
A1	亭子顶灯			4 个	

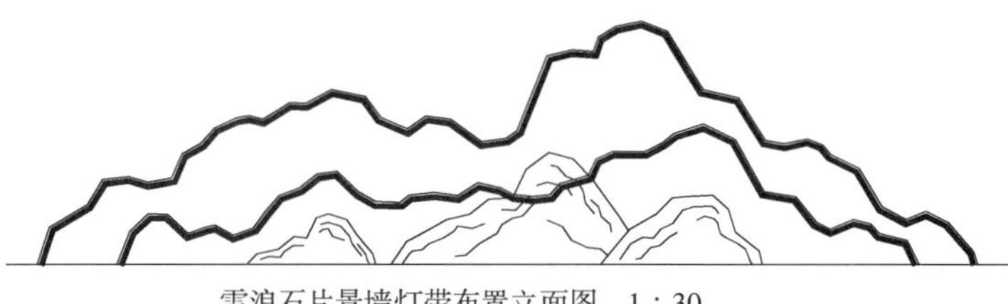

雪浪石片景墙灯带布置立面图　1：30

—L1　线条灯　15m

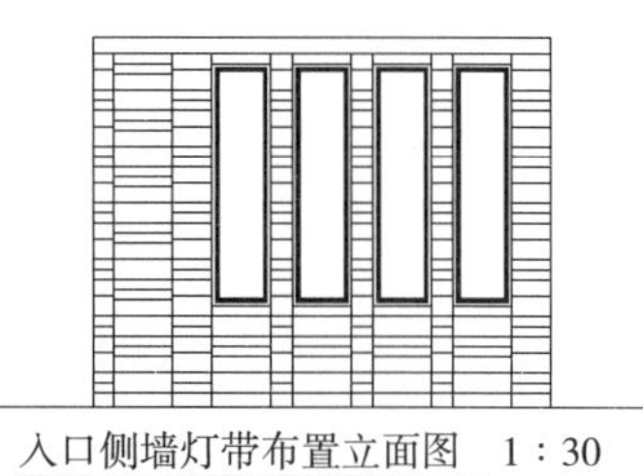

入口侧墙灯带布置立面图　1：30

—L1　线条灯　12m

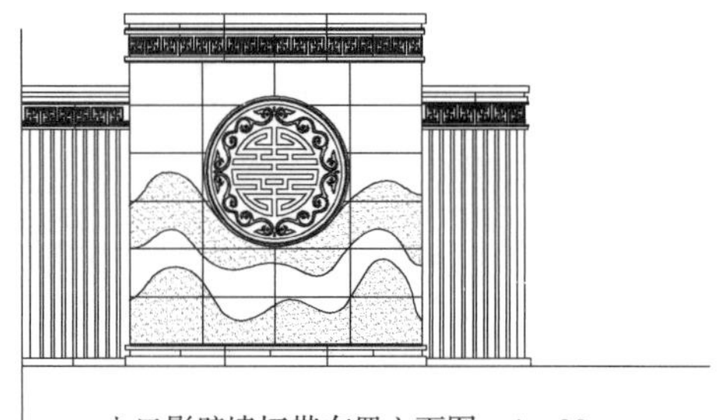

入口影壁墙灯带布置立面图　1：30

—L1　线条灯　11m × 2+0.14m+0.26m × 4+2.8m × 2=29m

鸟笼装饰景墙灯带布置立面图　1：30

—L1　线条灯　7.6m

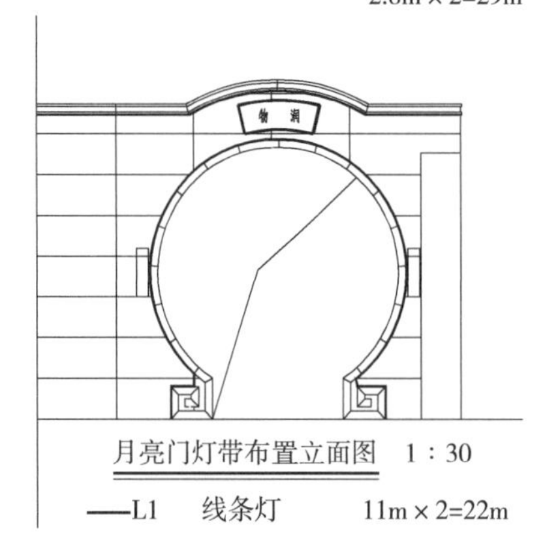

月亮门灯带布置立面图　1：30

—L1　线条灯　11m × 2=22m

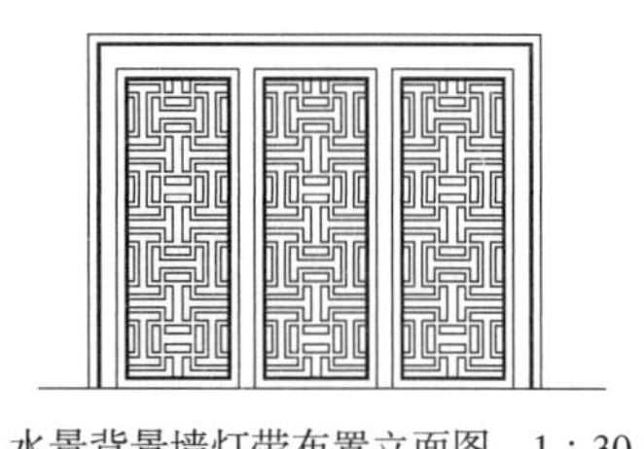

水景背景墙灯带布置立面图　1：30

—L1　线条灯　18m

图 9-17　别墅庭院 L1 线条灯立面布置图

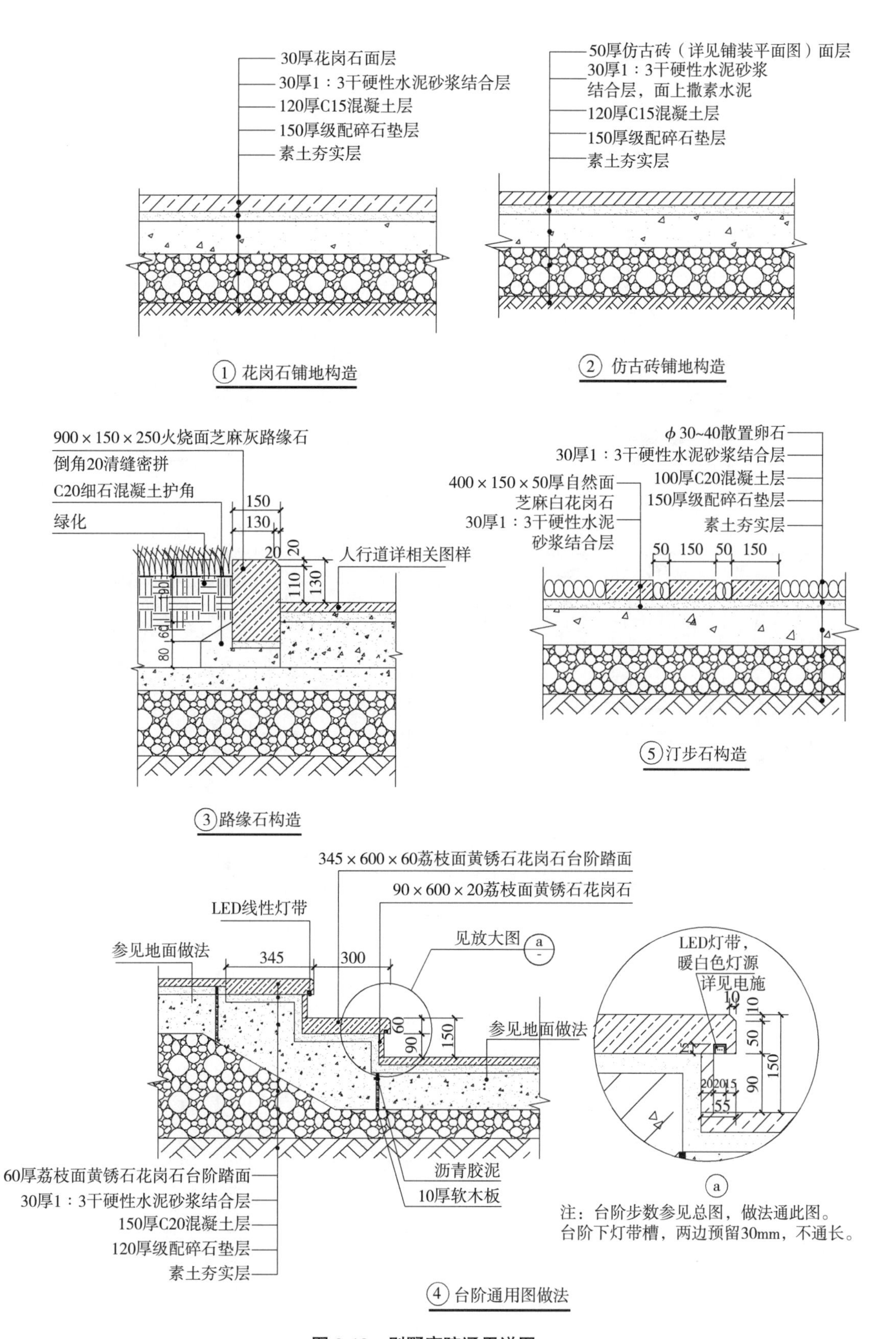

图 9-18　别墅庭院通用详图一

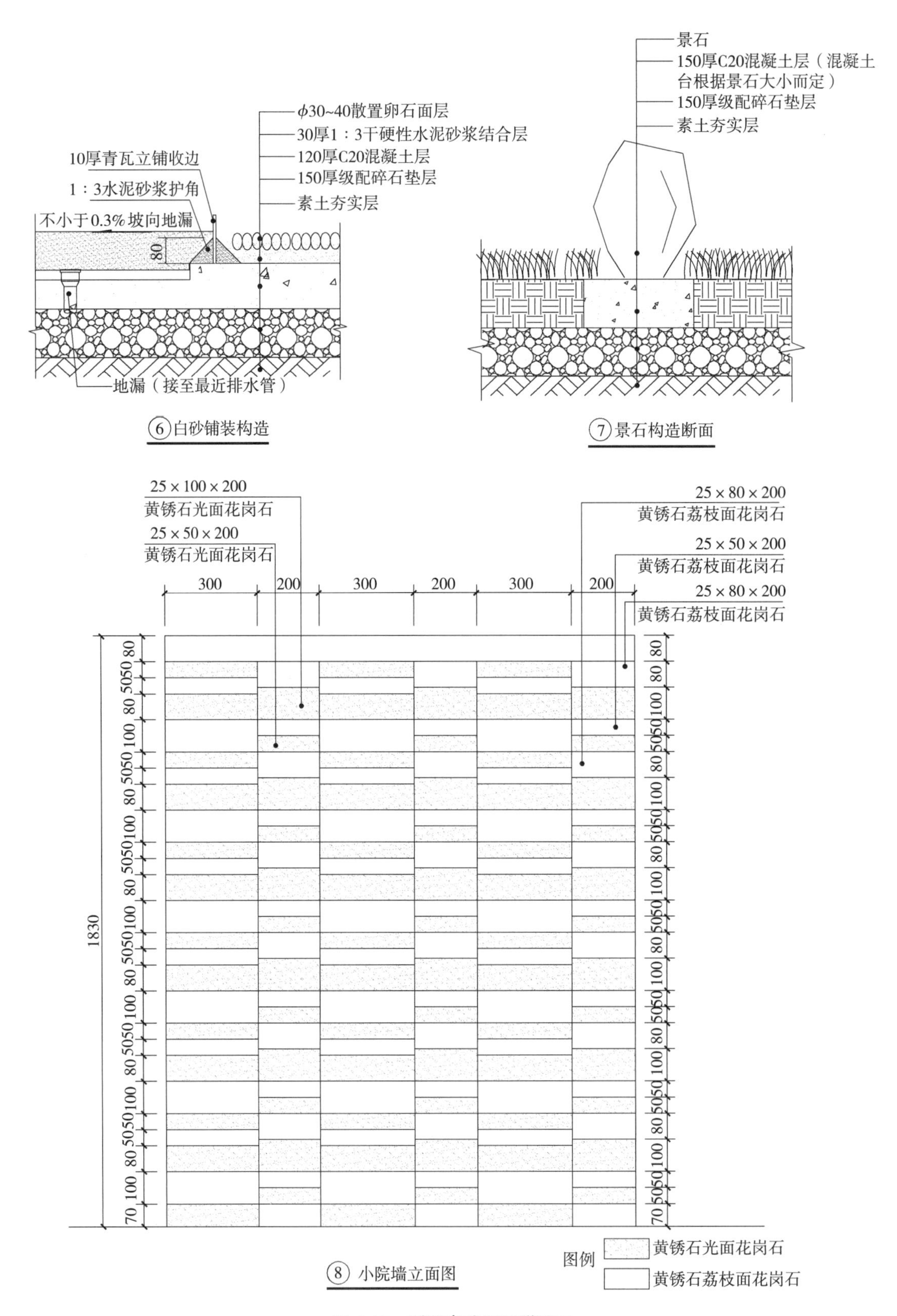

图 9-19　别墅庭院通用详图二

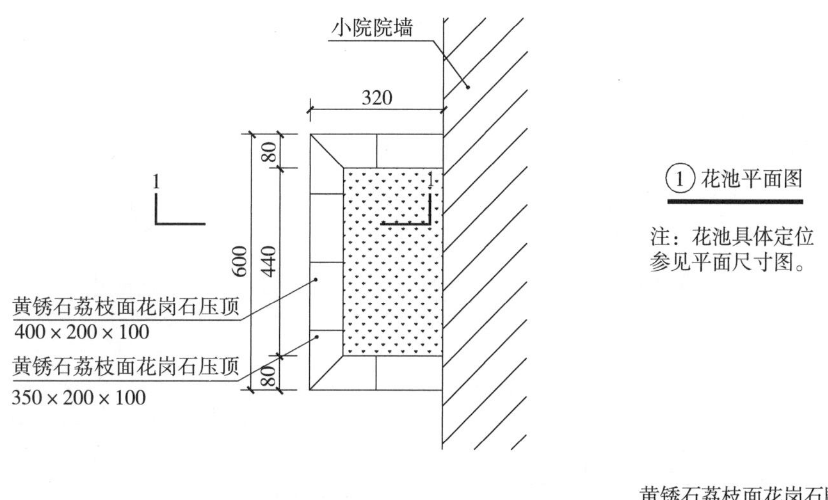

① 花池平面图

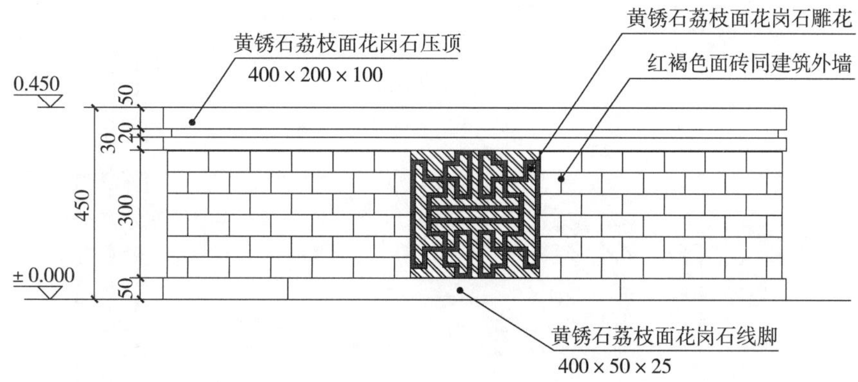

② 450mm高花池立面图

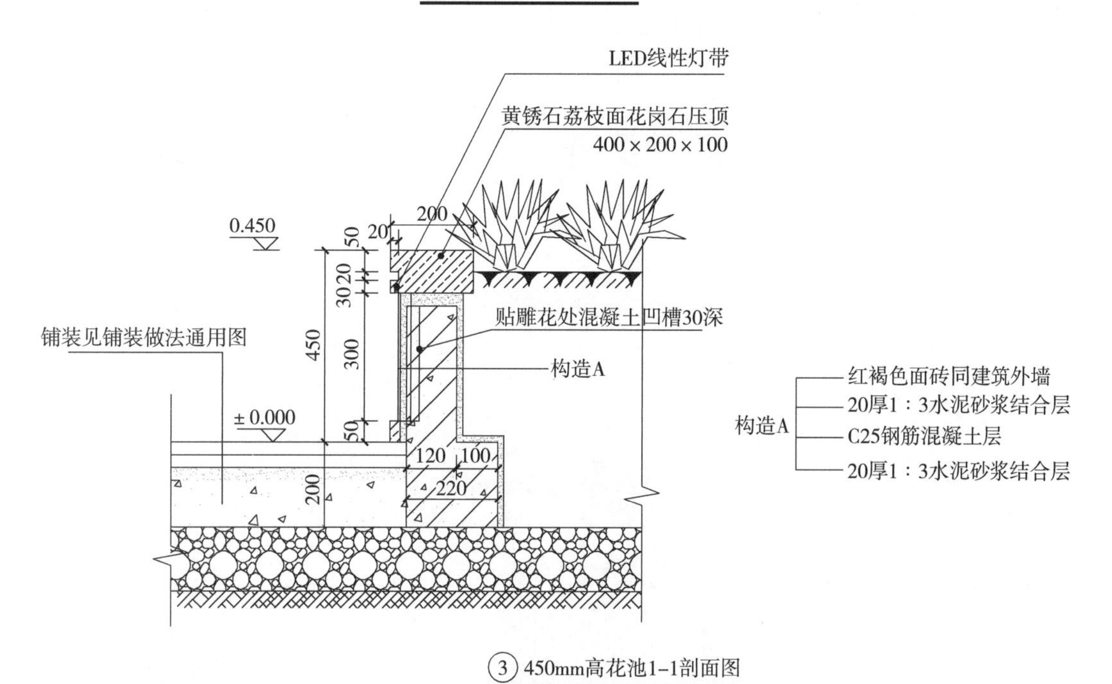

③ 450mm高花池1-1剖面图

图 9-20　别墅庭院花池通用详图一

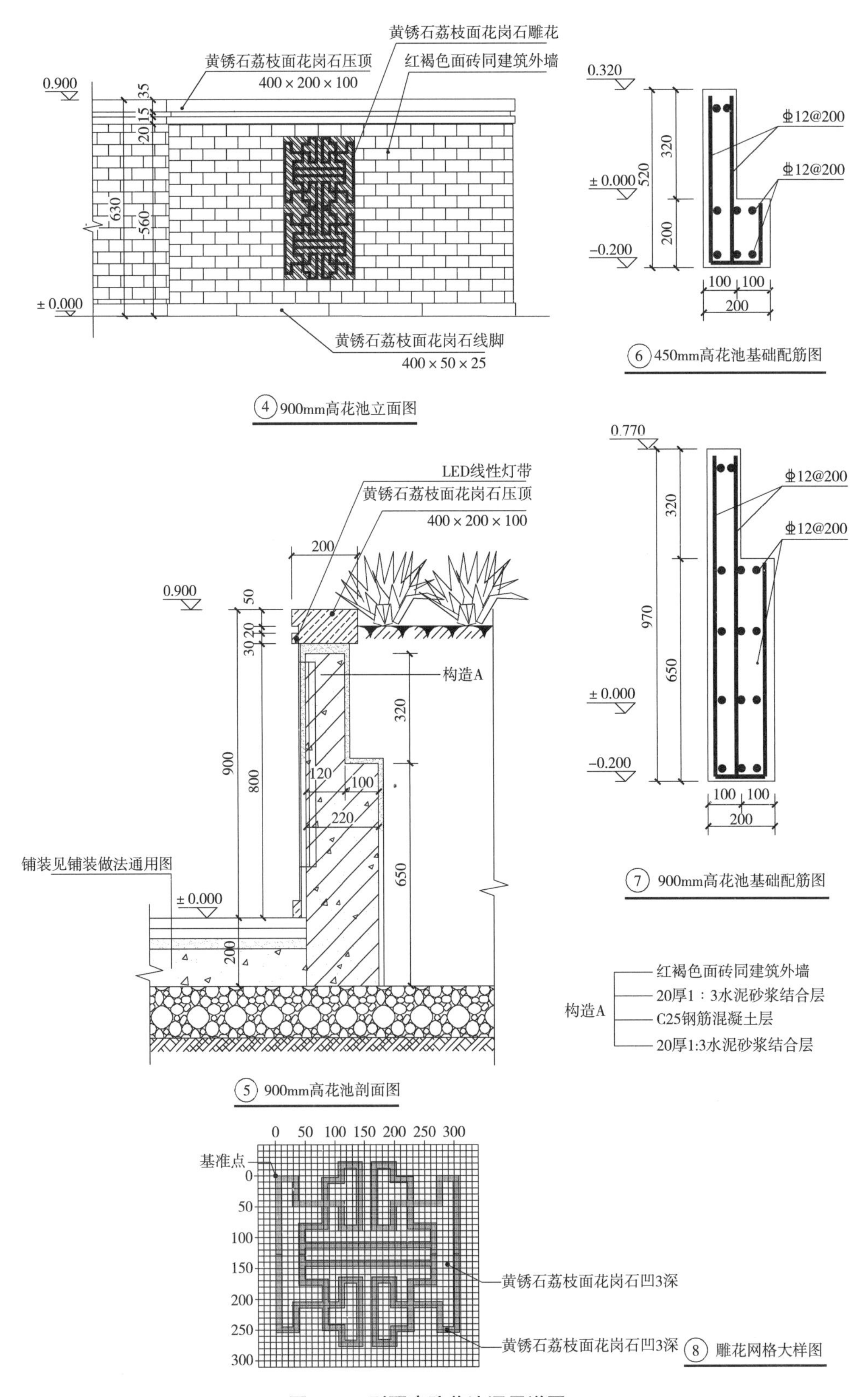

图 9-21　别墅庭院花池通用详图二

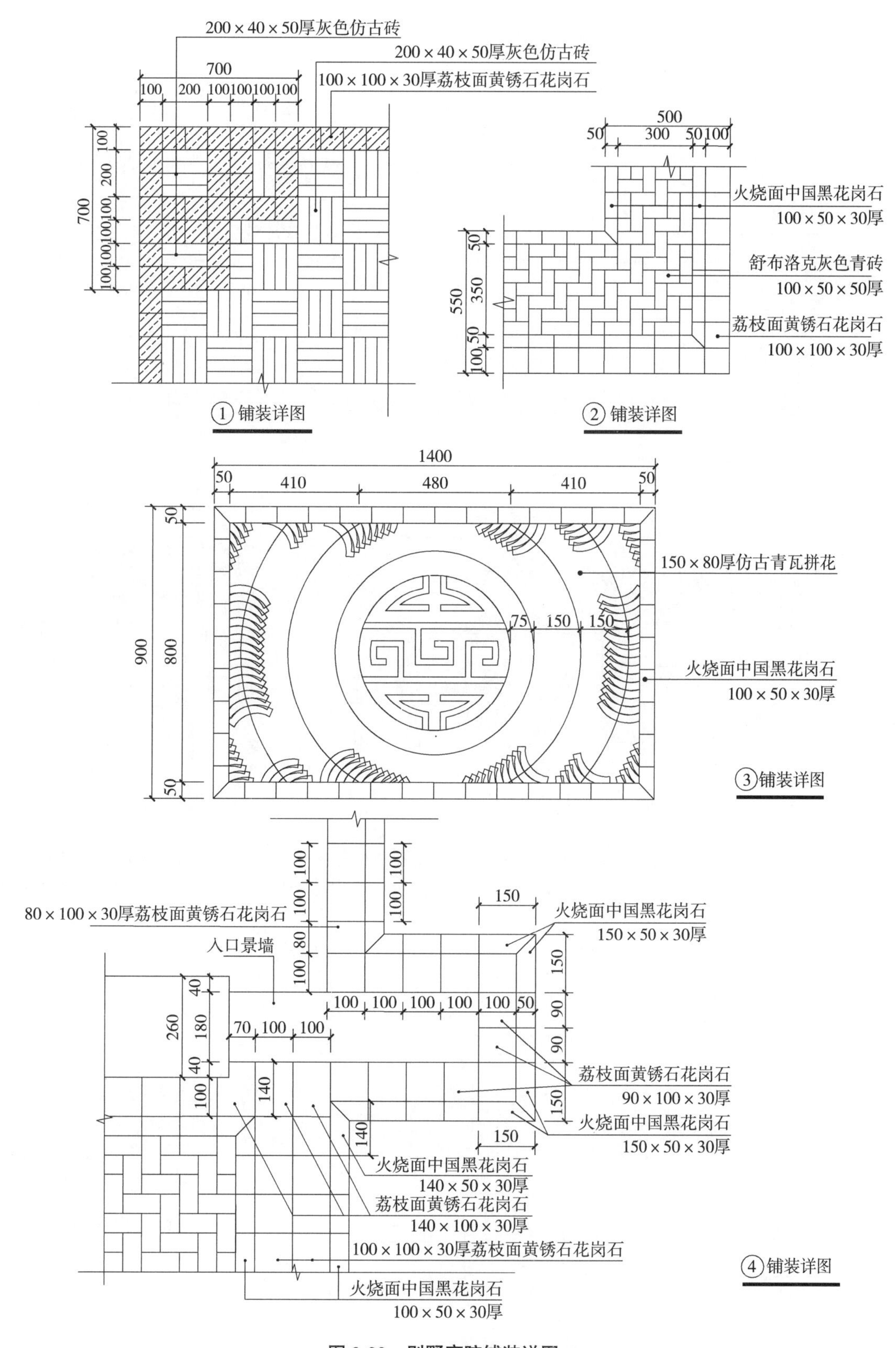

图 9-22　别墅庭院铺装详图一

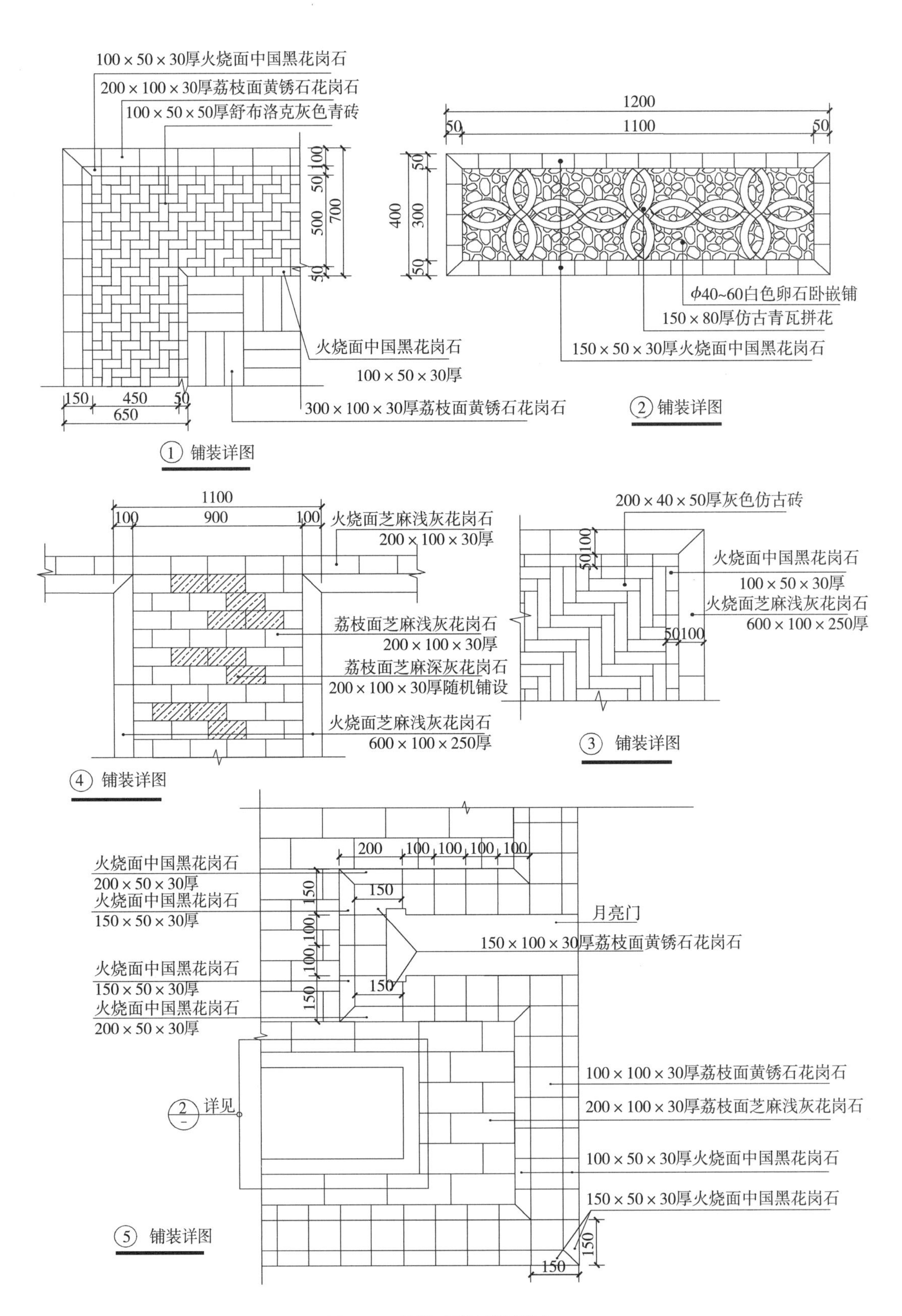

图 9-23　别墅庭院铺装详图二

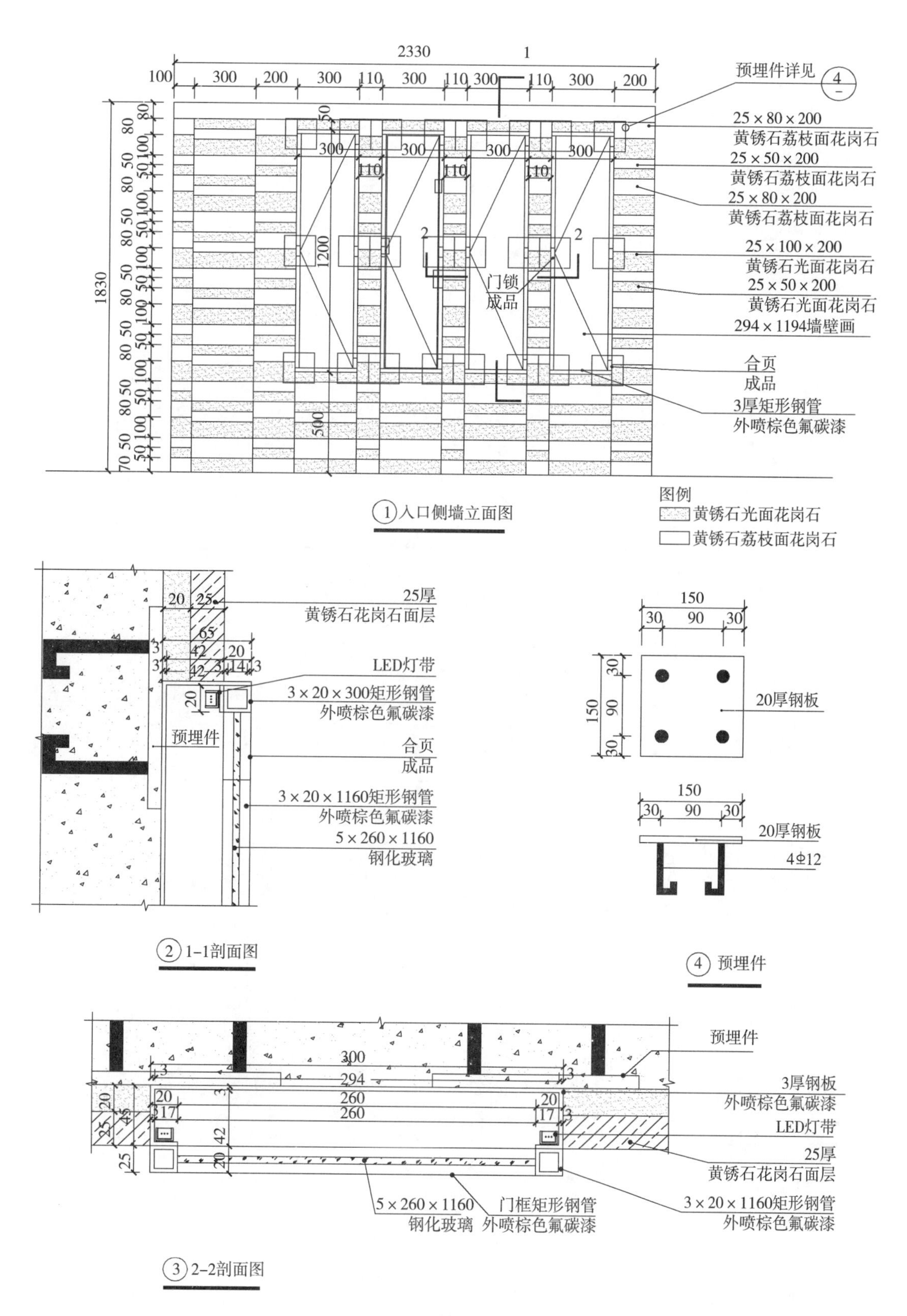

图 9-24　别墅庭院入口侧墙详图

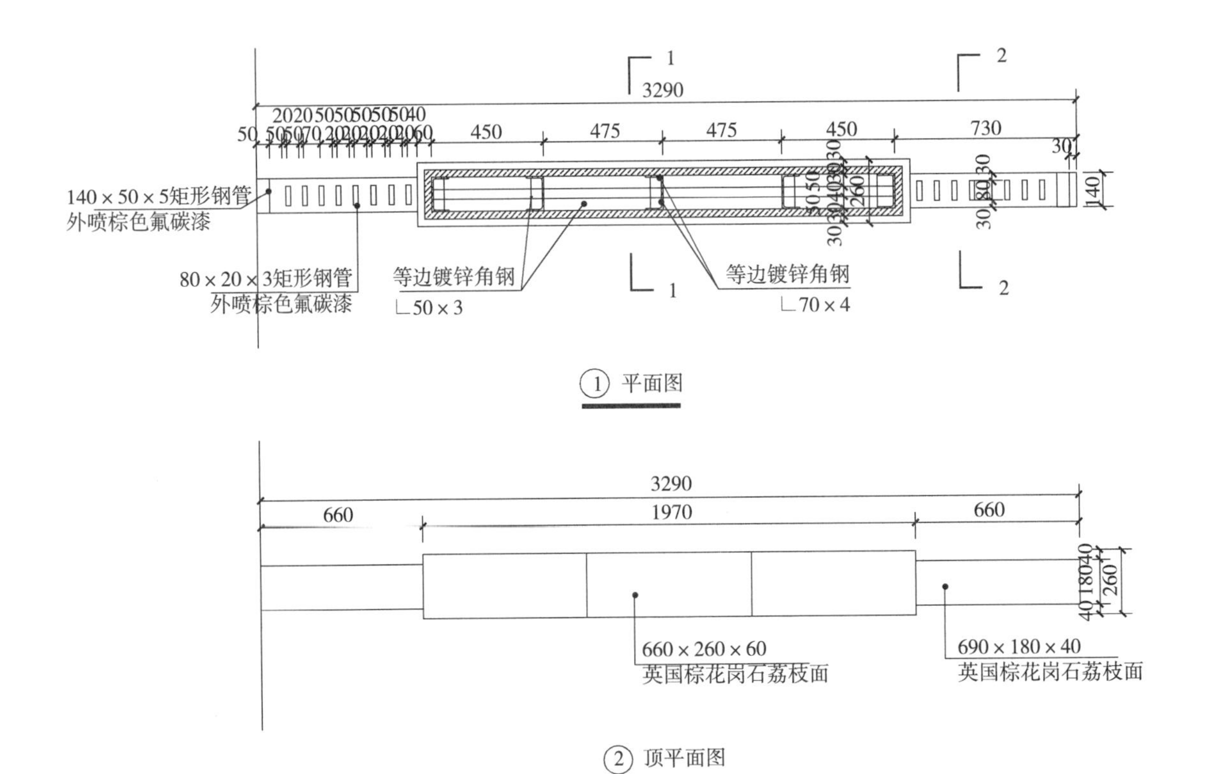

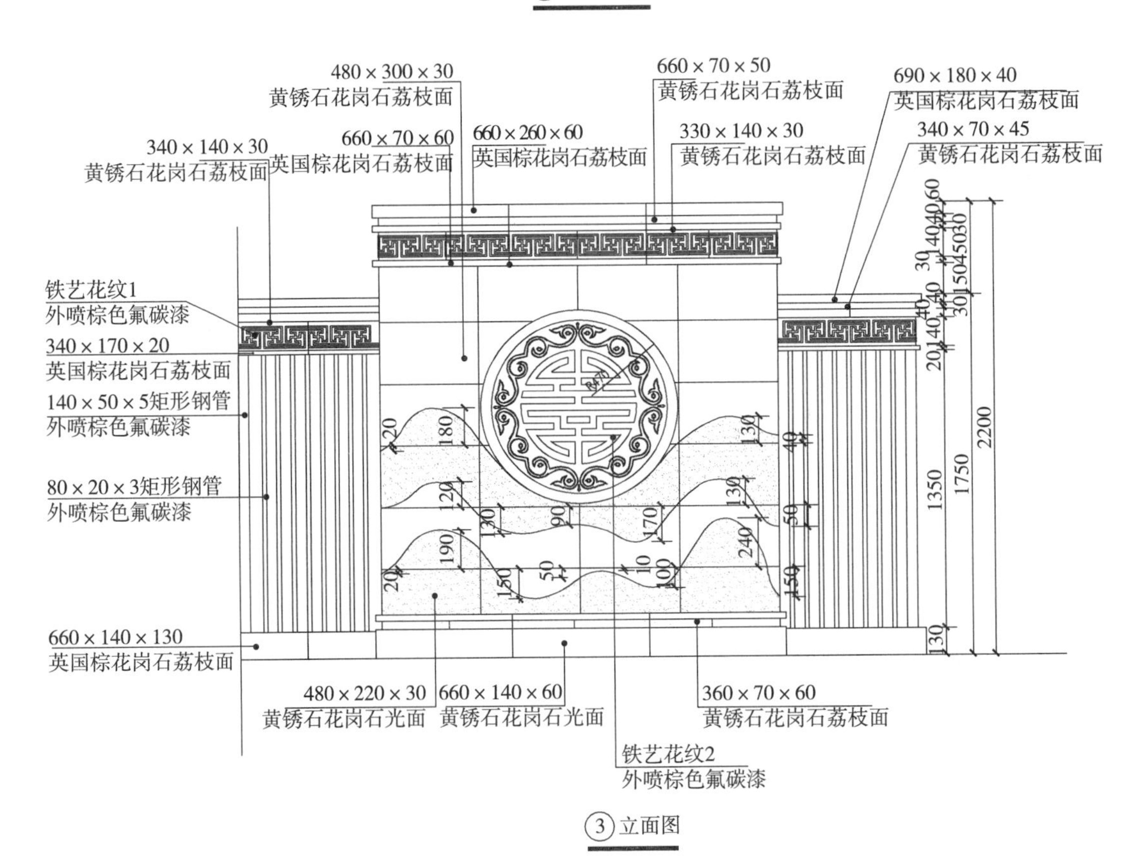

图 9-25　别墅庭院入口背景墙详图一

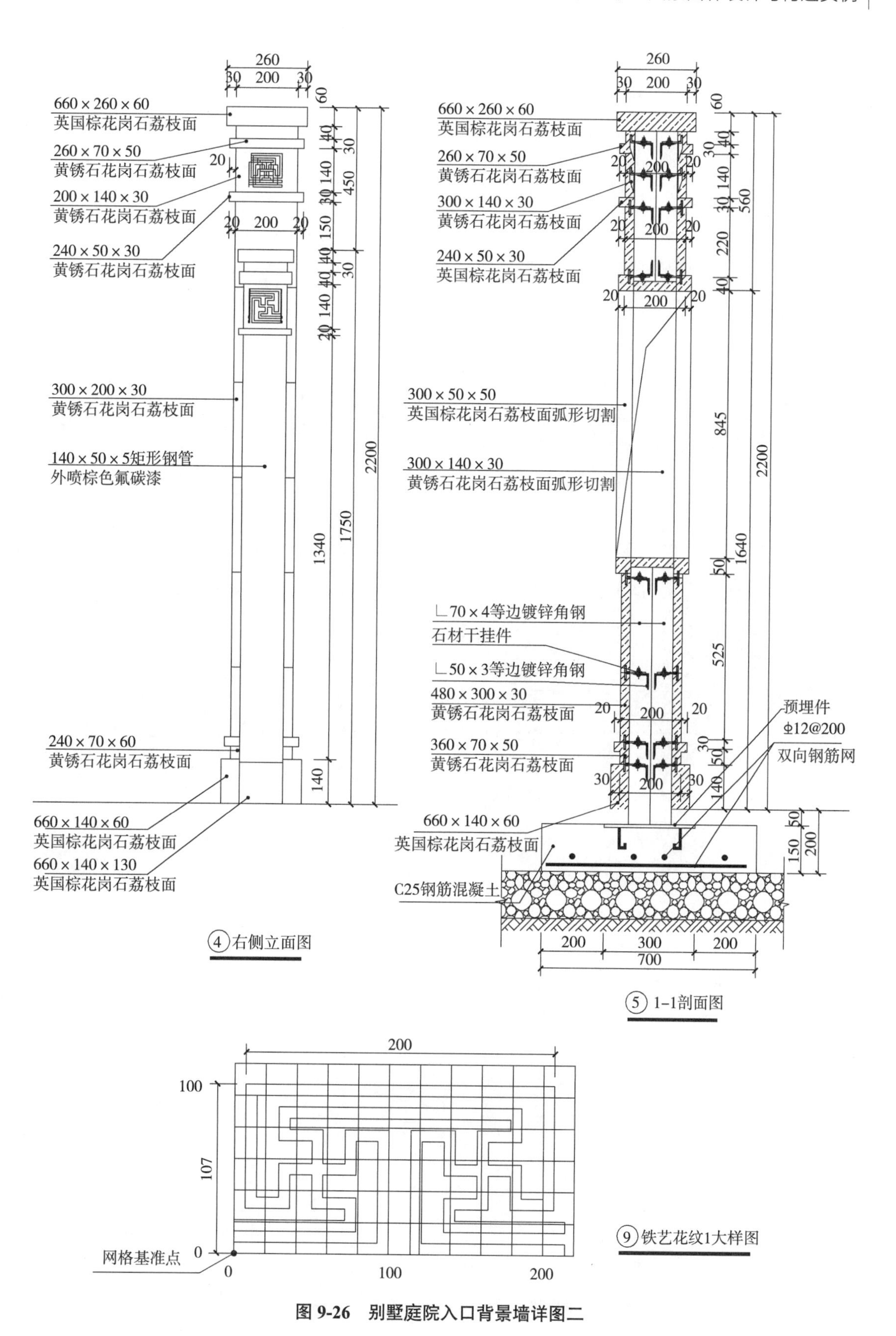

图 9-26　别墅庭院入口背景墙详图二

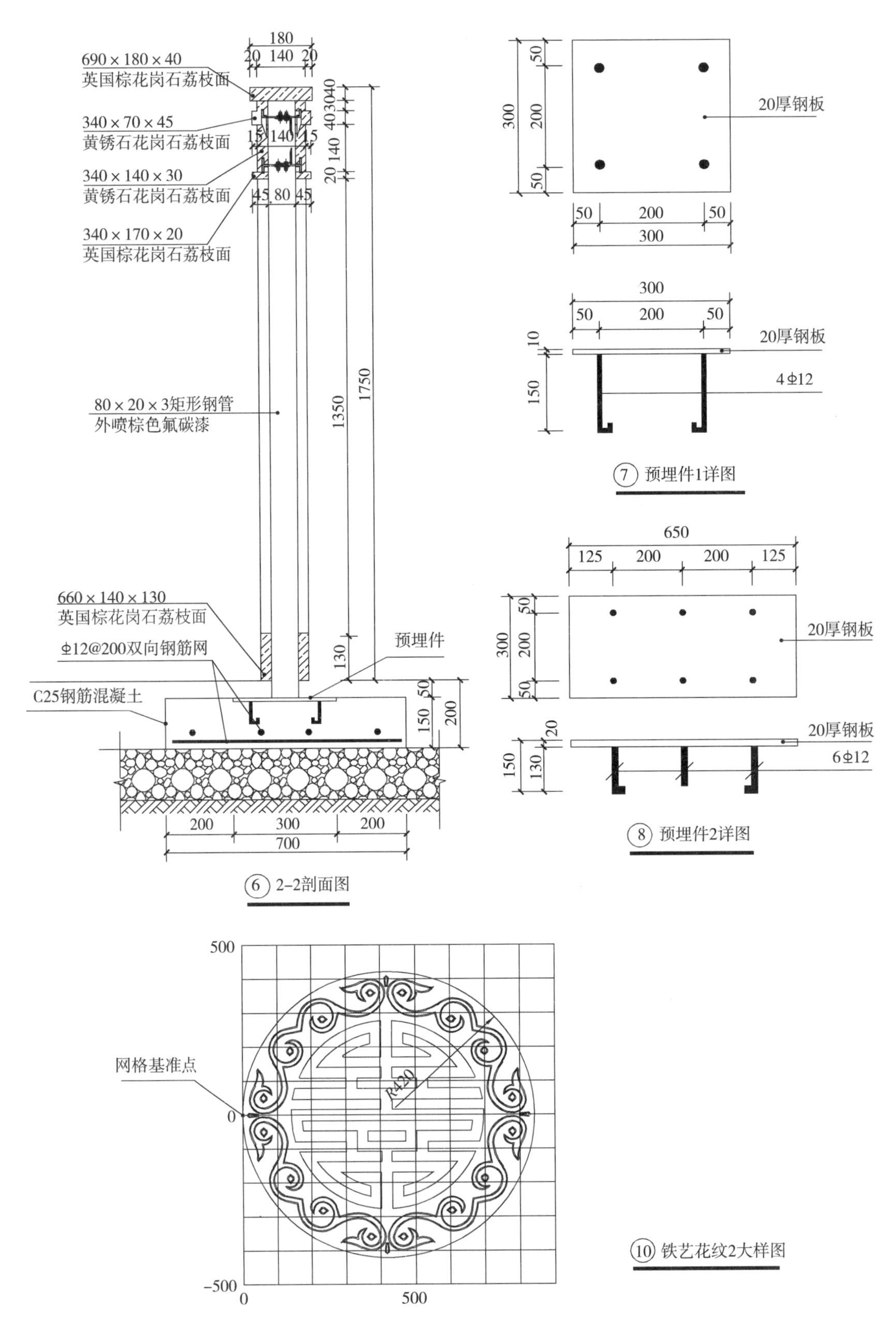

图 9-27 别墅庭院入口背景墙详图三

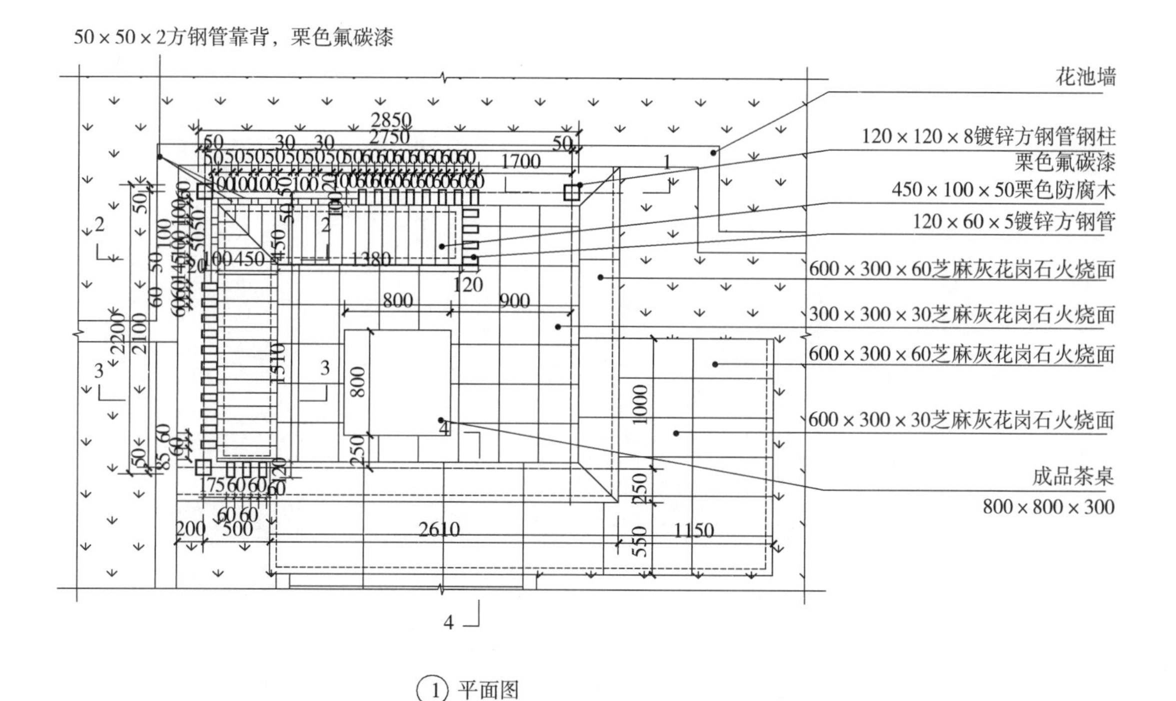

① 平面图

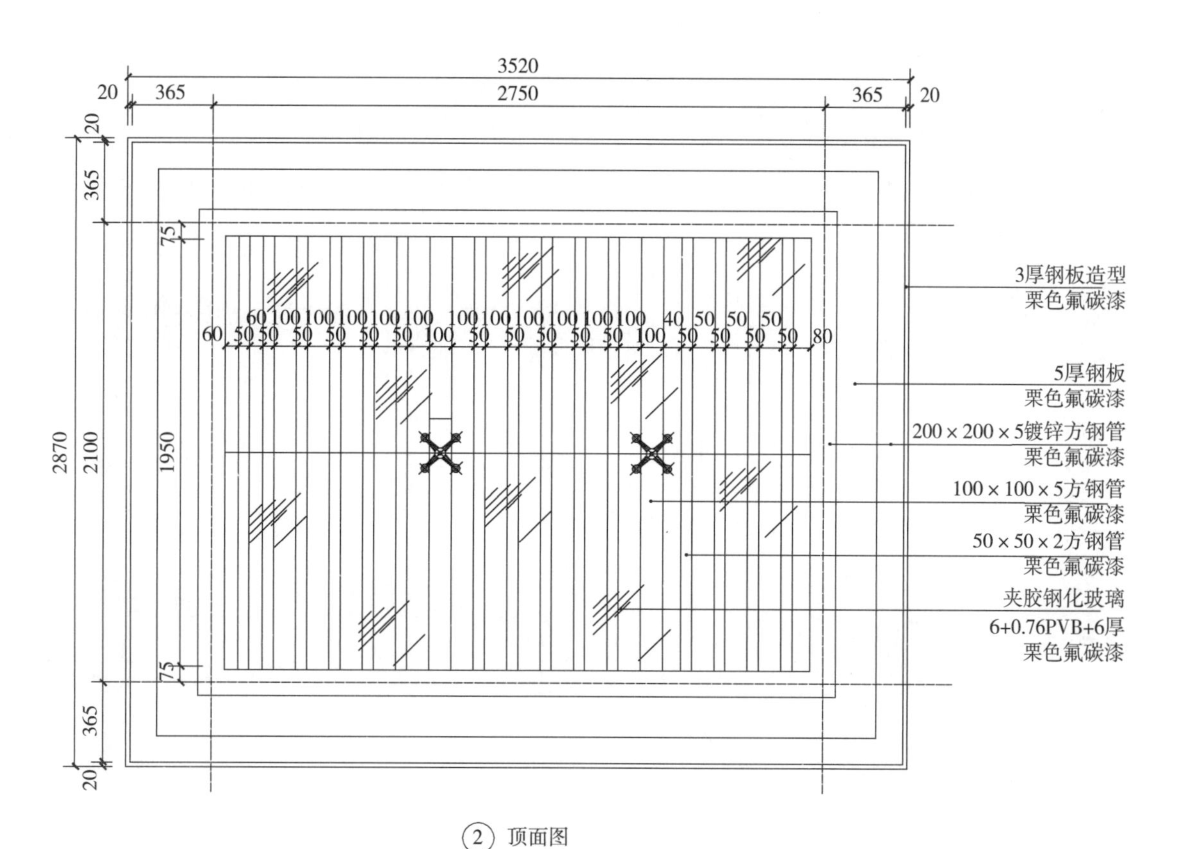

② 顶面图

图 9-28　别墅庭院景观亭详图一

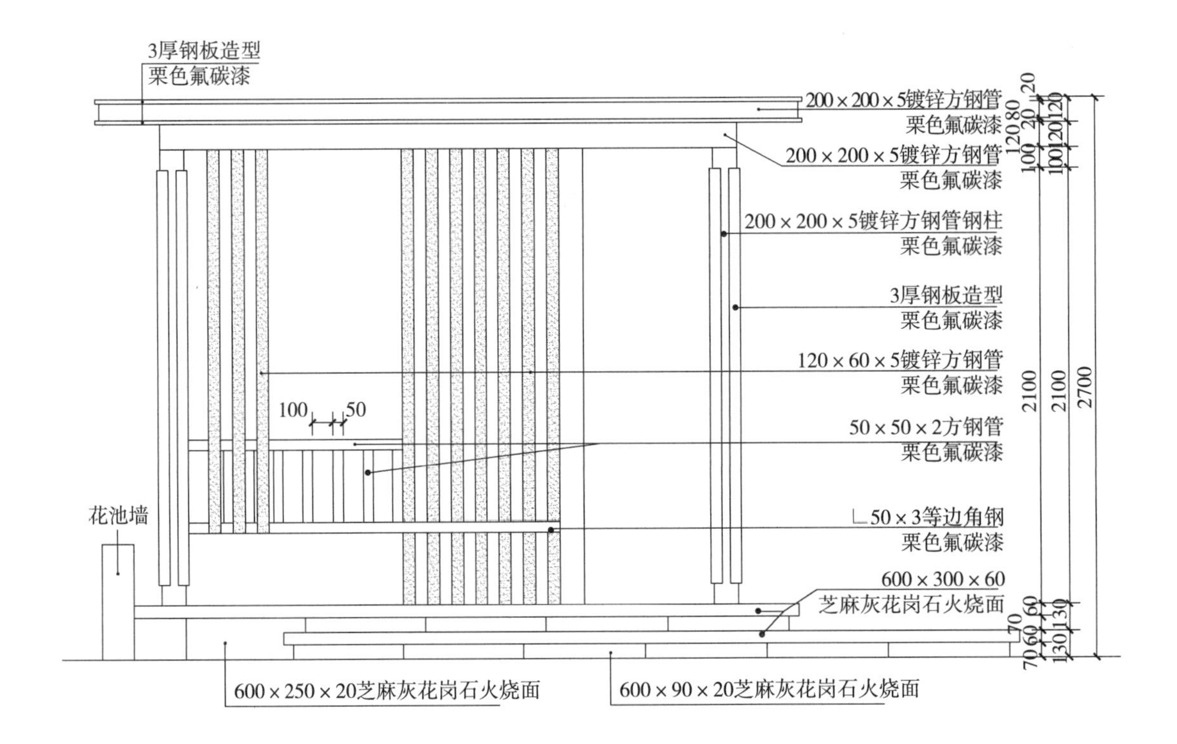

③ 正立面图

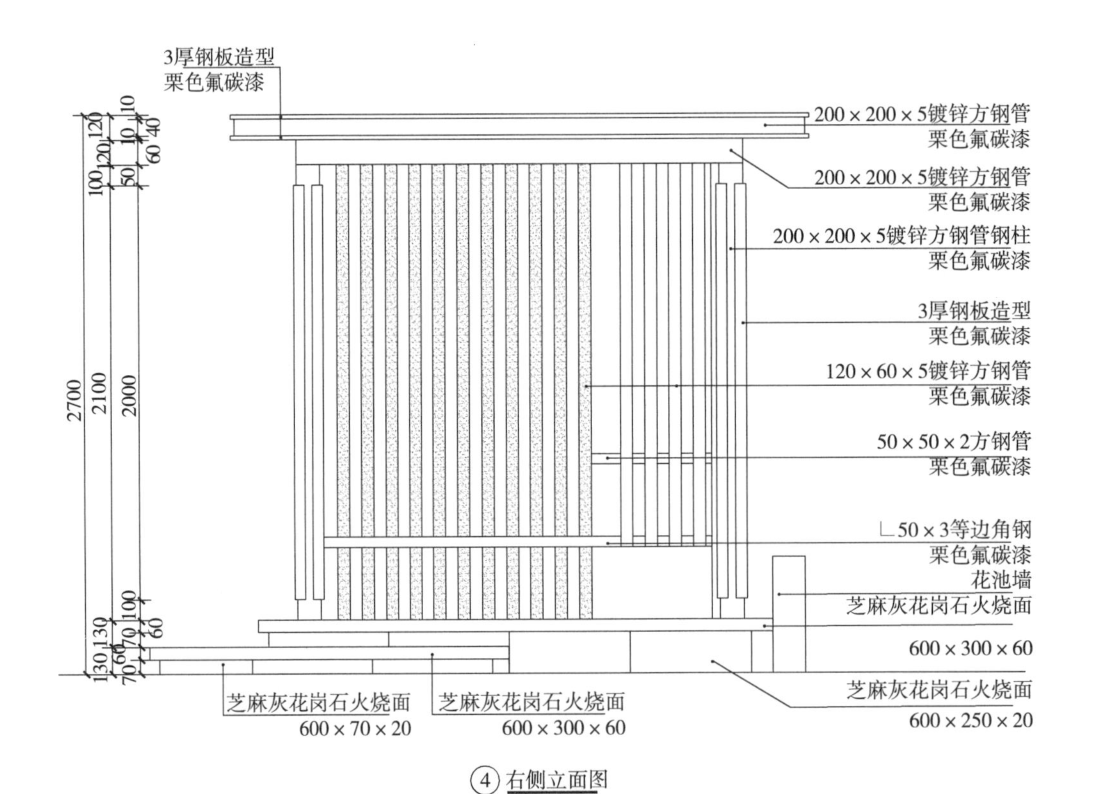

④ 右侧立面图

图 9-29 别墅庭院景观亭详图二

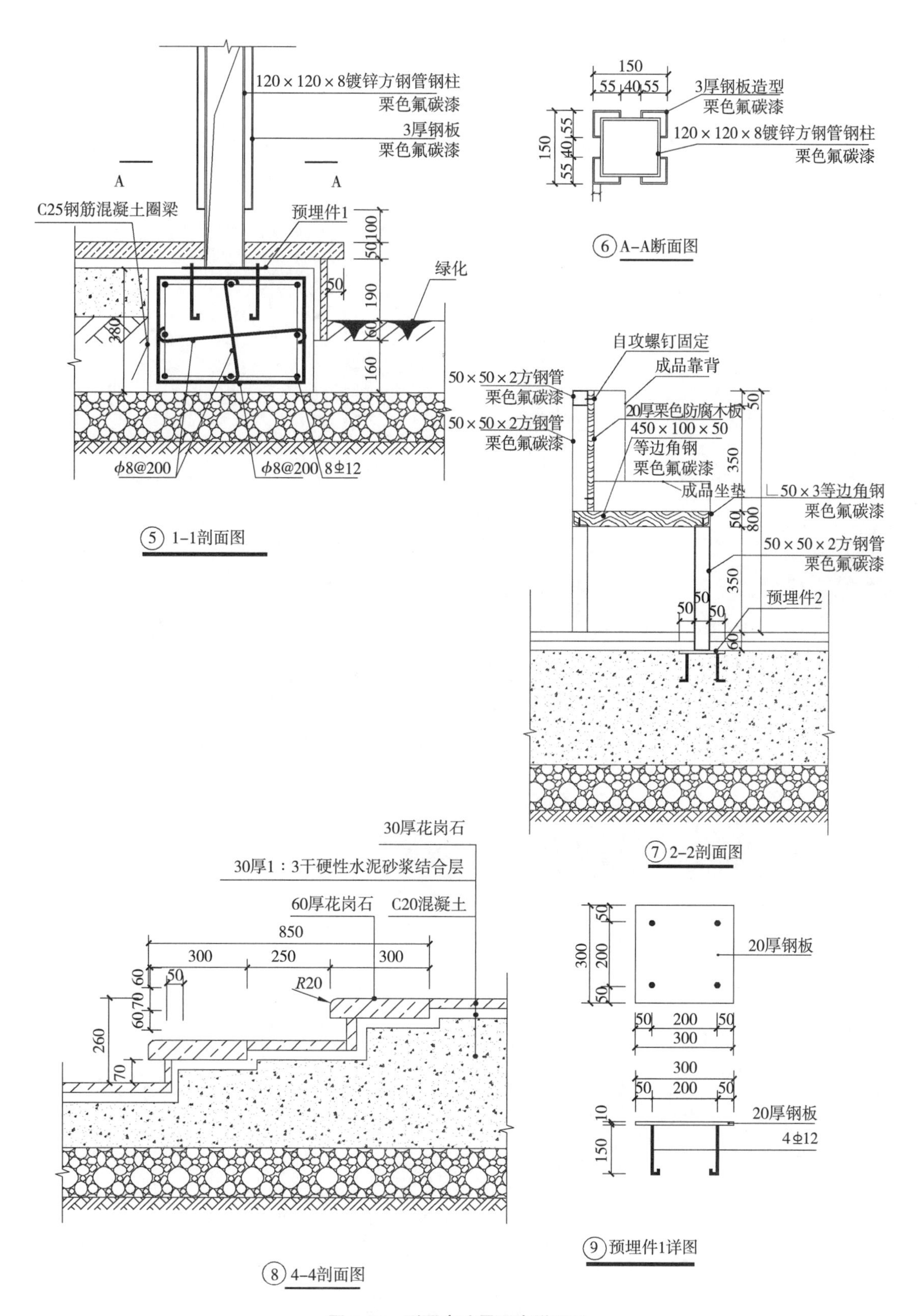

图 9-30　别墅庭院景观亭详图三

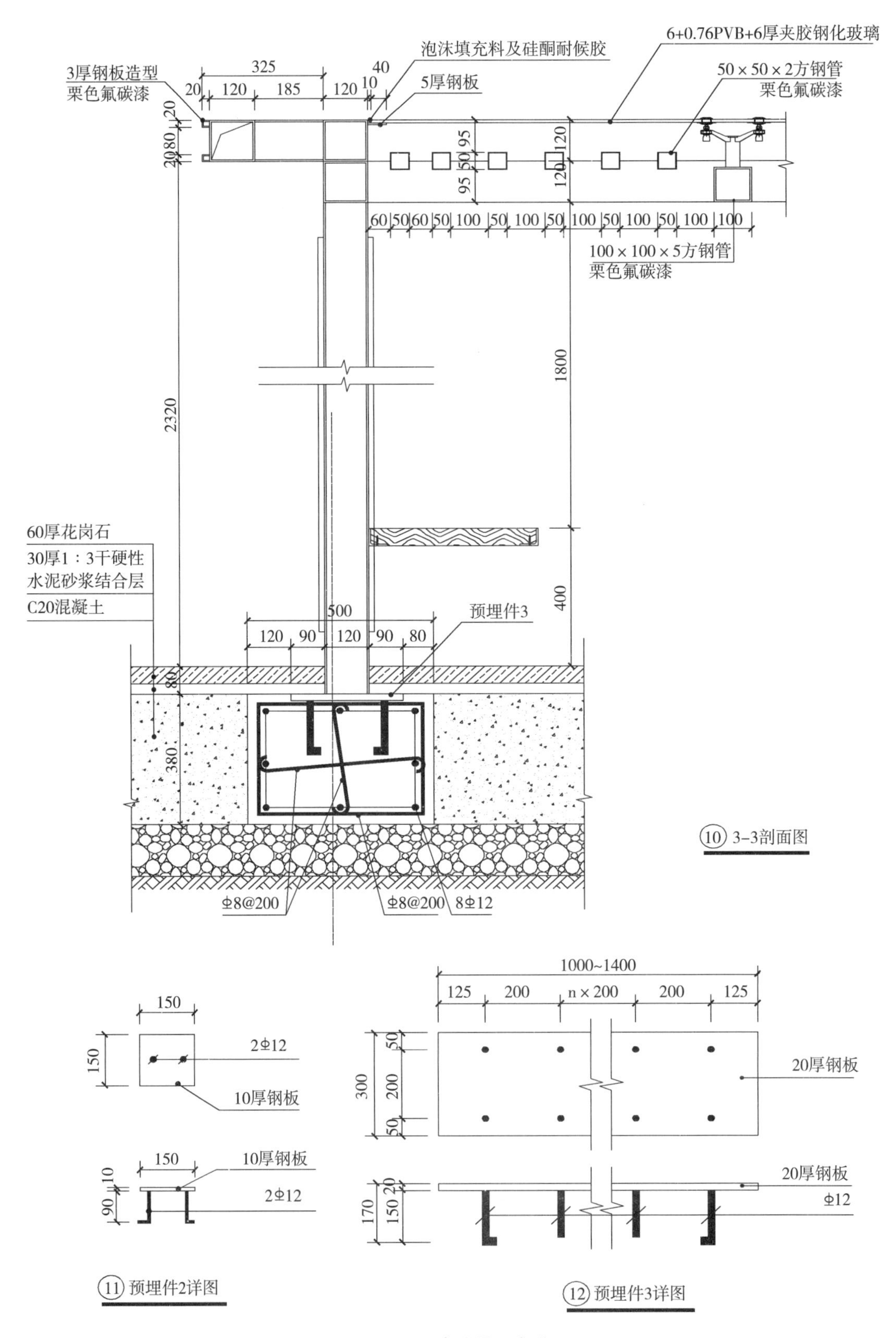

图 9-31　别墅庭院景观亭详图四

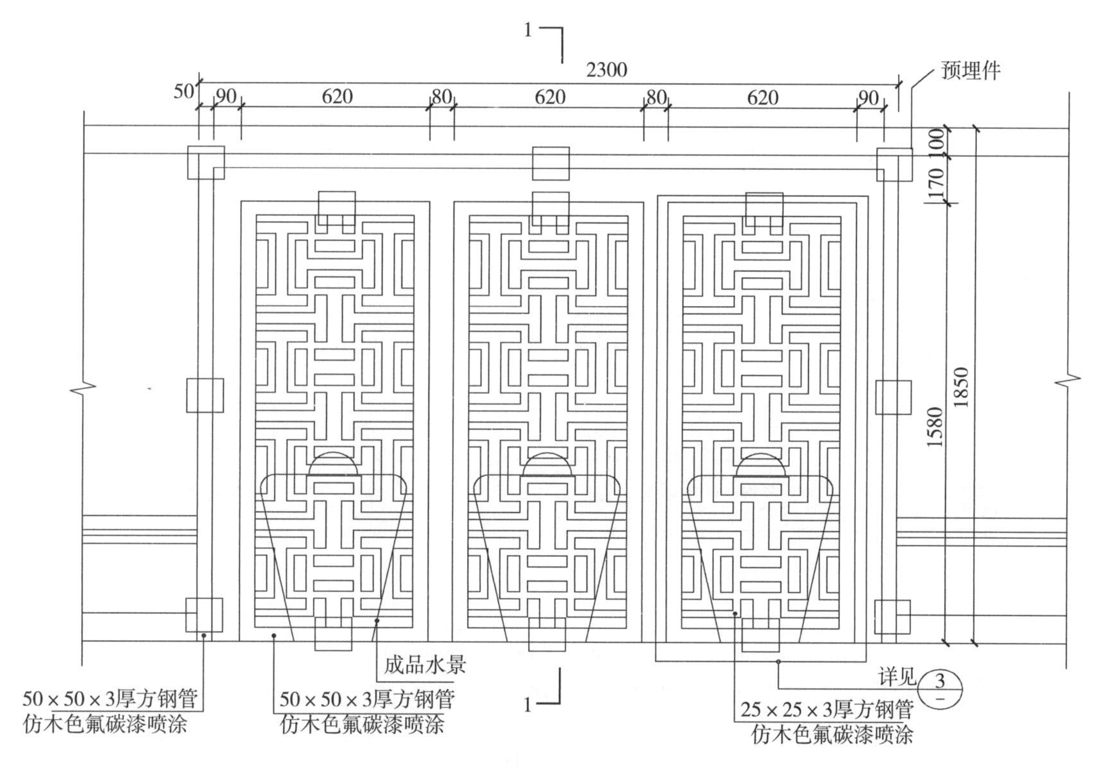

①水景背景墙立面图

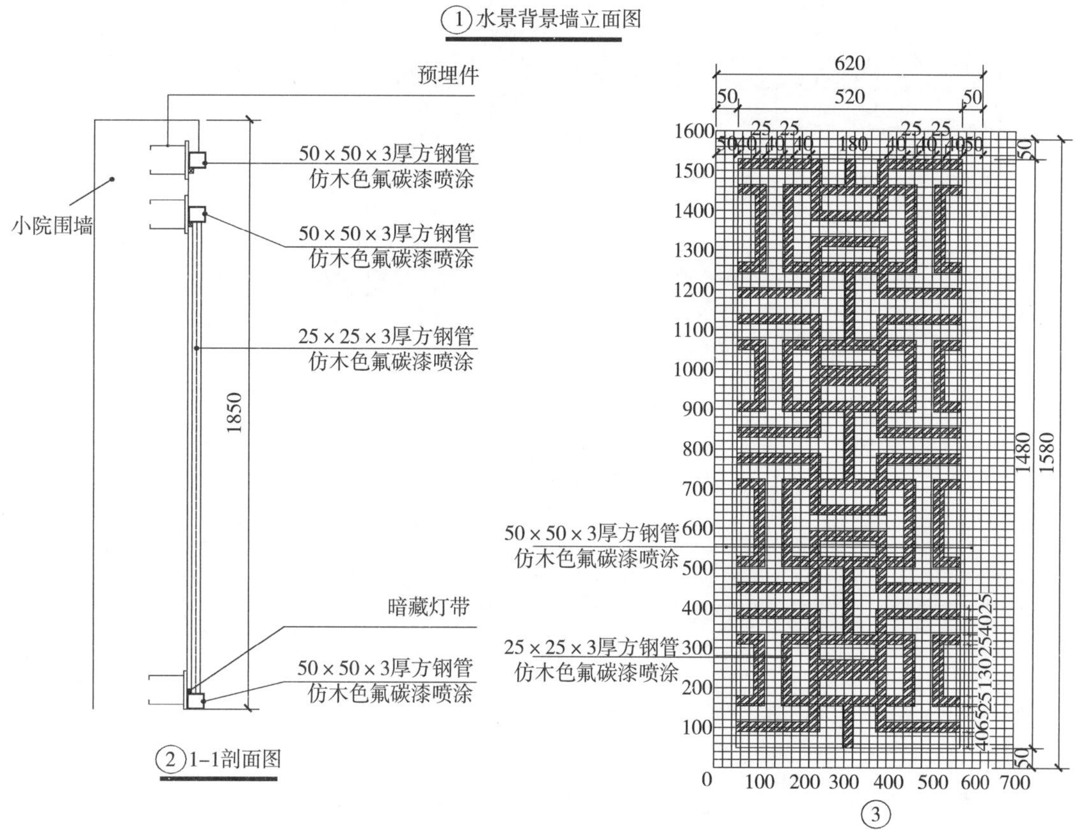

图 9-32　别墅庭院水景背景墙详图

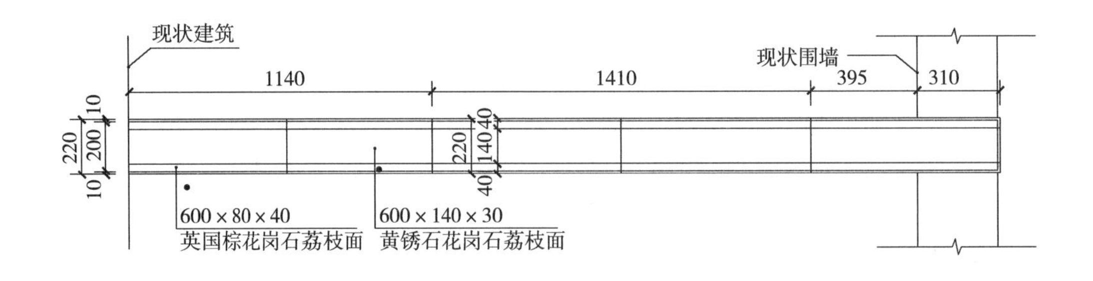

①平面图

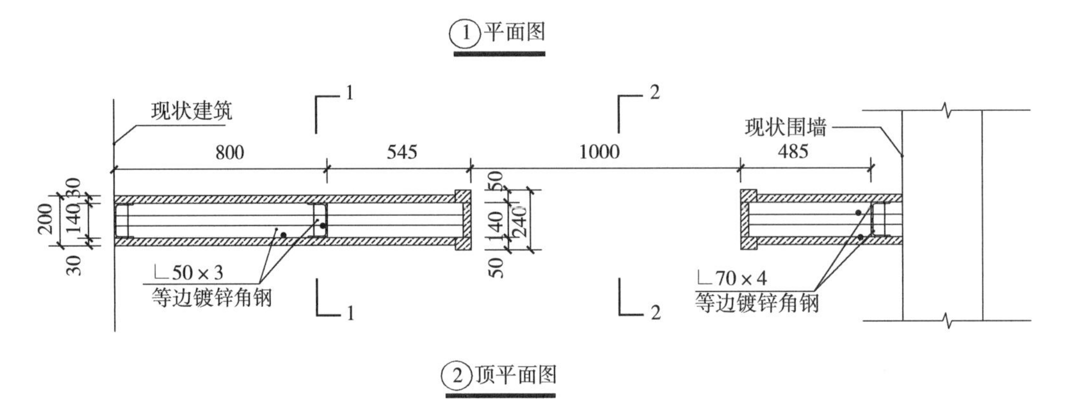

②顶平面图

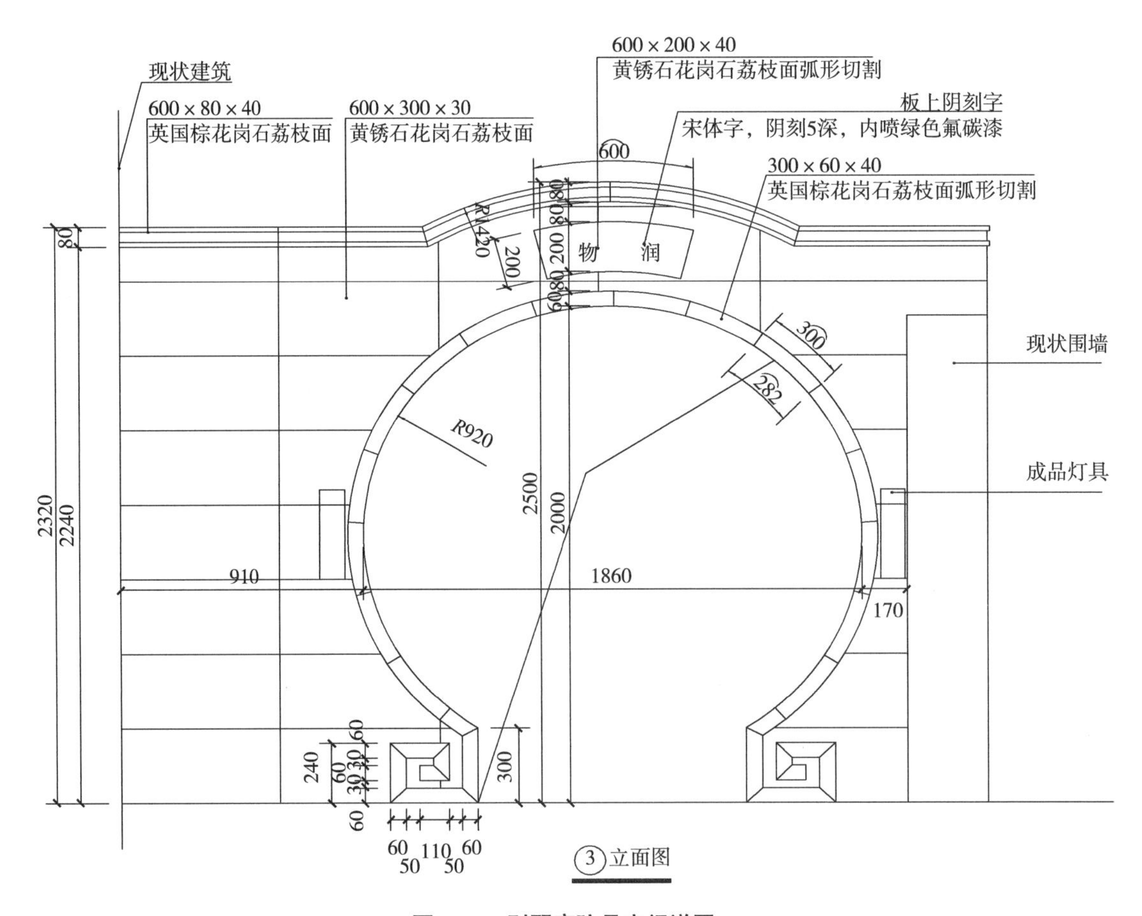

③立面图

图 9-33　别墅庭院月亮门详图一

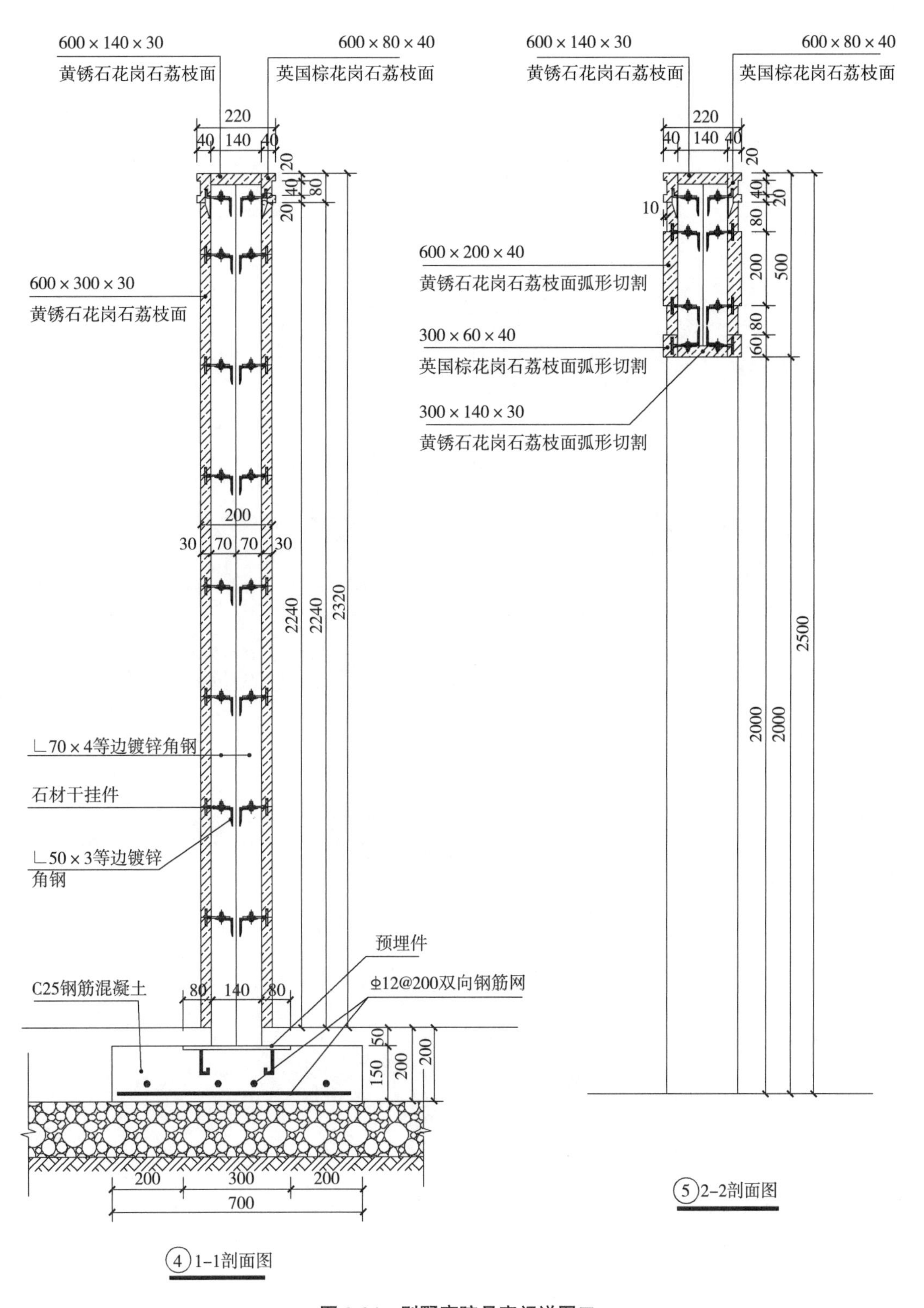

图 9-34　别墅庭院月亮门详图二

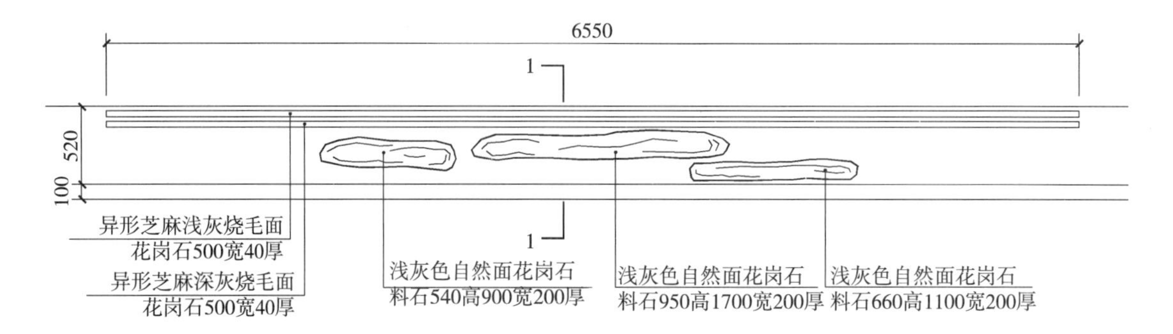

① 雪浪石片景墙平面图

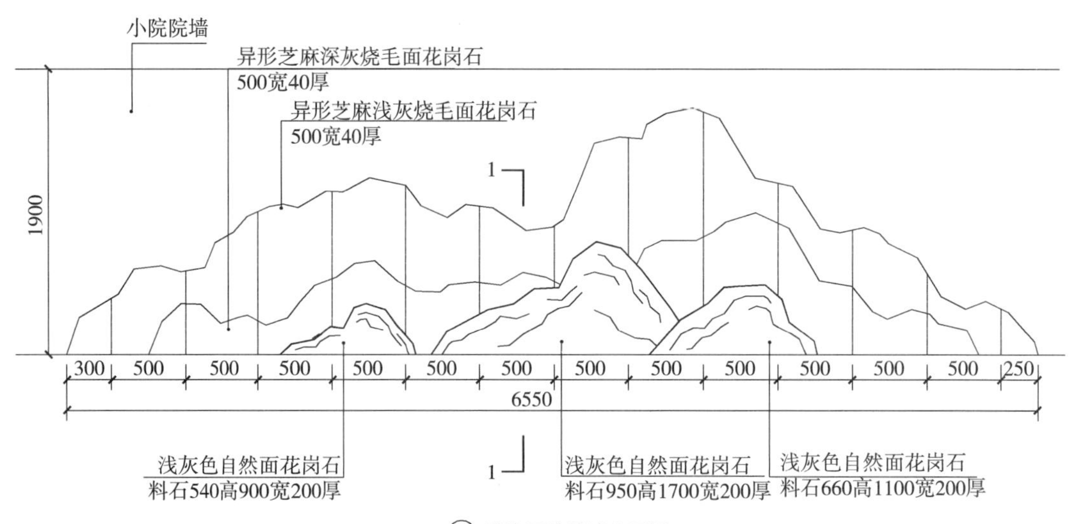

② 雪浪石片景墙立面图

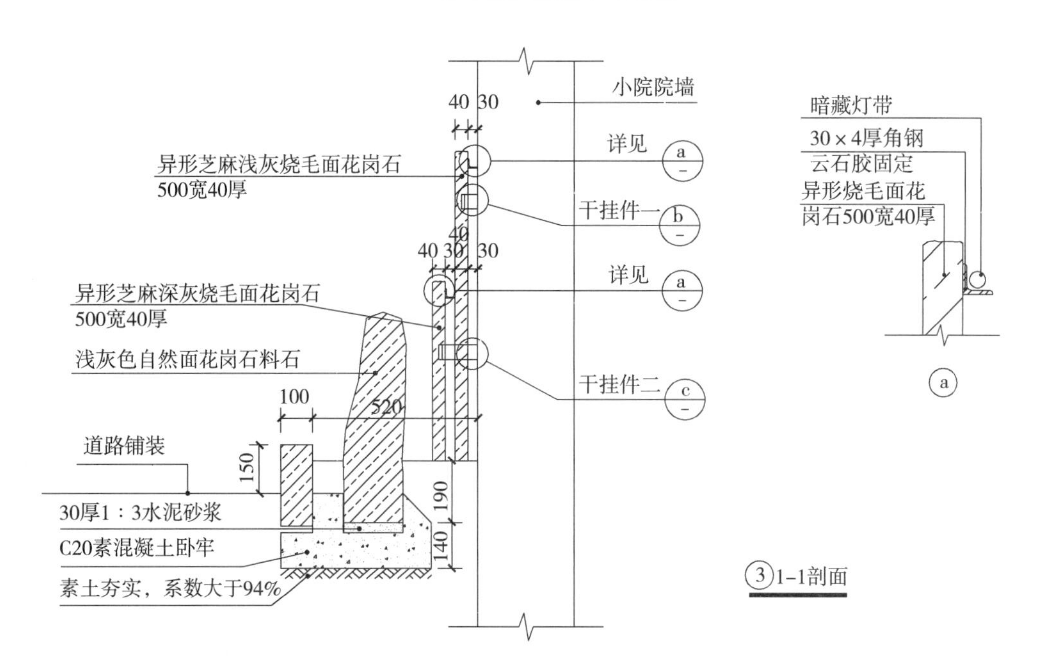

图 9-35 别墅庭院雪浪石片景墙详图一

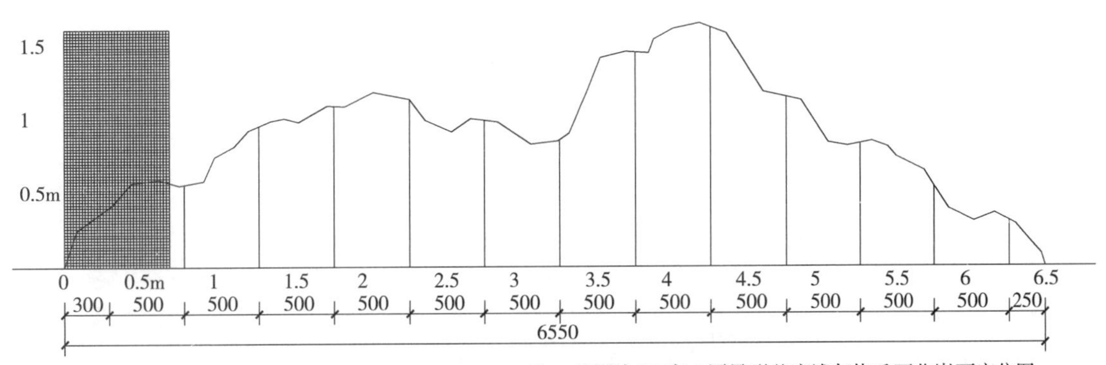

注：此图为500宽40厚异形芝麻浅灰烧毛面花岗石定位图。

④ 雪浪石片景墙立面定位图一

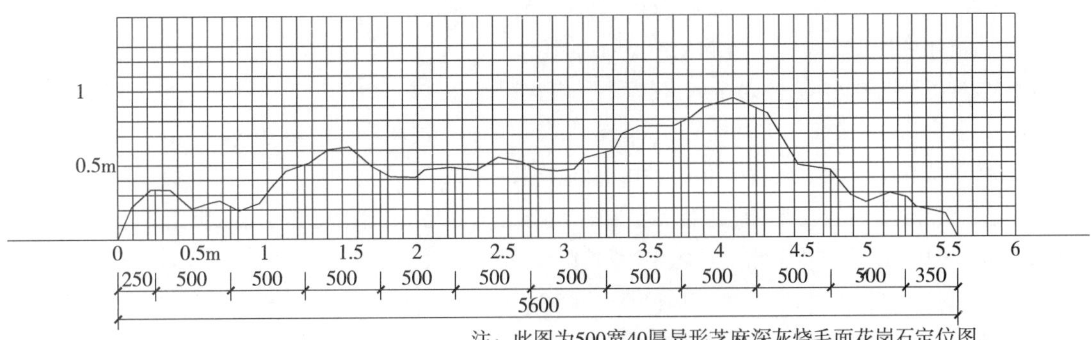

注：此图为500宽40厚异形芝麻深灰烧毛面花岗石定位图。

⑤ 雪浪石片景墙立面定位图二

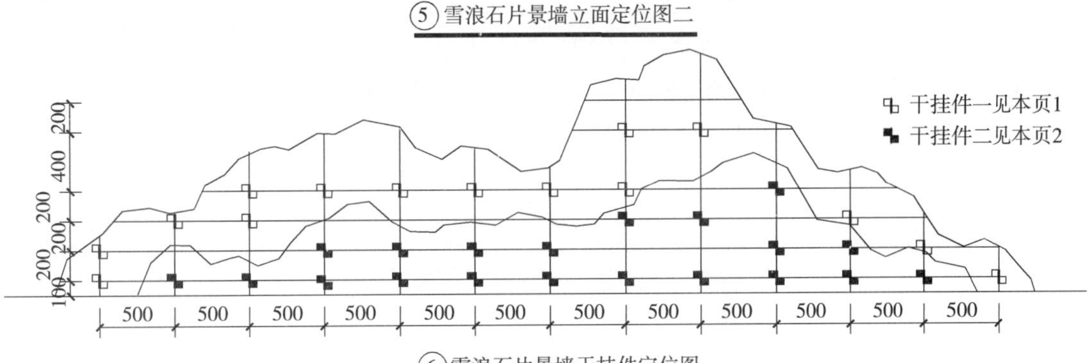

⑥ 雪浪石片景墙干挂件定位图

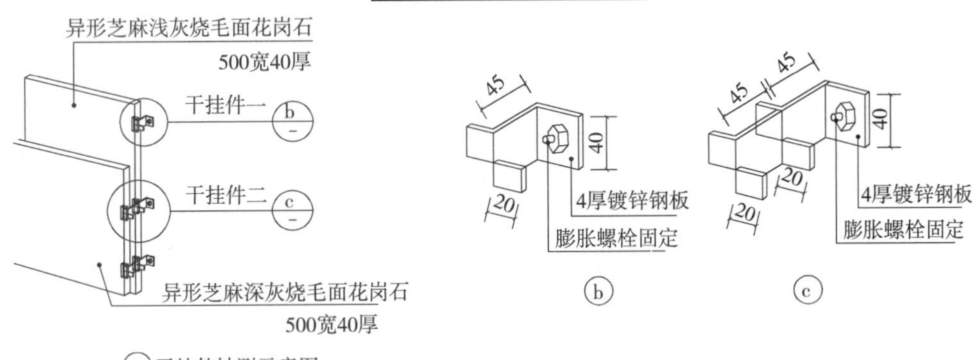

⑦ 干挂件轴测示意图

图 9-36　别墅庭院雪浪石片景墙详图二

参考文献

[1] 姜红，张丹，任君华 . 风景园林建筑结构与构造 [M]. 北京：化学工业出版社，2010.

[2] 李必瑜，魏宏杨，覃琳 . 建筑构造（上册）[M]. 6 版 . 北京：中国建筑工业出版社，2019.

[3] 王旭光，王萱 . 建筑装饰装修构造 [M]. 2 版 . 北京：化学工业出版社，2010.

[4] 何向玲 . 园林建筑构造与材料 [M]. 北京： 中国建筑工业出版社，1970.

[5] 郭春华，刘小冬，吕建根 . 园林工程材料与应用 [M]. 北京： 中国建筑工业出版社，2018.

[6] 杨华 . 硬质景观细部处理手册 [M]. 北京： 中国建筑工业出版社，2013.

[7] 王卓 . 房屋建筑学 [M]. 北京： 清华大学出版社，2012.

[8] 李杰 . 园林工程识图技巧必读 [M]. 天津：天津大学出版社，2012.

[9] 布思 . 风景园林设计要素 [M]. 曹礼昆，曹德鲲，译 . 北京：中国林业出版社，1989.

[10] 郭成源 . 中国古建园林大全 [M]. 北京：中国林业出版社，2013.

[11] 布兰克 . 园林景观构造及细部设计 [M]. 罗福午，黎钟，译 . 北京：中国建筑工业出版社，2016.

[12] 张颖璐 . 园林景观构造 [M]. 南京：东南大学出版社，2019.

[13] 高颖 . 景观材料与构造 [M]. 天津：天津大学出版社，2011.

[14] 王健，崔星，刘晓英 . 景观构造设计 [M]. 武汉：华中科技大学出版社，2014.

[15] 田永复 . 中国园林建筑构造设计 [M]. 3 版 . 北京： 中国建筑工业出版社，2015.

[16] 雷凌华 . 风景园林工程材料 [M]. 北京： 中国建筑工业出版社，2016.

[17] 许浩 . 景观设计——从构思到过程 [M]. 北京： 中国电力出版社，2011.

[18] 李振煜，彭瑜 . 景观设计基础 [M]. 北京： 北京大学出版社，2014.

[19] 中国建筑标准设计研究院 . 国家建筑标准设计图集：15J012-1[S]. 北京：中国计划出版社，2016.